"十二五"高职高专院校规划教材（食品类）

Shipin Ganguan Pingding

食品感官评定

张　艳　雷昌贵　主编

中国质检出版社
中国标准出版社
北　京

图书在版编目(CIP)数据

食品感官评定/张艳,雷昌贵主编. —北京:中国质检出版社,2012(2024.1重印)
"十二五"高职高专院校规划教材(食品类)
ISBN 978 - 7 - 5026 - 3641 - 8

Ⅰ.①食… Ⅱ.①张… ②雷… Ⅲ.①食品感官评价—高等职业教育—教材
Ⅳ.①TS207.3

中国版本图书馆 CIP 数据核字(2012)第 149607 号

内 容 提 要

本书系统阐述了食品感官评定的发展史、现状及发展趋势;食品感官评定基础知识;食品感官评价员的选拔与培训;食品感官评定实验室;样品的制备和呈送及食品感官评定的组织与管理;食品感官评定分析方法;食品感官评定的适用原则;食品感官评定实例等内容。在突出基本理论和方法的同时,本书将基本知识和各种评定方法有机结合,采用实例的形式对评定技术的组织与结果分析进行了说明,充分体现了实用性与技术性。

本书可作为高职院校食品学科和相关学科感官评定课程的教科书,也可供食品专业技术人员、管理人员和科研人员阅读,对于精细化工、医药等行业的产品评定和营销人员也有一定的参考价值。

中国质检出版社
中国标准出版社 出版发行

北京市朝阳区和平里西街甲 2 号 (100029)
北京市西城区三里河北街 16 号 (100045)
网址:www.spc.net.cn
总编室:(010) 68533533 发行中心:(010) 51780238
读者服务部:(010) 68523946
中国标准出版社秦皇岛印刷厂印刷
各地新华书店经销

*

开本 787×1092 1/16 印张 16.75 字数 412 千字
2012 年 8 月第一版 2024 年 1 月第十二次印刷

*

定价:36.00 元

审 定 委 员 会

贡汉坤 (江苏食品职业技术学院)

朱维军 (河南农业职业学院)

夏　红 (苏州农业职业技术学院)

冯玉珠 (河北师范大学)

贾　君 (江苏农林职业技术学院)

杨昌鹏 (广西农业职业技术学院)

刘　靖 (江苏畜牧兽医职业技术学院)

钱志伟 (河南农业职业学院)

黄卫萍 (广西农业职业技术学院)

彭亚锋 (上海市质量监督检验技术研究院)

曹德玉 (河南周口职业技术学院)

本 书 编 委 会

主　编　张　艳（河南质量工程职业学院）

　　　　雷昌贵（河南质量工程职业学院）

副主编　欧杨虹（南通农业职业技术学院）

　　　　周　洁（上海市贸易学校）

参　编　何　璞（南阳农业学校）

　　　　徐明磊（河南质量工程职业学院）

　　　　刘蒙佳（福建师范大学闽南科技学院）

　　　　梁锦丽（揭阳职业技术学院）

序 言

伴随着经济的空前发展和人民生活水平的不断提高，人们对食品安全的关注度日益增强，食品行业已成为支撑国民经济的重要产业和社会的敏感领域。近年来，食品安全问题层出不穷，对整个社会的发展造成了一定的不利影响。为了保障食品安全，规范食品产业的有序发展，近期国家对食品安全的监管和整治力度不断加强。经过各相关主管部门的不懈努力，我国已基本形成并明确了卫生与农业部门实施食品原材料监管、质监部门承担食品生产环节监管、工商部门从事食品流通环节监管的制度完善的食品安全监管体系。

在整个食品行业快速发展的同时，行业自身的结构性调整也在不断深化，这种调整使其对本行业的技术水平、知识结构和人才特点提出了更高的要求，而与此相关的职业教育正是在食品科学与工程各项理论的实际应用层面培养专业人才的重要渠道，因此，近年来教育部对食品类各专业的职业教育发展日益重视，并连年加大投入以提高教育质量，以期向社会提供更加适应经济发展的应用型技术人才。为此，教育部对高职高专院校食品类各专业的具体设置和教材目录也多次进行了相应的调整，使高职高专教育逐步从普通本科的教育模式中脱离出来，使其真正成为为国家培养生产一线的高级技术应用型人才的职业教育，"十二五"期间，这种转化将加速推进并最终得以完善。为适应这一特点，编写高职高专院校食品类各专业所需的教材势在必行。

针对以上变化与调整，由中国质检出版社牵头组织了"十二五"高职高专院校规划教材（食品类）的编写与出版工作，该套教材主要适用于高职高专院校的食品类各相关专业。由于该领域各专业的技术应用性强、知识结构更新快，因此，我们有针对性地组织了江苏食品职业技术学院、河南农业职业学院、苏州农业职业技术学院、江苏农林职业技术学院、江苏畜牧兽医职业技术学院、吉林农业科技学院、广东环境保护工程职业学院、广西农业职业技术学院、河北师范大学以及上海农林职业技术学院等 40 多所相关高校、职业院校、科研院所以及企业中兼具丰富工程实践和教学经验的专家学者担当各教材的主编与主审，从而为我们成功推出该套框架好、内容新、适应面广的高质量教材提供了必要的保障，以此来满足食品类各专业普通高等教育和职业教育的不断发展和当前全社会对建立食品安全体系的迫切需要；这也对培养素质全面、适应性强、有创新能力的应用型技术人才，进一步提高食品类各专业高等教育和职业教育教材的编写水平起到了积极的推动作用。

针对应用型人才培养院校食品类各专业的实际教学需要，本系列教材的编写尤其注重了理论与实践的深度融合，不仅将食品科学与工程领域科技发展的新理论合理融入教材中，使读者通过对教材的学习，可以深入把握食品行业发展的全貌，而且也将食品行业的新知识、新技术、新工艺、新材料编入教材中，使读者掌握最先进的知识和技能，这对我国新世纪应用型人才的培养大有裨益。相信该套教材的成功推出，必将会推动我国食品类高等教育和职业教育教材体系建设的逐步完善和不断发展，从而对国家的新世纪人才培养战略起到积极的促进作用。

教材审定委员会

2012 年 4 月

前 言
• FOREWORD •

随着人民生活水平的不断提高，食品感官评定的作用日益受到重视。食品感官评定作为一门新兴学科，随着现代生理学、心理学、统计学等多门学科的发展而逐步发展、成熟起来。食品感官评定就是凭借人体本身的感觉器官（眼、鼻、口、手等）对食品的质量状况作出客观的评定，对食品的色、香、味和外观形态进行全面的评定以获得客观真实的数据，并在此基础上利用数理统计的手段，对食品的感官质量进行综合性的评定。

食品感官评定在经济学上也具有重要作用，它不仅可以帮助我们确定商品的价值及可接受性，而且可以得到商品的最佳性价比。食品感官评定主要应用在质量控制、产品研究和开发方面，在仪器的定位和评估中具有重要作用，在其他领域也有应用。食品感官评定的基本功能就是进行有效、可靠的检验测试，为做出正确合理的决定提供依据。

本书是为了适应我国食品工业的发展和高等院校食品专业教育的需要而编写的。本书可作为高职院校食品学科和相关学科感官评定课程的教科书，主要介绍了食品感官评定的发展史、现状及发展趋势；食品感官评定基础知识；食品感官评价员的选拔与培训；食品感官评定实验室；样品的制备和呈送及食品感官评定的组织与管理；食品感官评定分析方法；食品感官评定实例等内容。本教材强调了经典内容与国家标准的融合，更注重了理论教学与实际应用的协调，特别是对各种感官评定方法、各种食品感官评定的特点做了较为全面的阐述，并结合大量的应用实例，具体详细地介绍了感官评定的数据处理与结果分析方法。

本书由数所职业院校多年从事食品感官评定教学与科研工作的教师合力编写，由河南质量工程职业学院的张艳和雷昌贵担任主编。本书的第一章、第二章、附录1由河南质量工程职业学院的张艳编写；第三章和第五章由上海市贸易学校的周洁编写；第四章由福建师范大学闽南科技学院刘蒙佳编写；前言、第六章、第八章的实验一至实验四及附录2由河南质量工程职业学院雷昌贵编写；第七章的第一节至第六节由南通农业职业技术学院欧杨虹编写；第七章第七节、第九节、第十二节由河南质量工程职业学院的徐明磊编写；第七章第八节、第十节、第十一节、阅读小知识由南阳农业学校何璞编写；第八章的实验五至实验十二由揭阳职业技术学院梁锦丽编写。全书由河南质量工程职业学院的张艳和雷昌贵统稿、编排和校核。

本书可作为高职院校食品学科和相关学科感官评定课程的教科书，也可供食品专业技术人员、管理人员和科研人员阅读，对于精细化工、医药等行业的产品评定和营销人员也有一定的参考价值。

在本书的编写过程中得到了许多同行的热心帮助和指导，特别是中国质检出版社的大力支持，在此深表感谢！此外，由于编写人员业务水平有限，书中内容难免有不妥之处，敬请读者批评指正，与我们进一步探讨与交流。

编　者
2012 年 4 月

目 录
• CONTENTS •

第一章 绪 论

教学目标

1. 掌握食品感官评定的概念及类型。
2. 认识食品感官评定的意义、一般方法及与其他分析方法的关系。
3. 了解食品感官评定的发展史、现状与趋势。

一、食品感官评定相关概念及特点

(一)感官

感官即感觉器官,由感觉细胞或一组对外界刺激有反应的细胞组成,这些细胞获得刺激后,能将这些刺激信号通过神经传导到大脑。在人类产生感觉的过程中,感官直接与客观事物特性相联系,主要存在于人体外部,不同的感官对于外部刺激有较强的选择性。感官中存在感觉细胞,感觉细胞获得刺激后,能将刺激信号通过神经冲动传导到大脑。感官具有的共同特征如下:

(1)对周围环境和机体内部的化学和物理变化非常敏感。感觉是感官受到刺激并产生神经冲动形成的,而刺激是由周围环境而来的,冲动则与机体内部的物理、化学变化直接相关。

(2)一种感官只能接受和识别一种刺激。人体产生的嗅觉是通过鼻子感受到的,而味觉是通过舌头来感受的,视觉则是由眼睛来感受的。

(3)只有刺激量达到一定程度才能对感官产生作用。这是刺激感觉阈值的问题,刺激必须要有适当的范围。

(4)某种刺激连续施加到感官上一段时间后,感官会产生疲劳(适应)现象,其灵敏度随之明显下降。几乎所有的感官均有这样的现象。

(5)心理作用对感官识别刺激有很大的影响。感觉是人通过感觉器官对客观事物的认知,但是在接受感觉器官刺激时受心理作用的影响也是非常巨大的。人的饮食习惯和生活环境对食品是否被接受起着决定性作用,很难想象一个不习惯某种食品的感官评价员会对这种食品作出喜爱的评定,如南方人喜欢吃清淡食品,若让其评定川菜,一般不会给予很高评定。同时,感官评定时评价员的心情也会极大地影响感官评定的结果,心情好时会给予食品较高的评定,而心情差时则会降低食品的评分。

(6)不同感官在接受信息时会相互影响。人对事物的认知是通过感觉器官进行的,多个感觉器官形成的各种感觉综合为一种事物的属性,而各种感官所接受的刺激又会相互影响。如在具有强烈不愉快气味的环境中进行食品的感官评定时,就很难对食品产生强烈的食欲和作出正确的评定。

(二)食品感官评定

目前被广泛接受和认可的食品感官评定定义源于1975年美国食品科学技术专家学会

(Sensory Evaluation of the Institute of Food Technologists)的说法:食品感官评定是用于唤起、测量、分析和解释通过视觉、嗅觉、味觉和听觉而感知到的食品的特征或者性质的一门学科。这个定义将感官评定限定在食品范围内,到1993年美国的Stone和Sidel将这个定义稍做了一些改动,将食品扩展到了产品,这个产品可以理解为洗涤用品、化妆用品以及其他生活用品。当然,本书侧重的是食品的感官评定。从这个定义中我们可以看到以下两点:第一,感官评定是包括所有感官的活动,这是很重要也是经常被忽视的一点,在很多情况下,人们对感官评定的理解单纯限定在"品尝",似乎感官评定就是品尝。实际上,对某个产品的感官反应是多种感官反应结果的综合,比如,让你去评定一个苹果的颜色,但不用考虑它的气味,而实际的结果是,你对苹果颜色的反应一定会受到其气味的影响。第二,感官评定是建立在几种理论综合的基础之上的,这些理论包括实验、社会学、心理学、生理学和统计学,对于食品来讲,还有食品科学和技术的知识。

食品感官评定就是凭借人体本身的感觉器官(眼、鼻、口、手等)对食品的质量状况作出客观的评定,对食品的色、香、味和外观形态进行全面的评定以获得客观真实的数据,并在此基础上利用数理统计的手段,对食品的感官质量进行综合性的评定。食品感官评定不仅是人的感觉器官对接触食品时各种刺激的感知,而且还有对这些刺激的记忆、对比、综合分析等理解过程。所以,感官评定还需要生理学、心理学等方面的知识。另外,评价员的个体感官数据存在很大的变异性,要获得令人信服的感官分析结果,就必须以统计学的原理作为保证。食品的感官评定,是根据人的感觉器官对食品的各种质量特征的感觉,如味觉、嗅觉、视觉、听觉等用语言、文字、符号或数据进行记录,再运用概率统计原理进行统计分析,从而得出结论,对食品的色、香、味、形、质地、口感等各项指标做出评定的方法。食品感官评定常包括四种活动:组织、测量、分析和结论。

1. 组织

组织是指包括评价员的组织、评定程序的建立、评定方法的设计和评定时的外部环境的保障。其目的在于感官分析实验应在一定的控制条件下制备和处理样品,在规定的程序下进行实验,从而使各种偏见和外部因素对结果的影响降到最低。

在食品感官评定中,准备样品和呈送样品都要在一定的控制条件下进行,以最大限度地降低外界因素的干扰。例如,感官评定者通常应在单独的品尝室中进行品尝或检验,这样他们得出的结论就是他们自己真实的结论,而不会受周围其他人的影响,被检测的样品也要进行随机编号,这样才能保证检验人员得出的结论是来自于他们自身的体验,而不受编号的影响。另外要做到使样品以不同的顺序提供给受试者,以平衡或抵消由于一个接一个检验样品而产生的连续效应。因此,在感官评定中要建立标准的操作程序,包括样品的温度、体积和样品呈送的时间间隔等,这样才能减少误差,提高测试的精确度。

2. 测量

测量是指评价员通过视觉、嗅觉、味觉、听觉和触觉的行为反应采集数据,在产品性质和人的感知之间建立一种联系,从而表达产品的定性、定量关系。食品感官评定是一门定量的科学,通过采集数据,在产品性质和人的感知之间建立起合理的、特定的联系,感官方法主要来自于行为研究的方法,这种方法观察人的反应并对其进行量化。例如,通过观察受试者的反应,可以估计出某种产品的微小变化能够被分辨出来的概率,或者推测出一组受试者中喜爱某种产品的人数比例。

3. 分析

合理的数据分析是感官评定的重要部分,采用统计学的方法对来自评价员的数据进行分析统计,它是感官分析过程的重要部分,可借助计算机和优良软件完成。感官评定当中,人被作为测量的工具,而通过这些人得到的数据通常具有不一致性。造成人对同一事物的反映不同的原因有很多,比如参与者的情绪、动机、对感官刺激先天的生理敏感性、经历以及对类似产品的熟悉程度等。虽然一些对参评者的筛选程序可以控制这些因素,但也只能是部分控制,很难做到完全控制。例如,参评的人从其性质上来讲,就好像是一组用来测定产品的某项性质而又完全不同的仪器。为了评定在产品性质和感官反应之间建立起来的联系是否真实,我们用统计学来对数据进行分析。一个好的实验设计必须要有合适的统计分析方法,只有这样才能在各种影响因素都被考虑到的情况下得到合理的结论。

4. 解释

感官评定专家的任务应该不仅是得到一些数据,他们还要对这些数据进行合理解释,在基于数据、分析和实验结果的基础上进行合理判断,包括所采用的方法、实验的局限性和可靠性等,并能够根据数据对实验提出一些相应的合理措施。如果从事实验的人自己负责感官分析,他们可能会比较容易地解释其中的变化,如果委托专门的评价员来进行实验,一定要同他们很好地合作,共同解释其中的变化和趋势,这样才有助于实验的顺利进行。感官评定专家应该最清楚如何对结果进行合理的解释、得到一定的结论以及所得到的结果对于某种产品来说意味着什么,同时,感官评价员也应该清楚该评定过程存在哪些局限性等。

食品感官评定的特点包括:食品感官评定具有很强的实用性、很高的灵敏度,且操作简便,省时省钱;食品感官评定是多学科交叉的应用学科,以食品理化分析为基础,集心理学、生理学及统计学知识为一体;食品感官评定试验均由不同类别的感官评定小组承担,试验的最终结论是评定小组中评价员各自分析结果的综合,在食品感官评定中,并不看重个人的结论如何,而是注重于评定小组的综合结论;结果的可靠性影响因素多,如评价员的经验与背景、试料与容器、评定环境、评定方法、评定的内容以及结果分析所用的统计分析方法等,常常干扰最终的评定结论。

二、食品感官评定的意义

食品感官评定由来已久,但真正意义上的食品感官评定还只是近几十年发展起来并逐步完善的。食品的可接受性、可靠性、可行性、不可替代性已逐步为人们所认识。各种食品都具有一定的外部特征,消费者习惯上凭感官来决定商品的取舍。所以,作为食品不仅要符合营养和卫生的要求,还必须能被消费者接受。其可接受性通常不能由化学分析和仪器分析结果来下结论,因为用化学分析和仪器分析方法虽然能对食品中各组分的含量进行测定,但并没有考虑组分之间的相互作用和对感官的刺激情况,缺乏综合性判断。

食品感官评定是在食品理化分析的基础上,集心理学、生理学、统计学的知识发展起来的一门学科,该学科不仅实用性强、灵敏度高、结果可靠,而且还解决了一般理化分析所不能解决的复杂生理感受问题。食品感官评定在世界许多发达国家已普遍采用,是从事食品生产、营销管理、产品开发以及广大消费者所必须掌握的一门知识。在新产品研制、食品质量评定、市场预测、产品评优等方面都已获得广泛应用。食品感官评定不仅能直接发现食品感官性状在宏观上出现的异常现象,而且当食品感官性状发生微观变化时也能很敏锐地察觉到。例如,食品中混有杂质、异物,发生霉变、沉淀等不良变化时,人们能够直观地评定出来,而不需要再进行其他的检验分析。尤其重要的是,当食品的感官性状只发生微小变化,甚至这种变化轻微到有些仪器都难以准确发现时,通过人的感觉器官,如嗅觉器官、味觉器官等都能给予应有的评定。可见,食品的感官质量评定有着理化和微生物检验方法所不能替代的优越性。在食品的质量标准和卫生标准中,第一项内容一般都是感官指标,通过这些指标不仅能够直接对食品的感官性状作出判断,而且还能够据此提出必要的理化和微生物检验项目,以便进一步证实感官评定的准确性。因此,食品感官评定一般在理化分析及微生物检验之前进行。

在判断食品的质量时,感官指标往往具有否决性,即如果某一产品的感官指标不合格,则不必进行其他的理化分析与卫生检验,直接判定该产品为不合格品。在此种意义上,感官指标享有一定的优先权。另外,某些用感官感知的产品性状,目前尚无合适的仪器与理化分析方法可以替代感官评定,感官评定成为判断优劣的唯一手段。感官评定不仅仅是一种经验,其包含的内容和实际功能要广阔得多,它强调过程和结果的科学性和准确性。感官评定可以为产品提供直接的、可靠的、便利的信息,可以协助人们更好地把握市场方向、指导生产,其作用是独特的、不可替代的。随着我国经济的发展,食品感官评定的作用越来越明显。

三、食品感官评定的发展史、现状与趋势

人们利用感官来评定食品的质量已有数百年的历史。食品的感官评定是人类和动物的最原始、最实用的择食本能,人们每天都在自觉或不自觉地做着每一件食品的感官评定。对于广大消费者,甚至包括儿童,感官评定也是选择食品的基本手段。自从人类学会了对衣食住行所用的消费品进行好与坏的评定以来,可以说就有了感官评定,然而真正意义上的感官评定的出现还只是在近几十年。食品的感官评定作为一门技术最早应用于食品的评比,如评酒、食品质量评优等。最早的感官评定可以追溯到20世纪30年代,而它的蓬勃发展还是源自20世纪60年代中期到70年代全世界对食品和农业的关注、能源的紧张、食品加工的精细化、降低生产成本的需要以及产品竞争的日益激烈和全球化。在现代,食品感官评定更多地应用于食品新产品的开发、市场调查、消费群体的偏好、工艺及原材料的改变对产品质量的影响以及开发商的商业定位和战略决策方面。

食品感官评定正式出现于20世纪初,在20世纪下半叶,随着食品加工业的快速发展,感官评定科学也迅速成长起来。Amerine 等(1965)在《食品感官评定原理》(Principles of Sensory Evaluation of Food)中对该学科作了全面的回顾,标志着食品感官评定真正作为一门科学而产生了,其著作是最早可查的感官评定专著。Stone 和 Sidel(1985)也出版了名为《感官评定实践》(Sensory Evaluation Practice)的教科书。随后有多部有关感官评定的专著问世,使这门学科的内容日臻完善。我国有着悠久的饮食文化,历史上美食家点评食品的故事广为流传。事实上,这种点评也是一种感官评定方法,是评判专家根据自身的感官经验对食品进行评定。我国最早可查的感官评定专著为李衡(1990)著的《食品感官评定方法及实践》及朱红等(1990)的《食品感官分析入门》,这表明我国的感官评定科学发展相对国外滞后了数十年。但可喜的是,近年来食品的感官评定发展很快,目前无论在大专院校还是在研究机构和生产企业,其都得到充分的重视,许多机构都配备了标准的感官评定室,拥有固定的分析型感官评价员专家小组。可以说,食品感官评定已经发展成为一门相当成熟的学科了。

在传统的食品行业和其他消费品生产行业中,一般都有"专家"级评价员,比如香水专家、

风味专家、酿酒专家、焙烤专家、咖啡和茶叶的品尝专家等,他们在本行业工作多年,对生产非常熟悉,积累了丰富的经验,一般与生产环节有关的标准都由他们来制定,比如生产原料、生产工艺、质量控制甚至市场运作,可以说,这些专家对生产企业来讲,意义非凡。后来随着经济的发展和贸易的兴起,又出现了专职的工业品评员。比如,在罐头企业就有专门从事品尝工作的品评人员每天对生产出的产品进行品尝,并将本企业的产品和同行业其他产品进行比较,有的企业至今仍沿用这种方法。某些行业还使用由专家制定的用来评定产品的各种评分卡和统一词汇,比如有奶油的 100 分评分卡,葡萄酒的 20 分评分卡和油脂的 10 分评分卡。随着经济的发展、竞争的激烈和生产规模的扩大,生产企业的"专家"开始面临一些实际问题,比如他不可能熟悉、了解所有的产品知识,更谈不上了解这些产品的加工技术对产品的影响,而且关键的是,由于生产规模的扩大,市场也随之变大,消费者的要求不断变化,专家开始变得力不从心,他们的作用不再像以往那样强大。随着一些新的测评技术的出现和它们在感官评定中的使用,人们开始清醒地意识到,单纯依靠少数几个专家来为生产和市场做出决策是存在很多问题的,同时风险也是很大的。因此,越来越多的生产企业开始转向使用感官评定。从实质来讲,感官评定的出现并不是市场创造了机会,生产企业也没有直接接受感官评定,它出现的直接原因是"专家"的失效,作为补救方法,生产企业才将目光投向它。

在 20 世纪中叶,美国军队的需要使感官评定得到了一次长足的发展。当时美国政府大力提倡社会为军队提供更多的可接受的食物,因为他们发现无论是精确科学的膳食标准,还是精美的食谱都不能保证这些食品的可接受性,而且人们发现,对于某些食品来说,其气味和其可接受性有着很重要的关系。也就是说,要确定食品的可接受性,感官评定是必不可少的。20 世纪六七十年代,美国联邦政府推行了两项旨在解决饥饿和营养不良的计划——"向饥饿宣战"和"从海洋中获取食物"。但这两项计划的结果并不理想,其主要原因之一就是忽视了感官评定,一批又一批食物被拒之门外。食品工业从政府的这些与感官评定有关的一系列活动当中得到了启示,他们开始意识到感官评定的重要性,并开始为这项新兴的学科提供大力支持。

美国的 Boggs、Hansen、Giradot 和 Peryam 等人建立并完善了"区别检验法",同时,一些测量技术也开始出现。打分的程序最早出现于 20 世纪 40 年代初期。20 世纪 50 年代中后期出现了"排序法"和"喜好打分法"。1957 年,由 Arthur D. Little 公司创立了"风味剖析法",这个方法是一种定性的描述方法,它的创立对正式描述分析方法的形成和专家从感官评定当中的分离起到了推动作用。食品及一些消费品生产企业开始通过培训,在企业内部成立专业感官品评小组,根据统计学的原理对品评结果进行分析,最终作出决策来指导新产品的研究与开发。虽然在当时这个方法引来很多争议,但是它却为感官评定开启了新的视点,为以后很多方法的建立奠定了基础。

在中国,虽然早就有食品感官评定这个概念,但我们的认识更多还是停留在上面提到的"专家"阶段,强调更多的是经验,或者仅将它作为和理化检验并列的产品质量检验的一部分,事实上感官评定包含的内容和它的实际功能要广阔得多。感官评定可以为产品提供直接、可靠、便利的信息,可以帮助人们更好地把握市场方向、指导生产,它的作用是独特的、不可替代的。食品感官评定的发展和经济的发展密不可分,随着我国经济的发展和全球化程度的提高,它的作用会越来越突显出来。近几年来,随着计算机的普及和应用,感官分析的应用和结果处理更加方便、快速。随着电子技术、生物技术、仿生技术的发展,它必将得到进一步的完善和提高。自 1988 年起,我国相继制定并颁布了感官分析方法的国家标准,如《感官分析方法总论》

（GB/T 10220）、《感官分析　术语》（GB/T 10221）、《感官分析　选拔、培训和管理评价员一般导则　第2部分:专家评价员》（GB/T 16291.2）和《感官分析　建立感官分析实验室的一般导则》（GB/T 13868）等19项感官分析标准。这些标准大都参照采用或等效采用相关的国际标准（ISO），而具有我国自主知识产权的感官分析方法标准还十分欠缺。尽管许多企业已经认识到了感官评定在产品的设计、生产和评定中的重要性，但它在企业当中的独特作用还只是在最近十几年才被广泛承认。目前各生产企业都设有感官评定部门，但具体如何操作则根据实际需要，由各公司自行决定，并没有统一规定。

虽然感官评定已经得到了发展和逐步完善，在这个领域还有许多工作需要去做，新产品和新概念的不断出现，为感官评定创造了市场，反过来，对新产品评定方法的研究也会促进感官评定本身的发展。比如，对甜味剂替代物的研究促进了甜度的评定方法，对感官领域测量方法的完善也起到了推动作用。

目前，食品品质评定主要由感官评定、理化检验及微生物检验构成。现代工业化生产的食品生产配方成分复杂，新技术、新工艺层出不穷，专家评判方法已不能完全胜任目前食品感官评定的需要。随着计算机技术与新型传感器等仪器的不断开发，结合人的感官、现代传感器及计算机技术的新型"人－机"评定技术正在展开研究，使在这一系统中，人的感官成为整个系统的一部分，充当与食品试样接触的终端，人的感官与仪器同步工作，对食品的某一特性进行测量。例如，在质地测试时，人的上下腭、牙齿取代了流变仪的金属探头，咀嚼时的肌肉运动由附着于面部的传感器转换成肌电信号，进入计算机进行信号处理。在味觉试验中，人的舌头、口腔等担当味觉传感器的角色，不同味感引起大脑氧化血色素的浓度变化，由近红外传感器侦测，再由计算机进行信号处理。这一新的研究方向结合了人的感官与仪器分析的优点，而绕开了其各自的缺点。近年来食品感官评定有以下几个发展趋势:发展更符合人类感官系统机制的仪器，如电子鼻、电子舌的应用研究;在气味或风味研究的部分，气相层析嗅闻技术的应用具有普遍化的趋势;研究不同的分析仪器与感官特性之间的各种相关性等。

四、食品感官评定的适用范围与依据

食品的感官评定最早应用于食品的评比上，例如酒的品评鉴定，我国人民习惯地称为评酒，在国内外文献中则有不同的名称，酒的品评、品尝、感官评定等，其实都是对酒的感官分析或感官评定。对其他食品也是一样，例如罐头食品评比、饼干评比、烹饪评比等。

对于广大消费者，食品的感官评定则是择优的最基本手段，人们每天都在自觉或不自觉地做着每一件食品的感官评定，但由于人类的某些功能已经退化，这种择优本能的可靠性已经降低了，然而对于动物来说，仍是它们生存的最可靠的技能。人类已很容易因辨别能力的退化而造成食物中毒，他们只能由知识和经验来判断，而动物因其保留了高度的感觉敏锐性，在复杂的自然界中很少发生食物中毒，如兔子不会采食毒蘑菇，牛不吃蕨类植物等。现代食品感官评定更多地被食品开发商应用于考虑商业利益和战略决策方面，例如市场调查、消费群体的偏爱、工艺或原材料的改变是否对产品带来质量的影响，一种新产品的推出是否会受到更多消费者的喜欢等。食品感官评定除了在产品开发方面应用较多外，还可给其他部门提供信息。产品质量的感官标准是质量控制体系的一个重要组成部分。

《中华人民共和国食品安全法》第九十九条规定:"食品，指各种供人食用或者饮用的成品和原料以及按照传统既是食品又是药品的物品，但是不包括以治疗为目的的物品。"第二十八条规定了禁止生产经营的食品,其中第四项规定"腐败变质、油脂酸败、霉变生虫、污秽不洁、混有异物、掺假掺杂或者感官性状异常的食品。"这里所说的"感官性状异常"指食品失去了正常的感官性状,而出现的理化性质异常或者微生物污染等在感官方面的体现,或者说是食品这里发生不良改变或污染的外在警示。同样,"感官性状异常"不单单是判定食品感官性状的专用术语,而且是作为法律规定的内容和要求而严肃地提出来的。

目前,食品感官评定已经成为产品质量体系的一个重要组成部分,作为感官标准直接纳入食品标准中,这也表明食品感官评定已经成为一门成熟的科学与技术,在食品质量检测和分析评定方面被广泛接受。食品感官评定已经有了自己的标准体系或是作为其他标准的一部分,当然,这些标准随着感官科学的发展也在不断地修订与完善。我国自 1988 年开始,相继制定和颁布了一系列感官评定方法的国家标准,包括:

GB 10220　感官分析方法总论

GB/T 10221　感官分析　术语

GB/T 16291.2　感官分析　选拔、培训和管理评价员一般导则　第 2 部分:专家评价员

GB/T 15549　感官分析　方法学　检测和识别气味方面评价员的入门和培训

GB/T 16860　感官分析方法　质地剖面检验

GB/T 16861　感官分析　通过多元分析方法鉴定和选择用于建立感官剖面的描述词

GB/T 12311　感官分析方法　三点检验

GB/T 17321　感官分析　二、三点检验

GB/T 19547　感官分析　方法学　量值估计法

GB/T 12310　感官分析方法　成对比较法

GB/T 12316　感官分析方法　"A"-"非 A"检验

GB/T 12315　感官分析　方法学　排序法

GB/T 13868　感官分析　建立感官分析实验室的一般导则

GB/T 14195　感官分析　选拔与培训感官分析优选评价员导则

除以上国家标准外,还有许多企业和行业标准,以及具体食品的感官评定标准,加上许多食品标准都包含有感官标准的内容,可以看到,感官评定已经渗透到食品标准化体系的方方面面。这些标准一般都是参照或采用相关的国际标准(ISO 系列),具有较高的权威性和可比性,对推进和规范我国的感官评定方法起了重要作用,也成为执行感官评定的法律法规依据。

五、感官评定的具体应用及方法

与其他许多应用技术一样,食品感官分析或感官评定也在应用中不断发展和完善。食品感官评定已成为许多食品公司在产品质量管理、新产品开发、市场预测、顾客心理研究等方面的重要手段。食品感官评定的应用同时也促进了心理学、生理医学、仿生学的发展,以及现代食品感官检测设备的开发,如近年来开发的电子鼻、电子舌、食品感官机器人等。

目前其在国内的应用包括:餐饮业的清洗效果(以目视法进行)评估;生鲜产品,如肉品、水产品、蛋品、乳品等新鲜度的评定;中药药材评定;香水材料评定;嗜好性产品,如酒、茶叶的品味等的评定;育种开发,如园艺产品、农畜产品;环保检测(以目视及嗅觉进行);纺织品评定;设计学、媒体传播方面;食品加工,如啤酒的气泡检验、酱油的香气检验、食品的包装检验等方面。其中,以食品方面应用最多,感官评定在食品工业中的广泛应用,是新产品研制的技术保障,是

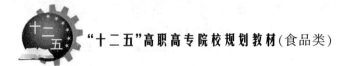

保障食品感官质量的重要手段。

近年来,随着人民生活水平的不断提高,感官评定的应用日益受到重视,作为一门新兴的学科,随着现代生理学、心理学、统计学等多门学科的发展也在逐步发展和成熟起来。如何利用感官评定这一手段去改进产品、产品质量和服务将成为食品企业关键的一环。利用感官评定可以认识市场趋势和消费者的消费取向,建立与消费者有关的数据库,为食品的研发提供数据支持。随着市场和消费者消费习惯的变化,以及食品行业竞争的加剧,我们有理由相信:感官评定技术在食品工业中的应用会越来越广泛,作用也越来越明显。

食品感官评定的方法很多,目前公认的感官评定的方法有三大类,每一类方法中有不同的目标和具体的方法(见表1—1)。

表1—1 感官评定方法分类

方法名称	核心问题	具体方法
区别检验法	产品之间是否存在差别	成对比较法、三点检验、二 - 三点检验、"A"-"非 A"检验、五中取二检验
描述检验法	产品的某项感官特性如何	风味剖面法、定量描述分析法
情感试验法	喜爱哪种产品或对产品的喜爱程度如何	快感检验

第一类感官评定方法是最简单的区别检验法,它出现于 20 世纪 40 年代,仅仅是试图回答 2 种类型的产品间是否存在不同,基于频率与比率的统计学原理,计算正确和错误的答案数。这类检验包括多种方法,如成对比较检验、三点检验、二 - 三点检验、"A"-"非 A"检验、五中取二检验等。典型的例子是三点检验法,最早在嘉士伯(Carlsberg)啤酒厂和 Seagrems 蒸馏酒厂使用(Helm 和 Trolle,1946;Peryam 和 Swats,1950)。在啤酒厂中,这一检验主要作为一种筛选评定啤酒的品评员的方法,以确保他们有足够的辨别能力。这一方法对于差别非常灵敏,已经证明在实际应用中非常实用,目前已被广泛采用。这类检验应用普遍的原因是数据分析简单,二项式分配的统计表格提供了正确反应的最小数,感官技术人员仅仅需要计算正确回答的数目,借助于该表格就可以得到一个简单的统计结论,从而可以简单而迅速地报告结果。

第二类感官评定方法主要是对产品的感官性质感知强度量化的检验方法,这些方法主要是进行描述分析,它包括两种方法。第一种方法是风味剖面法,主要依靠经过培训的评定小组。这一方法首先以小组成员进行全面培训以使他们能够分辨一种食品的所有风味特点,然后通过评定小组成员达成一致性意见形成对产品的风味和风味特征的描述词汇、风味强度、风味出现的顺序、余味和产品的整体印象。此方法发展于 20 世纪 40 年代后期的 Arthur D. Little 咨询集团(Caul,1957),他们通过培训小组成员使其分辨一种食品的所有风味特点,并且用一种简单的分类标度来表示这些特点的强度并排出顺序。风味剖面分析法经过发展,在 20 世纪 60 年代早期已经可以量化风味特征(Brandt 等,1963;Szczesniak 等,1975),如质地剖面分析法用来表述食品的流变学和触觉特性以及咀嚼时随时间的变化。第二种方法称为定量描述分析法,也是首先对评定小组成员进行培训,确定了标准化的词汇以描述产品间的感官差异之后,小组成员对产品进行独立评定。在 20 世纪 70 年代早期的斯坦福研究院(Stanford Research Institute)提出了定量描述分析法(quantitative descriptive analysis),以弥补风味剖面法的缺点,这一方法甚至对食品的所有感官特性有更广泛的应用性,不仅是口感和质地(Sone 等,1974;Stone 和 Sidel,1995)。描述分析法已被证明是最全面、信息量最大的感官评定工具,它适用于表述各种产品的变化和食品开发中的研究问题。

第三类感官评定方法主要是对产品的好恶程度量化,称为快感或情感检验法。快感检验是选用某种产品的经常性消费者(75～150)名,在集中场所或感官评定较方便的场所进行该检验。20 世纪 40 年代末期美国陆军军需食品与容器研究所开发的快感准则是此类检验的一个历史性的里程碑(Jones 等,1955)。该方法对喜好度进行均衡的 9 点设计来进行感官评定。

最普通的快感标度是以下的 9 点快感标度,这也是已知的喜爱程度的标度。这一标度已得到广泛普及。样品被分成单元后提供给评定小组(一段时间内一个产品),要求评定小组表明他们对产品标度上的快感反应。

样品编号　×××
□　极端喜欢
□　非常喜欢
□　一般喜欢
□　稍微喜欢
□　既不喜欢,也不厌恶
□　稍微厌恶
□　一般厌恶
□　非常厌恶
□　极端厌恶

六、感官评定与其他分析方法的关系

食品的质量通常包括感官指标、理化指标和卫生指标。理化指标和卫生指标主要涉及产品质量的优劣和档次、安全性等问题,由质检部门和卫生监督部门督查。在判断食品的质量时,感官指标往往具有否决性,即如果某一产品的感官指标不合格,则不必进行其他的理化分析与卫生检验,直接判该产品为不合格产品。在此种意义上,感官指标享有一定的优先权。另外,某些用感官感知的产品性状,目前尚无合适的仪器与理化分析方法可以替代感官评定,感官评定成为判断优劣的唯一手段。食品的感官评定不能单纯地代替理化指标和卫生指标检测,它只是在产品性质和人的感知之间建立起一种合理的、特定的联系。

感官评定不仅能直接发现食品感官性状在宏观上出现的异常现象,而且当食品感官性状发生微观变化时也能很敏锐地察觉到。例如,食品中混有杂质、异物、发生霉变、沉淀等不良变化时,人们能够直观地评定出来,而不需要再进行其他的检验分析。尤其重要的是,当食品的感官性状只发生微小变化,甚至这种变化轻微到有些仪器都难以准确发现时,通过人的感觉器官,如嗅觉器官、味觉器官等都能给予应有的评定。可见,食品的感官质量评定有着理化和微生物检验方法所不能替代的优越性。在食品的质量标准和卫生标准中,第一项内容一般都是感官指标,通过这些指标不仅能够直接对食品的感官性状作出判断,而且还能够据此提出必要的理化和微生物检验项目,以便进一步证实感官评定的准确性。因此,感官评定往往在理化分析及微生物检验之前首先进行。感官评定具有如下优点:通过对食品感官性状的综合性检查,可以及时、准确地评定出食品质量有无异常,便于早期发现问题,及时进行处理,可避免对人体健康和生命安全造成损害;方法直观,手段简便,不需要借助任何仪器设备和固定的检验场所以及专业人员;感官评定办法常能够察觉其他检验方法无法评定的食品质量特殊性污染或微量变化。

现代感官评定是建立在统计学、生理学和心理学基础上的。在感官评定实验中,并不看重个人的结论如何,而是注重评价员的综合结论。由于感官评定是利用人的感觉器官进行的实验,而人的感官状态又常受环境、身体、感情等很多因素的影响,所以为尽量避免各种因素对感官评定结果的影响,人们也一直在寻求用理化分析,特别是用仪器测试的方法来代替人的感觉器官,以期将主观的定性化语言描述转化为客观的定量化表达,如电子舌、电子鼻、食品感官机器人的开发和应用,可使评定结果更趋科学、合理、公正。

食品感官评定虽然是一种不可缺少的重要方法,但由于食品的感官性状变化程度很难具体衡量,也由于评定的客观条件不同和主观态度各异;人的感官状态常常不稳定,尤其在对食品感官性状的评定判断有争议时,往往难以下结论。另外,若需要衡量食品感官性状的具体变化程度,则应辅以理化分析和微生物的检验。因此,食品感官评定不能完全代替理化分析、卫生指标检测或其他仪器测定。感官数据可以定性地得到可靠结论,但定量方面,尤其是差异标度方面,往往不尽如人意。实际上,感官分析应当与理化分析、仪器测定互为补充、相互结合来应用,才可以对食品的特性进行更为准确的评定。

研究人员也一直努力建立对应的理化方法来代替人的感觉器官,试图达到将容易产生误解的语言表达转化为可以用精确数字来表达的方式,如电子眼、电子舌、电子鼻的开发应用,使评定结果更趋科学、合理、公证。与此同时,食品流变学、食品物性学、仪器分析等新的基础及应用学科也应运而生,且取得了可喜的进展,在某些方面已经能够代替人的感官评定。例如:①视觉:电子眼(机器视觉)、图像识别技术、色彩色差计等;②听觉:听觉仪;③体觉(触觉):质地测试仪、动态及静态流变仪等;④味觉:电子舌;⑤嗅觉:电子鼻。相对地,前三者的仪器分析发展较快且技术较为成熟,而后两者目前虽有商业化的仪器,但功能单一,相比人的感官来说还处于非常原始的阶段。并且,人对食品的评定并非将上述几种感觉特性孤立地进行判断,感官评定能够给出综合性的评定结果,是仪器等理化分析所无法比拟的。

尽管理化分析方法不断发展和完善,且新型食品感官检测设备不断开发,但上述方法还无法代替感官评定,其主要原因包括:

(1)理化分析方法操作复杂、费时费钱,不及感官分析方法简便、实用;

(2)一般理化分析方法还达不到感官方法的灵敏度;

(3)用感官感知的产品性状,其理化性能尚不明了;

(4)还没有开发出能够完全替代感官评定的合适的理化分析方法;

(5)测试仪器一般价格昂贵,且仪器测试具有较强的专一性,仅限于有限指标的测试,很难获得感官分析的综合评定结果;

(6)食品感官测试仪器设备尚处于发展阶段,其准确度、数据库等尚需不断完善和提高。对于嗜好型的感官分析,用理化方法或仪器测试代替感官评定更是不可能的。可见,无论是理化分析,还是仪器测试,都只能作为食品感官评定的辅助手段和有益补充。故食品感官评定具有其他方法无法替代的重要作用和地位。

 本章小结

　　食品感官评定是用于唤起、测量、分析和解释通过视觉、嗅觉、味觉和听觉而感知到的食品的特征或者性质的一门科学。它是在食品理化分析的基础上,集心理学、生理学、统计学的知识发展起来的一门学科,该学科不仅实用性强、灵敏度高、结果可靠,而且还解决了一般理化分析所不能解决的复杂生理感受问题。食品感官评定的方法很多,目前公认的感官评定的方法有三大类:区别检验法、描述检验法、情感检验法。食品的感官质量评定有着理化和微生物检验方法所不能替代的优越性,通过对食品感官性状的综合性检查,可以及时、准确地评定出食品质量有无异常,便于早期发现问题,及时进行处理,可避免对人体健康和生命安全造成损害;食品感官评定可以为产品提供直接的、可靠的、便利的信息,可以更好地把握市场方向、指导生产,其作用是独特的、不可替代的,随着我国经济的发展,食品感官评定的作用越来越明显。

复习思考题

1. 食品感官评定常包括哪些活动?
2. 食品感官评定如何分类? 不同类型的区别是什么?
3. 食品感官评定的特点是什么?
4. 请列举几种食品感官评定的方法。
5. 感官评定与其他分析方法有什么关系?

➡ 阅读小知识

感官评定应用于产品储藏期试验

　　近年来,评估产品稳定性和储存期变得越来越重要,特别是那些食品、饮料和具有生物活性的产品。很多企业都会测量产品的稳定性,一般也会对储存期有所了解,然而,竞争、技术、新型包装材料以及产品日期在包装上的位置等方面让我们得以从一个全新的角度来对产品稳定性问题进行审视。新的发展表面上增加了对稳定性测试的需求,但有时候也会对一些问题的复杂性缺乏充分的认识,这些问题包括实验设计、数据分析、测试方法、产品变化与产品市场接受度的关系以及日益缩短的储存期所带来的经济影响等。这样,感官评定部门收到的产品稳定性测试申请往往会堆积如山,而且测试的频率也不是根据预期的储存期来制定的。举个简单的例子,测试申请要求在18个月内每个月对产品进行测试,但是一半以上的测试实际上都是没有价值的,因为在开始的8~9个月内产品并不会有显著变化。大部分感官程序只要接到6~7个这样的测试任务就会满负荷了。显然,我们要建立起一个有效的程序,在不牺牲所需要信息的前提下,在产品测试频率和可利用的资源之间建立平衡。

　　在接到测定储存期的申请之后,感官评价员一定要和申请人商讨该项目的所有细节,例如,申请的提出是基于技术、新包装材料还是竞争对手等?产品目前的储存期是多长?现有什么关于稳定性方面的信息可以提供?还有,产品的配方在近期是否进行过更改?产品配方尚

未定型就去确定其稳定性的做法完全是在浪费资源,除非是想评定出哪个配方的稳定性更能符合理想水平。另外一个问题是初始实验之后再进行其他测试的依据是什么?需不需要为产品设定具体的接收值(acceptance value)?如果感觉到产品有差异,那么要不要停止测试和换一个新的对照样?这个问题类似于在测试过程中去掉一个产品或者变量,例如,连续两次实验的得分都显著低于接收值的产品将会被剔除。

产品来源也很重要,因为这是做出所有稳定性方面决策的基础。任何测试计划都要考虑所取的产品批次是否具有代表性。如果该批次产品不具有代表性,产品的储存期就很可能会出现误判。如果有多个生产商在生产该产品,我们就要决定在测试中选用哪家的产品或者测试要涉及哪几个生产商。如果测试涉及多个生产商,那么分析过程的复杂程度就会大大增加。虽然在产品的组合来源于不同厂家时可采用专门的实验设计(涉及第四章有关裂区设计的相关论述),但是还有另外一些特殊问题需要考虑,例如,测试人员的评估次数会翻倍,有人甚至会担心不同厂家的产品结果是否具有可比性。

另外一个需要关注的问题是测试中参比样(或称对照样)的选定和辨别。例如,对食品和饮料来说,一般是将参比样放在低温环境中(冷藏或冷冻)保存,而且假设其性质不发生改变或者改变的程度和所测试的变量不一样。可是不论储存条件如何,产品肯定会发生变化,所以认为产品静止不变是不切实际的。此外,一旦辨别出参比样,测试者的响应行为就会有所改变(因为这是做出判断的前提),我们会在后面对此进行专题讨论。这方面实际上和实验设计及实验计划有关。参比样会发生变化,但变化的速度和测试样不一样。可能最简单同时也是最受推崇的解决办法就是把与测试样所处条件不同的参比样剔除掉。如果不带参比样,就要通过选择恰当的标度和利用方差分析及裂区设计来对产品的变化进行测量,而不是让测试者参照参比样来给产品打分(比如测量两者的差异程度)。即使存在以上种种问题,还是有人继续将参比样与差异度评估法配合使用。就此,我们提出了一些建议,有两种常见的参比样——差异标度建立方法:①将参比样设定为每种属性的中间值;②在每种属性中把参比样设为不同的标度值。在这两种情况下,测试者都只是观察参比样(而不进行评估),然后按照与参比样的差异方向和距离给测试产品打分。

这种做法会要求感官评价员背负更多的决策责任,不过对于整个测试程序而言,它的确又是一种很现实的做法。因为非必要的测试被排除在外,所以测试工作会变得更有灵活性,这点尤其重要。例如,如果某产品在50%预计储存期测试中显示的变化超出了预期,那么一般就会把下一个测试选在60%或70%储存期时进行,以确定变化过程是否在加速。

另一种做法是同时使用三种感官测试方法。所有产品在起始阶段(零时间)就收集描述信息和接受度信息。然后在首次抽样时,把储存产品对照参比样进行差别测试。只有在起始阶段的评估中没有发现具统计显著性的差异时才建议进行这个差别测试。如果差别测试的结果显示没有显著差异,则此时无需再做其他进一步的测试;如果结果显示有差异,则要把有差异的产品对照参比样进行接受度测试以确定产品接受度是否有所下降。如果接受度测试的结果是有显著差异,则可以结束测试工作。结束整个研究的决定要基于接受度的下降程度以及其他一些所得到的相关信息,例如,化学分析结果显示发生了明显变化。如果接受度测试的结果是没有显著差异,就要继续进行研究。这时候可以根据需要采用描述分析来确定参比样和测试样之间的差别。如果该产品来自既有品牌或已有相应的数据文件,那么在首次抽样时就不一定要进行描述分析了。

最后,当两次连续取样结果都显示出差异或较低的接受度时(即证实了产品的确发生了变化),项目就可以结束了。

 相关网站

1. 国家精品课程资源网　http://www.jingpinke.com/

2. 国家标准化管理委员会　http://www.sac.gov.cn/

3. 食品伙伴网　http://www.foodmate.net/

4. 慧聪食品工业网　http://www.food.hc360.com/

5. 中国食品科技网　http://www.tech‒food.com/

6. 中国食品信息网　http://www.chinafoods.cn/

第二章 食品感官评定基础

教学目标

1. 掌握感觉的属性,能够理解感觉定理。
2. 认识影响感觉的因素。
3. 掌握各种感觉形成的特殊的生理过程及其生理特点。
4. 掌握各种感觉对食品感官评定的意义。
5. 了解感官之间的相互作用。

第一节 人的感觉

一、感觉的定义与类型

感觉是感官刺激引起的主观反应。它是生物(包括人类)认识客观世界的本能,是外部世界通过机械能、辐射能或化学能刺激到生物体的受体部位后,在生物体中产生的印象和(或)反应。因此,感觉受体可分为以下3类:

- **机械能受体**——听觉、触觉、压觉和平衡觉;
- **辐射能受体**——视觉、热觉和冷觉;
- **化学能受体**——味觉、嗅觉和一般的化学感觉(包括皮肤、黏膜或神经末梢对刺激性化合物的感觉)。

视觉、听觉和触觉是由物理变化而产生,味觉和嗅觉等则是由化学变化而产生。因此也有人将感觉分为化学感觉和物理感觉两大类。无论哪种感官或感觉受体都有较强的专一性。

感觉是客观事物的不同特性刺激感官后在人脑中引起的反应,人类的感觉划分成5种基本感觉,即视觉、听觉、触觉、嗅觉和味觉。这5种基本感觉都是由位于人体不同部位的感官受体,分别接受外界不同刺激而产生的。视觉是位于人眼中的视感受体接受外界光波辐射的变化产生的;位于耳中的听觉受体接受声波的刺激产生听觉;遍布全身的触感神经接受外界压力变化后产生触觉。这些刺激都是物理刺激,不发生化学反应,所以,视觉、听觉和触觉是由物理变化产生,被称为物理感觉。化学物质引起的感觉不是化学物质本身会引起感觉,而是化学物质与感觉器官产生一定的化学反应后出现的。例如,人体口腔内带有味感受体而鼻腔内有嗅感受体,当它们分别与呈味物质或呈嗅物质发生化学反应时,就会产生相应的味觉和嗅觉。人类有3种主要的化学感受,它们是味觉、嗅觉和三叉神经感觉。味觉通常用来辨别进入口中的不挥发的化学物质;嗅觉用来辨别易挥发的物质;三叉神经的感受体分布在黏膜和皮肤上,它们对挥发与不挥发的化学物质都有反应,更重要的是能区别刺激及化学反应的种类。在香味感觉过程中,三个化学感受系统都参与其中,但嗅觉起的作用远远超过了其他两种感觉。除上述5种基本感觉外,人类可辨认的感觉还有温度觉、痛觉、疲劳觉等多种感觉。

任何事物都是由许多属性组成,例如,一块面包有颜色、形状、气味、滋味、质地等属性。不同属性,通过刺激不同感觉器官反映到人的大脑,从而产生不同的感觉。人的感觉不仅反映外界事物的属性,也反映人体自身活动情况。人之所以知道自己是躺着或站立着,就是凭着对自身状态的感觉。人的感觉远比一般动物复杂,它除了感知外,还有其他复杂的心理活动。感觉虽然是低级的反映形式,但它是一切高级复杂心理活动的基础和前提,感觉对人类的生活有重要作用和影响。

二、感觉与感知

人的心理现象复杂多样,心理活动内容非常广泛,它涉及所有学科研究的对象与内容,从本质上讲,人的心理是人脑的机能,是对客观现实的主观反映。在人的心理活动中,认知是第一步,其后才有情绪和意志。而认知活动包括感觉、知觉、记忆、想象、思维等不同形式的心理活动。

感觉和知觉通常合称为感知,是人类认识客观现象的最基本的认知形式,人们对客观世界的认识始于感知。感觉反映客观事物的个别属性或特性。通过感觉,人获得有关事物的某些外部的或个别的特征,如形状、颜色、大小、气味、滋味、质感等。知觉反映事物的整体及其联系与关系,它是人脑对各种感觉信息的组织与解释的过程。人认识某种事物或现象,并不仅仅局限于它某方面的特性,而是把这些特性组合起来,将它们作为一个整体加以认识,并理解它的意义。例如,就感觉而言,人们可以获得各种不同的声音特性(音高、音响、音色),但却无法理解它们的意义。知觉则将这些听觉刺激序列加以组织,并依据人们头脑中的过去经验,将它们理解为各种有意义的声音。知觉并非是各种感觉的简单相加,而是感觉信息与非感觉信息的有机结合。

感知过的事物可被保留、储存在头脑中,并在适当的时候重新显现,这就是记忆。人脑对已储存的表象进行加工改造形成新现象的心理过程则称为想象。思维是人脑对客观现实的间接的、概括的反映,是一种高级的认知活动。借助思维,人可以认识那些未直接作用于人的事物,也可以预见事物的未来及发展变化。例如,对于一个有经验的食品评价员,根据食品的成分表,他可以粗略地判断出该食品可能具有的感官特性。

情绪活动和意志活动是认知活动的进一步活动,认知影响情绪和意志,并最终与心理状态相关联。

三、感觉的属性

任何事物都是由许多属性组成的。物质的不同属性,通过刺激不同的感觉器官反映到大脑,从而产生对物质综合认知的行为即感觉。人们对食品的感觉是由于任何食品都有一定的特征,例如食品的颜色、形状、气味、滋味、质地、组织结构、口感等,每一种特征通过刺激人的某一感觉器官引起兴奋,经神经传导反映到大脑皮层的神经中枢,从而产生了感觉,如颜色和形状刺激视觉器官,质地通过触觉反映到大脑。一种属性产生一种感觉,感觉的综合就形成了人对某一食品的认识及评定。所以,感觉是客观事物的不同特性在人脑中引起的反应感觉,是最简单的心理过程,是形成各种复杂心理的基础。

感觉是由感官产生的,具有如下属性:

(1)人的感觉可以反映外界事物的属性。换句话说,事物的属性是通过人的感官反映到大脑被人们所认知的,感官是感觉事物的必要条件。

(2)人的感觉不只反映外界事物的属性,也反映人体自身的活动和舒适情况。人之所以知道自己是躺着或是走着,是愉悦还是忧郁,正是凭着对自身状态的感觉。

(3)感觉虽然是低级的反映形式,但它是一切高级复杂心理的基础和前提。外界信息输入大脑是感觉提供信号,有了感觉才会有随后高级心理感受,所以感觉对人的生活有重要作用和影响。

(4)感觉的敏感性因人而异,受先天和后天因素的影响。人的某些感觉可以通过培训或强化获得特别的发展,即敏感性增大。反之,某些感觉器官发生障碍时,其敏感性降低甚至消失。如食品感官评价员具有非常敏锐的感觉能力,对食品中微弱的品质差别均能分辨,就像乐队指挥的听觉异常敏感一样,对演奏中出现的微弱不和谐音都能分辨。评酒大师的嗅觉和味觉具有超出常人的敏感性。又如后天失明的残疾人,其听觉等其他感觉必然会加强。在感官分析中,评价员的选择实际上主要是对候选评价员感觉敏感性的测定。针对不同试验,挑选不同评价员。如参加评试酒的评价员,至少具有正常人的味觉能力,否则,评试结果难以说明问题。另外,感觉敏锐性可以通过后天的培养得到提高,所以评价员的培训就是为了提高评价员的感觉敏感性。

四、阈值

各种感受器最突出的机能特点是它们各有自己最敏感的能量刺激形式。这就是说,用某种能量形式的刺激作用于某种感受器时,只需要极小的强度(即阈值)就能引起相应的感觉。这一能量刺激形式或种类就称为该感受器的适宜刺激,如光波(波长380～780nm)是视网膜光感受细胞的适宜刺激,一定频率的机械振动波是耳蜗毛细胞的适宜刺激。每一种感受器只有一种适宜刺激,对其他形式的能量刺激或者不发生反应,或者反应性很低。正因为如此,机体内外环境中所发生的各种形式的变化,总是先作用于与它们相对应的那种感受器。这一现象的存在,是由于动物在长期的进化过程中逐步形成了具有各种特殊功能结构的感受器以及相应的附属结构的结果,其意义在于对内外环境中某种有意义的变化进行精确的分析。

感官的一个基本特征就是只有刺激量达到一定程度才能对感官产生作用,而感觉刺激强度的衡量就采用阈值来表述。阈值指从刚能引起感觉到刚好不能引起感觉刺激强度的一个范围,是通过许多次试验得出的。美国材料与试验学会(ASTM)对阈值的定义:存在一个浓度范围,低于该值某物质的气味和味道在任何实际情况下都不会被察觉,而高于该值任何具有真正嗅觉和味觉的个体都会很容易地察觉到该物质的存在,也就是辨别出物质存在的最低浓度。每种感觉的阈分为刺激阈、识别阈、差别阈、极限阈。

把引起感觉所需要的感官刺激的最小值称刺激阈或觉察阈;把感知到的可以对感觉加以识别的感官刺激的最小值称为识别阈;低于所指阈的刺激称为阈下刺激;超过所指阈的刺激称为阈上刺激。通常我们听不到一根头发落地的声音,也觉察不到落在皮肤上的尘埃,因为它们的刺激量太低,不足以引起我们的感觉。但若刺激强度过大,超出正常范围,该种感觉就会消失并且会导致其他不舒服的感觉。阈下刺激和阈上刺激都不能引起相应的感觉。例如,人眼只对波长380～780nm的光波刺激发生反应,而在此波长范围以外的光刺激均不发生反应,因此就不能引起视觉,也就是我们说的红外线和紫外线均是人的眼睛看不到的光波。

当刺激物引起感觉之后,如果刺激强度发生了微小的变化,人的主观感觉能否觉察到这种变化,就是差别敏感性的问题。把可感知到的刺激强度差别的最小值叫做差别阈;极限阈是指一种强烈感官刺激的最小值,超过此值就不能感知刺激强度的差别。以质量感觉为例,把100g砝码放在手上,若加上1g或减去1g,一般是感觉不出质量变化的。根据试验,只有使其增减量达到3g时,才刚刚能够觉察出质量的变化,3g就是质量感觉在原质量100g情况下的差别阈。差别阈不是一个恒定值,它会随一些因素的变化而变化。

五、感觉定理

1.韦伯定律

感官或感受体并不是对所有变化都会产生反应,只有当引起感受体发生变化的外部刺激处于适当范围内时,才能产生正常的感觉。刺激量过小或过大都会造成感受体无反应而不产生感觉或反应过于强烈而失去感觉,对各种感觉来说都有一个感受体所能接受的外界刺激变化范围。

19世纪40年代,德国生理学家韦伯(E·H·Weber)在研究质量感觉的变化时发现了一个重要规律,100g的质量至少需要增减3g,200g的质量至少需要增减6g,300g则至少需要增减9g才能觉察出质量的变化,也就是说,差别阈值随原来刺激量的变化而变化并表现出一定的规律性,这就是韦伯定律。

韦伯定律公式表示为

$$K = \frac{\Delta I}{I}$$

式中:ΔI——物理刺激恰好能被感知差别所需的能量;

I——原刺激量;

K——常数,又称为韦伯常数。

2.费希纳定律

德国的心理物理学家费希纳(G·H·Fechner)在韦伯研究的基础上进行了大量的试验研究。在1860年出版的《心理物理学纲要》一书中,他提出了一个经验公式,用以表达感觉强度与物理刺激强度之间的关系,又称为费希纳定律:

$$S = K\lg R$$

式中:S——感觉强度;

R——刺激强度;

K——常数。

费希纳发现,感觉的大小和刺激强度的对数成正比,刺激强度增加10倍,感觉强度增加1倍。此规律被称为费希纳定律。它说明心理量是刺激量的对数函数,即当刺激弱度以几何级数增加时,感觉的强度以算术级数增加。

费希纳定律说明了人的一切感觉,包括视觉、听觉、肤觉(含痛、痒、触、温度)、味觉、嗅觉、电击觉等,都遵从感觉不是与对应物理量的强度成正比,而是与对应物理量的强度的常用对数成正比的。这个定律是19世纪德国心理物理学家费希纳在韦伯定律的基础上建立的,所以又称为韦伯-费希纳定律,也正是因为这个定律,心理物理学才作为一门新的学科建立起来。

然而,韦伯定律和费希纳定律只适用于中等强度的刺激,当刺激强度接近绝对阈值时,韦伯比例则大于中等强度刺激的比值。

第二节　影响感觉的因素

一、温度对感觉的影响

食物可分为热吃食物、冷吃食物和常温食用食物。如果品尝温度弄错了,会造成不良效果。理想的品尝温度因食品的不同而异,以体温为中心,一般在 ±(25～30)℃的范围内。热菜的温度最好在 60℃～65℃,冷菜肴最好在 10℃～15℃。适宜于室温下食用的食物不太多,一般只有饼干、糖果、西点等。

表2—1列举了几种食品的最佳食用温度,但它们也因个人的健康状态和环境因素的影响而有所不同。例如:体质虚弱的人喜欢食用温度稍高;在 35℃的气温下,品温 6℃左右的啤酒更显可口。

表2—1　食品的最佳食用温度

食品类型	食品名称	适温/℃	食品类型	食品名称	适温/℃
热的食物	咖啡	67～73	冷的食物	水	10～15
	牛奶	58～64		冷咖啡	6
	汤类	60～66		果汁	5
	面条	58～70		啤酒	10～15
	炸鱼	64～65		冰激凌	−6

资料来源:[日]太田静行. 食品调味论. 北京:中国商业出版社,1989:23.

二、年龄与生理对感觉的影响

随着人年龄的增长,各种感觉阈值都在升高,敏感程度下降,对食物的嗜好也有很大的变化。有人调查对甜味食品的满意程度,发现孩子对糖的敏感度是成人的两倍。幼儿喜欢高甜味,初中生、高中生喜欢低甜味,以后随着年龄的增长,对甜味的要求逐步上升。老人的口味往往难以满足,主要是因为他们的味觉在衰退,吃什么东西都觉得无味,不如在年轻时觉得那么好吃,还以为是现在的食物不如从前的好。

人的生理周期对食物的嗜好也有很大的影响,平时口感较好的食物,在特殊时期(如妇女的妊娠期)会有很大变化。许多疾病也会影响人的感觉敏感度,如果味觉、嗅觉突然发现异常,往往是重大疾病的讯号。

三、影响感觉的几种现象

不同的感觉与感觉之间会产生一定的影响,有时发生相乘作用,有时发生相抵效果。但在同一类感觉中,不同刺激对同一感受器的作用,又可引起感觉的适应、掩蔽、对比等现象,感官与刺激之间相互作用、相互影响。

1.疲劳现象

当一种刺激长时间施加在一种感官上后,该感官的敏感性降低,即会产生感官疲劳。感官疲劳是最常发生的一种感官基本规律,各种感官在同一种刺激施加一段时间后,均会发生不同程度的疲劳。疲劳现象发生在感官的末端神经、感受中心的神经和大脑的中枢神经上,疲劳的结果是感官对刺激感受的灵敏度急剧下降。嗅觉器官若长时间嗅闻某种气体,就会使嗅感受体对这种气味产生疲劳,敏感性逐步下降,随着刺激时间的延长甚至达到忽略这种气味存在的程度。例如,刚刚进入出售新鲜鱼品的水产鱼店时,会嗅到强烈的鱼腥味,随着在鱼店逗留时间的延长,所感受到的鱼腥味渐渐变淡。对长期工作在鱼店的人来说甚至可以忽略这种鱼腥味的存在。对味道也有类似的现象,刚开始食用某种食物时,会感到味道特别浓重,随后味感逐步降低,例如吃第二块糖总觉得不如第一块糖甜。人从光亮处走进暗室,最初什么也看不见,经过一段时间后,就逐渐适应黑暗环境,这是视觉的暗适应现象。除痛觉外,几乎所有感觉都存在这种现象。感觉的疲劳程度依所施加刺激强度的不同而有所变化,在去除产生感觉疲劳的强烈刺激之后,感官的灵敏度会逐渐恢复。一般情况下,感觉疲劳产生越快,感官灵敏度恢复就越快。值得注意的是,强烈刺激的持续作用会使感觉产生疲劳,敏感度降低,而微弱刺激的结果会使敏感度提高。

感官适应的突出特点是在整个刺激和感受过程中,刺激物质强度没有改变,但由于连续或重复刺激,而使感受器的敏感性发生了暂时的变化。一般情况下,强刺激的持续作用使敏感性降低,微弱刺激的持续作用使敏感性提高。评价员的培训正是利用了这一特点。

2. 对比效应与收敛效应

心理作用对感觉的影响是非常微妙的,虽然这种影响很难解释,但它们确实存在,各种感觉都存在对比现象。当两个刺激同时或连续作用于同一个感受器官时,由于一个刺激的存在造成另一个刺激增强。这种提高了对两个同时或连续刺激的差别的反应称为对比效应。在感觉这两个刺激的过程中,两个刺激量都未发生变化,而感觉上的变化只能归于这两种刺激同时或先后存在对人心理上产生的影响。同时给予两个刺激时称做同时对比,先后连续给予两个刺激时,称做相继性对比(或称先后对比)。例如,在 15g/100mL 蔗糖溶液中加入 17g/L 的NaCl 后,会感觉甜度比单纯的 15g/100mL 蔗糖溶液要甜;两只手拿过不同质量的砝码后,再换相同质量的砝码时,原先拿着轻砝码的手会感到比另一只手拿的砝码要重;在吃过糖后,再吃山楂会感觉山楂特别酸;吃过糖后再吃中药,会觉得药更苦,这是味觉的先后对比使敏感性发生变化的结果。这些都是常见的先后对比增强现象。例如在舌头的一边舔上低浓度的食盐溶液,在舌头的另一边舔上极淡的砂糖溶液,即使砂糖的甜味浓度在阈值下,也会感到甜味;同一种颜色,将深浅不同的两种放在一起观察,会感觉深颜色者更深,浅颜色者更浅。这是常见的同时对比增强现象。

与对比效应相反,若一种刺激的存在减弱了另一种刺激,称为收敛效应,其为降低了对两个同时或连续刺激的差别的反应。各种感觉都存在对比现象,在进行感官评定时,应尽量避免对比效应或收敛效应的发生。例如,在品尝评比几种食品时,品尝每一种食品前都要彻底漱口,以避免对比增强效应带来的影响。

3. 拮抗效应

拮抗效应是两种或多种刺激的联合作用,它导致感觉水平低于预期的各自刺激效应的叠加。当两个强度相差较大的声音同时传到双耳,我们只能感觉到其中的一个声音,这就是典型的拮抗效应。原产于西非的神秘果会阻碍味觉感受体对酸味的感觉,在食用过神秘果后,再食用带酸味的物质就感觉不到酸味。匙羹藤酸能阻碍味觉感受体对苦味和甜味的感觉,但对咸味和酸味无影响,如咀嚼过含有匙羹藤酸的匙羹藤叶后,再食用带有甜味和苦味的物质基本感觉不到味道,吃砂糖就像嚼沙子一样无味。

4.协同效应

协同效应是两种或多种刺激的联合作用,当两种或两种以上的刺激同时施加时,导致感觉水平超出预期的各个刺激效应的叠加。例如,同时用海带和木松鱼煮食,可获得鲜味。因为海带中含有谷氨酸钠,木松鱼中含有肌苷酸,尽管两者都具有鲜味,但如果并用,鲜味则明显加强;在1%食盐溶液中添加0.02%的谷氨酸钠,在另一份1%食盐溶液中添加0.02%肌苷酸钠,当两者分开品尝时,都只有咸味而无鲜味,但两者混合会有强烈的鲜味;20g/L的味精和20g/L的核苷酸共存时,会使鲜味明显增强,增强的程度远远超过20g/L味精存在的鲜味与20g/L核苷酸存在的鲜味的加和;麦芽酚添加到饮料或糖果中能增强这些产品的甜味。这些均为相乘作用现象,相乘作用的效果广泛应用于复合调味料的调配中。

第三节 味 觉

味觉是人的基本感觉之一,在人类的进化和发展中起着重要的作用。味觉一直是人类对食物进行辨别、挑选和决定是否予以接受的最关键因素。同时,由于食品本身所具有的风味对相应味觉产生不同的刺激和效果,使得人类在进食的时候,不仅可以满足维持正常生命活动提供营养成分的需求,还会在饮食过程中产生相应的愉悦的精神享受。味觉在食品感官评定中占有重要地位。

一、味觉器官及味觉生理学

可溶性呈味物质溶解在口腔中,进而对口腔内的味感受体进行刺激,神经感觉系统收集和传递信息到大脑的味觉中枢,经大脑的综合神经中枢系统的分析处理,使人产生味感。

从试验角度讲,纯粹的味感应是堵塞鼻腔后,将接近体温的试样送入口腔内而获得的感觉。味觉的表述词语是味道,但是味道总是和某些修饰的词连用,比如说发霉的味道、桃子的味道等。就味道而言,往往是味觉、嗅觉、温度觉和痛觉等几种感觉的综合反映,不是味觉的单一表现。

(一)味觉器官

1.味感受体

口腔内舌头的表面是不光滑的,舌头上隆起的部位——乳头是最重要的味感受器。在乳头上分布着味蕾,人对味的感觉主要依靠口腔内的味蕾以及自由神经末梢。人的口腔中约有9000个味蕾(图2—1),大部分分布在舌头表面和舌缘的味乳头中,小部分分布在软腭、咽喉和会厌等处,特别是舌黏膜皱褶处的乳突侧面分布最为稠密。医学上根据乳头的形状将其分类为丝状乳头、茸状乳头、叶状乳头和有廓乳头。丝状乳头最小、数量最多,主要分布在舌前2/3处,因无味蕾而没有味感。茸状乳头、有廓乳头及叶状乳头上有味蕾。茸状乳头呈蘑菇状,主要分布在舌尖和舌侧部。成人的叶状乳头不太发达,主要分布在舌的后部。有廓乳头是最大的乳头,直径1.0mm~1.5mm,高约2mm,呈V字形,主要分布在舌根部位,在每个乳头的沟内有几千个味蕾。叶状乳头主要位于靠近舌两侧的后区。味蕾是味的受体,味蕾的高度为(60~

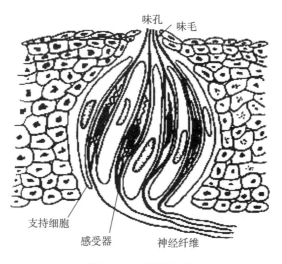

图 2—1　味蕾的结构

80)μm，直径约为 40μm，含有(5～18)个成熟的味细胞及一些尚未成熟的味细胞，同时还含有一些支持细胞及神经纤维。胎儿几个月就有味蕾，10 个月时支配味觉的神经纤维生长完全，因此新生儿能辨别咸味、甜味、苦味、酸味。味蕾在哺乳期最多，甚至在脸颊、上颚咽头、喉头的黏膜上也有分布，以后就逐渐减少、退化。成年后味蕾的分布范围和数量都会减少，只在舌尖和舌侧的舌乳头和有廓乳头上，因而舌中部对味较迟钝。儿童味蕾较成人多，老年时因味蕾萎缩而逐渐减少。不同年龄，其有廓乳头上味蕾的数量不同，如表 2—2 所示。20 岁时的味蕾最多，随着年龄增大味蕾数量减少，对呈味物质的敏感性也随之降低。味蕾的分布区域，随着年龄增大逐渐集中在舌尖、舌缘等部位的有廓乳头上，但这种分布并不呈均匀状态，一个乳头中的味蕾数也随着年龄增长而减少。同时，老年人的唾液分泌也会减少，味觉能力明显衰退，这种迅速衰退的现象一般从 50 岁开始出现。

表 2—2　年龄与有廓乳头中味蕾数的关系

年龄	(0～11)个月	(1～3)岁	(4～20)岁	(30～45)岁	(50～70)岁	(74～85)岁
每个有廓乳头中的味蕾数	241	242	252	200	214	88

味蕾通常由 40～150 个香蕉形的味觉细胞板样排列成桶状组成，内表面为凹凸不平的神经元突触。人的舌面上约有 50 万个香蕉形的味觉细胞，味觉细胞存在着许多长约 2μm 的微丝，称为味毛(也就是味神经)，味毛经味孔伸入口腔，是味觉感受的关键部位。正是由于有味毛才使得呈味物质能够被迅速吸附。在味蕾顶端，当呈味物质——可溶性物质刺激味毛时，味毛便把这种刺激通过神经纤维传到大脑皮层的味觉中枢，使人产生味觉。味蕾中的味觉细胞寿命不长，大约 10～14 天更换一次，因此，味细胞一直处于变化状态。味觉细胞表面有许多味觉感受分子，不同物质能与不同的味觉感受分子结合而呈现不同的味道。味觉细胞表面的蛋白质、脂质及少量的糖类、核酸和无机离子，分别接受不同的味感物质，蛋白质是甜味物质的受体，脂质是苦味和咸味物质的受体，有人认为苦味物质的受体可能与蛋白质相关。

舌表面不同区域对不同味刺激的敏感程度不同，如图 2—2 所示。位于不同种类乳头上的

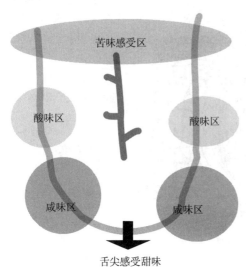

图2—2 舌的味觉敏感图

味蕾对不同的味的敏感性不同。覃状乳头对甜、咸味敏感,所以舌尖处对甜味敏感,舌前部两侧是咸味敏感区。轮廓乳头对苦味最敏感,因此软腭和舌根部位对苦味较敏感。叶状乳头内的味蕾对酸味最敏感,所以对酸味最敏感的部位在舌后两侧。食物在舌头和硬腭间被研磨最易使味蕾兴奋,因为味觉通过神经几乎以极限速度传递信息。人的味觉从呈味物质刺激到感受到滋味仅需 1.6ms ~ 4.0ms,比视觉(13ms ~ 46ms)、听觉(1.27ms ~ 21.5ms)、触觉(2.4ms ~ 8.9ms)都快。

2.味觉神经

无髓神经纤维的棒状尾部与味细胞相连。把味的刺激传入脑的神经有很多,不同的部位信息传递的神经不同。舌前的 2/3 区域是鼓索神经,舌后部 1/3 是舌咽神经,面部神经的分枝叫做大浅岩样神经,负责传递来自颚部的信息。另外,咽喉部感受的刺激由迷走神经负责,它们在各自位置上支配着所属的味蕾。试验证明,不同的味感物质在味蕾上有不同的结合部位,尤其是甜味、苦味和鲜味物质,其分子结构有严格的空间专一性,即舌头上不同的部位有不同的敏感性。一般来说,人的舌前部对甜味最敏感,舌尖和边缘对咸味较为敏感,而靠腮两边对酸味敏感,舌根部则对苦味最为敏感,但因人而异。

各个味细胞反应的味觉,由神经纤维分别通过延髓、中脑、视床等神经核送入中枢,来自味觉神经的信号先进入延髓的弧束核中,由此发出味觉第二次神经元,反方向交叉上行进入视床,来自视床的味觉第三次神经元进入大脑皮质的味觉区域。延髓、中脑、视床等神经核还掌管反射活动,控制唾液的分泌和吐出等动作,即使没有大脑的指令,也会由延髓等的反射而引起相应的反应。自由神经末梢是一种囊包着的末梢,分布在整个口腔内,也是一种能识别不同化学物质的微接受器。

大脑皮质中的味觉中枢是非常重要的部位,如果其因手术、患病或其他原因受到破坏,将导致味觉全部丧失。

3.口腔唾液腺

唾液对味觉有很重要的影响,因为食品呈现出味道的前提是呈味物质具有水溶性,呈味物质须溶于水才能进入刺激味觉细胞,口腔内腮腺、颌下腺、舌下腺和无数小唾液腺分泌的唾液是食物的天然溶剂。唾液分泌的数量和成分,受食物种类的影响。唾液的清洗作用,有利于味蕾准确地辨别各种味。

(二)味觉的产生机理

可溶性呈味物质进入口腔,刺激味蕾细胞并形成生物电信号,通过膜离子通道或膜受体传导给 G 蛋白产生效应酶,由第二信使传递产生动作电位,引发神经冲动,经过神经传导传给大脑的味觉中枢,最后通过大脑的综合神经中枢系统的识别分析产生味觉。味蕾中有许多受体,这些受体对不同的味具有特异性,比如苦味受体只接受苦味配体。当受体与相应的配体结合后,便产生了兴奋性冲动,此冲动通过神经传入中枢神经,于是人便会感受到不同性质的味道。

在口腔内,咸的 Na^+ 通过 Na^+ 通道进入味觉细胞内,由于细胞内外离子的不平衡产生电位差而产生动作电位,续而导致味觉细胞近底部的 Ca^{2+} 通道开放,引起细胞外大量的 Ca^{2+} 进入细胞内,使细胞内游离的 Ca^{2+} 急速上升,激发胞内突触小泡递质释放,引发神经冲动,并通过味觉神经传入相应脑区形成感觉。众多的味道是由四种基本的味觉组合而成,即甜、咸、酸和苦味。

味觉的敏感度往往受食物或刺激物本身温度的影响,在 20℃ ~ 30℃ 味觉的敏感度最高。另外,味觉的辨别能力也受血液化学成分的影响,如肾上腺皮质功能低下的人,血液中低钠,喜食咸味食物。

国外有的学者将基本的味觉定为甜、咸、酸、苦和鲜 5 种,近年来又引入了涩和辣味。通常酸味是由 H^+ 引起的,如盐酸、氨基酸、柠檬酸等;咸味主要是由 NaCl 引起的;甜味主要是由蔗糖、葡萄糖等引起的;苦味是由奎宁、咖啡因等引起的;鲜味是由海藻中的谷氨酸单钠(MSG)、鱼和肉中的肌苷酸二钠(IMP)、蘑菇中的鸟苷酸二钠(GMP)等引起的。不同物质的味道与它们的分子结构形式有关,如无机酸中的 H^+ 是引起酸感的关键因素,但有机酸的味道也与它们带负电的酸根有关;甜味的引起与葡萄糖的主体结构有关;而奎宁及一些有毒植物的生物碱结构能引起典型的苦味。味刺激物质必须具有一定的水溶性,能吸附于味觉细胞膜表面,与味觉细胞的生物膜反应,才能产生味感。该生物膜的主要成分是脂质、蛋白质和无机离子,还有少量的糖和核酸。对不同的味感,该生物膜中参与反应的成分不同。试验表明:当产生酸、咸、苦的味感时,味觉细胞的生物膜中参与反应的成分都是脂质,而味觉细胞的生物膜中的蛋白质有可能参与了产生苦味的反应;当产生甜和鲜的味感时,味觉细胞的生物膜中参与反应的成分只是蛋白质。

现在普遍接受的机理是:呈味物质分别以离子键、氢键和范德华力形成 4 类不同化学键结构,对应酸、咸、甜、苦 4 种基本味。在味细胞膜表层,呈味物质与味受体发生一种松弛、可逆的结合反应,刺激物与受体彼此诱导相互适应,通过改变彼此构象实现相互匹配契合,进而产生适当的键合作用,形成高能量的激发态,此激发态是亚稳态,有释放能量的趋势,从而产生特殊的味感信号。不同的呈味物质的激发态不同,产生的刺激信号也不同。由于甜受体穴位是按一定顺序排列的氨基酸组成的蛋白体,若刺激物极性基的排列次序与受体的极性不能互补,则将受到排斥,就不可能有甜感。换句话说,甜味物质的结构是很严格的。由表蛋白结合的多烯磷脂组成的苦味受体,对刺激物的极性和可极化性同样也有相应的要求。因受体与磷脂头部的亲水基团有关,对咸味剂和酸味剂的结构限制较小。

在 20 世纪 80 年代初期,中国学者曾广植在总结前人研究成果的基础上,提出了味细胞膜的板块振动模型。味细胞膜的板块振动模型对于一些味感现象做出了满意的解释:

(1)镁离子、钙离子产生苦味,是由于它们在溶液中水合程度远高于钠离子,从而破坏了味细胞膜上蛋白质—脂质间的相互作用,导致苦味受体构象改变。

(2)神秘果能使酸变甜和朝鲜蓟使水变甜,是因为它们不能全部进入甜味受体,但能使味细胞膜局部处于激发态,酸和水的作用只是触发味受体改变构象和启动低频信息。而一些呈味物质产生后味,是因为它们能进入并激发多种味受体。

(3)味盲是一种先天性变异。甜味盲者的甜味受体是封闭的,甜味剂只能通过激发其他受体而产生味感。少数几种苦味剂难以打开苦味受体口上的金属离子桥键,所以苦味盲者感受不到它们的苦味。

（三）味觉的生理特点

1. 味觉和嗅觉的关系密切

如果人患伤风感冒鼻子不通气,就不能很好地辨别滋味,这就是人们常说的鼻子不灵,舌头也不管用的道理。试验证明,把鼻子堵上后人能辨别的只有酸、甜、咸、苦,除此之外不能辨别其他的任何味道。堵上鼻子,品尝磨碎了的蒜头、苹果、萝卜的味道都是略带甜味的食品。

2. 味觉适应

一种有味物质在口腔内维持一段时间后,引起感觉强度逐渐降低的现象是味觉适应。适应时间指从刺激开始到刺激完全消失的时间间隔,它是刺激强度的函数,刺激强度低,适应时间短,反之亦然。对一种有味物质适应后提高了同类有味物质的阈值,这种现象叫做交叉适应。例如,对一种酸味适应后会提高另外一种酸味的阈值。但是,单是咸味不存在交叉适应。

3. 味觉的相互作用

（1）味觉的对比效应。把两种或两种以上不同味道的呈味物质以适当浓度调和在一起,其中一种呈味物质的味道更为突出的现象,叫做味觉的对比效应。例如,在15%的糖水溶液中加入0.017%的食盐,会感觉甜味比不加食盐的甜;不纯的白砂糖要比纯的白砂糖甜;味精与食盐放在一起,其鲜味会增加;在舌的左边沾点酸味物质,舌的右边沾点甜味物质,只会感到舌右边的甜味增加。

（2）味觉的拮抗。把两种或两种以上的呈味物质以适当浓度混合后,使每种味觉都减弱的现象,叫做味的拮抗。如把下列任意两种物质,即食盐、奎宁、盐酸以适当浓度混合后,会使其中任何一种物质的味道比混合时都有减弱。

（3）味觉的转换。由于味器官接连受到两种不同味道的刺激而产生另一种味觉的现象,叫做味的转换。当尝过食盐或奎宁后,立即饮无味的清水会感到水略有甜味。

（4）味觉的协同效应。把两种或两种以上的呈味物质以适当浓度混合后,使其中一种味觉大大增强的现象,叫做味的协同效应。如味精与核苷酸共存时,会使鲜味大大增强;把麦芽酚加入饮料或糖果中,能大大加强其甜味。

二、食品的基本味

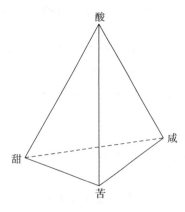

图2—3 味四面体图

关于味的分类方法,各国有一些差异。在我国,人们常把甜、酸、苦、咸、辣称为五味,其实人的味觉有甜、酸、苦、咸4种基本类型（见图2—3）,其他味道都是由这4种味觉互相配合而产生的。而欧洲则分为甜、酸、苦、金属性、碱性等。1985年,国外科学家指出,"鲜味"是一种独立的味道,与甜、酸、咸、苦同属基本味。

德国人海宁提出了一种假设,味觉与颜色的三原色相似,具有四原味,即甜、酸、咸、苦是4种基本味觉。他认为,所有的味觉都由四原味组合而成。以四原味各为一个顶点构成味的四面体如图2—3所示,所有的味觉可以在味四面体中找到位置。四原味以不同的浓度和比例组合时就可形成自然界各种千差万别的味道。例如,无机盐溶液带有多种味道,这些味道都可以用蔗糖、氯化钠、酒石酸和奎宁以适当的浓度混合而复现出来。

除 4 种基本味外,鲜味、辣味、碱味和金属味等也列入味觉之列。但是有些学者认为这些不是真正的味觉,而可能是触觉、痛觉或者是味觉与触觉、嗅觉融合在一起产生的综合反应。

通过电生理反应实验和其他实验,现在已经证实 4 种基本味对味感受体会产生不同的刺激,这些刺激分别由味感受体的不同部位或不同成分所接收,然后又由不同的神经纤维所传递。4 种基本味被感受的程度和反应时间差别很大(表 2—3 为 4 种基本味的感觉阈和差别阈)。4 种基本味用电生理法测得的反应时间为 0.02s ~ 0.06s。咸味反应时间最短,甜味和酸味次之,苦味反应时间最长。

表 2—3　4 种基本味的感觉阈和差别阈

呈味物质	感觉阈		差别阈	
	单位:g/L	单位:mol/L	单位:g/L	单位:mol/L
蔗　糖	531	0.015 5	271	0.008
氯化钠	81	0.014	34	0.005 5
盐　酸	2	0.000 5	1.05	0.000 25
硫酸奎宁	0.3	0.000 003 9	0.135	0.000 001 9

1.4 种基本味的味觉识别

制备甜(蔗糖)、咸(氯化钠)、酸(柠檬酸)和苦(咖啡碱)4 种呈味物质的 2 个或 3 个不同浓度的水溶液,按规定号码排列顺序(见表 2—4)。然后,依次品尝各样品的味道。品尝时应注意品味技巧:样品应一点一点地啜入口内,并使其滑动时接触舌的各个部位(尤其应注意使样品能达到感觉酸味的舌边缘部位)。样品不得吞咽,在品尝两个样品的中间应用 35℃的温水漱口去味。

表 2—4　4 种基本味的识别

样品序号	基本味觉	呈味物质	试验溶液/(g/100mL)
A	酸	柠檬酸	0.02
B	甜	蔗糖	0.40
C	酸	柠檬酸	0.03
D	苦	咖啡碱	0.02
E	咸	NaCl	0.08
F	甜	蔗糖	0.60
G	苦	咖啡碱	0.03
H	—	水	—
J	咸	NaCl	0.15
K	酸	柠檬酸	0.04

2.4 种基本味的觉察阈试验

味觉识别是味觉的定性认识,阈值试验才是味觉的定量认识。

制备一种呈味物质(蔗糖、氧化钠、柠檬酸或咖啡喊)的一系列浓度的水溶液(见表2—5)。然后,按浓度增加的顺序依次品尝,以确定这种味道的觉察阈。

表2—5 4种基本味的觉察阈

样品	4种基本味水溶液的质量浓度/(g/100mL)			
	蔗糖(甜)	NaCl(咸)	柠檬酸(酸)	咖啡碱(苦)
1	0.00	0.00	0.000	0.000
2	0.05	0.02	0.005	0.003
3	0.10	0.04	0.010	<u>0.004</u>
4	0.20	0.06	0.013	0.005
5	0.30	0.03	<u>0.015</u>	0.006
6	<u>0.40</u>	0.10	0.018	0.008
7	0.50	<u>0.13</u>	0.020	0.010
8	0.60	0.15	0.025	0.015
9	0.60	0.18	0.030	0.020
10	1.00	0.20	0.035	0.030

注:带有下划线的数据为平均阈值。

三、各种味之间的相互作用

自然界大多数呈味物质的味道不是单纯的基本味,而是由两种或两种以上的味道组合而成。食品就经常含有两种、三种甚至全部四种基本味。因此,不同味之间的相互作用对味觉有很大的影响。有关这方面的研究已有很多报道,其中有关不同味之间补偿作用和竞争作用的研究比较引人注意。不同味之间主要有补偿作用和竞争作用。补偿作用是指在某种呈味物质中加入另一种物质后阻碍了它与另一种相同浓度呈味物质进行味感比较的现象。竞争作用是指在呈味物质中加入另一种物质而没有对原呈味物质味道产生味觉影响的现象。表2—6列出了对咸味(氯化钠)、酸味(盐酸、柠檬酸、醋酸、乳酸、苹果酸、酒石酸)和甜味(蔗糖、葡萄糖、麦芽乳糖、果糖)相互之间的补偿作用和竞争作用研究的结果。

表2—6 基本味之间的补偿作用和竞争作用

试验物	对比物											
	氯化钠	盐酸	柠檬酸	醋酸	乳酸	苹果酸	酒石酸	蔗糖	葡萄糖	果糖	乳糖	麦芽糖
氯化钠	…	±	+	+	+	+	+	—	—	—	—	—
盐酸	…	…	…	…	…	…	…	—	—	—	—	—
柠檬酸	…	…	…	…	…	…	…	—	—	—	—	—
醋酸	…	…	…	…	…	…	…	—	—	—	—	—

续表

试验物	对比物											
	氯化钠	盐酸	柠檬酸	醋酸	乳酸	苹果酸	酒石酸	蔗糖	葡萄糖	果糖	乳糖	麦芽糖
乳酸	···	···	···	···	···	···	···	–	–	–		
苹果酸	···	···	···	···	···	···	···	–	–	–	–	
酒石酸	···	···	···	···	···	···	···	–	–	–	–	
蔗糖	+	±	+	±	+	+	+	···	···	···	···	···
葡萄糖	+	–	±	–	±	±	±	···	···	···	···	···
果糖	+	±	±					···	···	···	···	···
麦芽糖	+	···	···	···	···	···	···	···	···	···	···	···
乳糖	+	···	···	···	···	···	···	···	···	···	···	···

注:"±"表示竞争作用;"+"或"–"表示补偿作用;"···"表示未试验。

通过表2—6可得如下结论:

(1)低于阈值的氯化钠只能轻微降低醋酸、盐酸和柠檬酸的酸味感,但是能明显降低乳酸、酒石酸和苹果酸的酸味感。

(2)氯化钠按下列顺序使糖的甜度增高:蔗糖→葡萄糖→果糖→乳糖→麦芽糖,其中蔗糖甜度增高程度最小,麦芽糖甜度增高程度最大。

(3)盐酸不影响氯化钠的呈味,但其他酸都增加氯化钠的咸味感。

(4)酸类物质中除盐酸和醋酸能降低葡萄糖的甜味感外,其他酸对葡萄糖的甜味无影响。乳酸、苹果酸、柠檬酸和酒石酸能增强蔗糖的甜味,而盐酸和醋酸保持蔗糖甜味不变。在酸类物质对蔗糖甜味的影响中,味之间的相互作用是主要因素,而不是由于酸的存在促进了蔗糖转化造成甜味变化。

(5)糖能减弱酸味感,但对咸味影响不大。除苹果酸和酒石酸外,不同的糖类物质降低其他酸类物质酸味的程度几乎相同。上述试验结果中没有包括苦味与其他味的相互作用。因此,有人专门研究了咖啡因与其他味之间的相互作用,结论如下:

①咖啡因不会影响咸味感,反之,咸味对苦味也无影响;

②咖啡因不会影响甜味,但蔗糖能减弱苦味感,特别是在其高浓度下苦味减弱更加明显;

③咖啡因能明显增强酸味感。

除上面所涉及的4种基本味的相互作用外,不同的呈味物质以一定的浓度差混合时也有一定规律。例如,一种呈味物质的浓度远远高于另一种呈味物质,若将这两种呈味物质混合时,则高浓度呈味物质的味会占主导地位,甚至可完全掩盖另一种味。若两种相混合的呈味物质浓度差别在一定范围内,则仍然可能是高浓度呈味物质的味占主要地位,但此时味道会发生变化或两种味能同时被感觉到。在某些情况下,会先感觉到一种味,然后又感觉到另外一种。

由于味之间的相互作用受多种因素的影响,使这方面的研究工作困难较多。呈味物质相混合并不是味道的简单叠加,因此味之间的相互作用不可能用呈味物质与味感受体作用的机理进行解释,只能通过感官评价员去感受味相互作用的结果。采用这样的手段进行分析时,评价员的感官灵敏性和所用试验方法对结果影响很大,尤其在浓度较低时影响更大,只有聘用经过培训的感官评价员才能获得比较可靠的结果。

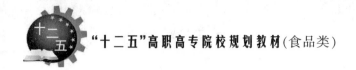

四、影响味觉的因素

(一)时间的影响

不同的味道本身的感受速度不同,从刺激味感受器到出现味觉,一般需要 1.5×10^{-3} s $\sim$ 4.0×10^{-3} s,其中咸味的感觉最快,苦味的感觉最慢。所以,一般苦味总是在最后才被感觉到。

(二)温度的影响

味觉与温度的关系很大,感觉不同味道所需要的最适温度有明显差别,即使是相同的呈味物质,相同的浓度,也因温度的不同而感觉不同。最能刺激味觉的温度在 10℃ ~40℃,其中以30℃时味觉最为敏感。也就是说,接近舌温对味的敏感性最大。低于或高于此温度,各种味觉都稍有减弱,如甜味在50℃以上时,感觉明显迟钝。在四种基本味中,甜味和酸味的最佳感觉温度是 35℃ ~50℃,咸味的最适感觉温度为 18℃ ~35℃,苦味则是 10℃。各种味道的察觉阈值会随温度的变化而变化,这种变化在一定温度范围内是有规律的。例如,甜味的阈值在17℃ ~37℃ 范围内逐渐下降,而超过37℃则又回升。咸味和苦味阈值在17℃ ~42℃ 的范围内都是随温度的升高而提高,酸味在此温度范围内阈值变化不大。现在还不清楚温度影响味觉变化的真正原因,通过实验没有发现温度对引起味觉反应的有效刺激具有明显影响,但是,在温度变化时,味觉和痛觉相互有联系。

(三)呈味物质的水溶性

味觉的强度和出现味觉的时间与刺激物质(呈味物质)的水溶性有关。完全不溶于水的物质实际上是没有味道的,只有溶解在水中的物质才能刺激味觉神经,产生味觉。因此,呈味物质与舌表面接触后,先在舌表面溶解,然后才产生味觉。这样,味觉产生的时间和味觉维持的时间因呈味物质的水溶性不同而有所差异。水溶性好的物质,味觉产生快、消失也快;水溶性较差的物质味觉产生较慢,但维持时间较长。蔗糖和糖精就属于这不同的两类。

(四)介质的影响

由于呈味物质只有在溶解状态下才能扩散至味感受体进而产生味觉,因此味觉也会受呈味物质所处介质的影响。介质的黏度会影响可溶性呈味物质向味感受体的扩散。介质的性质会降低呈味物质的可溶性或抑制呈味物质有效成分的释放。

辨别味道的难易程度随呈味物质所处介质的黏度而变化。通常黏度增加,味道辨别能力降低,主要是因为介质的黏度会影响可溶性呈味物质向味感受体的扩散,例如,4 种基本味的呈味物质处于水溶液时,最容易辨别;处于胶体状介质时,最难辨别;而处于泡沫状介质时,辨别能力居中。酸味感在果胶胶体溶液中会明显降低。这个事实一方面说明果胶溶液黏度较高,降低了产生酸味感的自由氢离子的扩散作用;另一方面由于果胶自身的特性,它也可以抑制自由氢离子的产生,双重作用的结果使得酸味感在果胶溶液中明显下降。油脂也会对某些呈味物质产生双重影响,既降低呈味物质的扩散速度又抑制呈味物质的溶解性。油脂的后一种影响已经通过制备和油脂同样黏度的羧甲基纤维素溶液,然后将两种黏度相同的溶液溶解相同的呈味物质进行味感比较而获得证实。例如,咖啡因和奎宁的苦味及糖精钠的甜味在水溶液中比较容易被感觉,在矿物油中则感觉比较困难,而在制备与矿物油黏度一样的羧甲基纤维素溶液中,感觉的难易程度介于水溶液和矿物油之间。

呈味物质浓度与介质影响也有一定关系,在阈值浓度附近时,咸味在水溶液中比较容易感觉,当咸味物质浓度提高到一定程度时,就变成在琼脂溶液中比在水溶液中更易感觉。

(五)身体状况的影响

1.疾病的影响

身体患某些疾病或发生异常时,味觉会发生变化,会导致失味、味觉迟钝或变味,有些疾病或异常状况引起的味觉变化是暂时性的,待痊愈后味觉可以恢复正常,有些则是永久性的变化。如体内某些营养物质的缺乏会造成对某些味道的喜好发生变化,在体内缺乏维生素 A 时,会显现对苦味的厌恶甚至拒绝食用带有苦味的食物,若这种维生素 A 缺乏症持续下去,则对咸味也拒绝接受。通过注射补充维生素 A 以后,对咸味的喜好性可恢复,但对苦味的喜好性却不再恢复。再如,用钴源或 X 射线对舌头两侧进行照射,7d 后舌头对酸味以外的其他基本味的敏感性均降低,大约 2 个月后味觉才能恢复正常。恢复期的长短与照射强度和时间有一定关系。

另外,患某些疾病时,味觉会发生变化。例如,人在患黄疸病的情况下,对苦味的感觉明显下降甚至丧失。患糖尿病时,舌头对甜味刺激的敏感性显著下降。身体内缺乏或富余某些营养成分时,也会造成味觉的变化。若长期缺乏抗坏血酸,则对柠檬酸的敏感性明显增加。人体血液中糖分升高后,会降低对甜味感觉的敏感性。这些事实也证明,从某种意义讲,味觉的敏感性取决于身体的需求状况。

2.饥饿和睡眠的影响

人处在饥饿状态下会提高味觉敏感性,进食后敏感性明显下降,降低的程度与所饮用食物的热量值有关。有实验证明,4 种基本味的敏感性在上午 11:30 达到最高,在进食 1h 后敏感性明显下降。人在进食前味觉敏感性很高,证明味觉敏感性与体内生理需求密切相关。而进食后味觉敏感性下降,一方面是饮食满足了生理需求,另一方面则是饮食过程造成味感受体产生疲劳导致味敏感性降低。饥饿对味觉敏感性有一定影响,但是对于喜好性几乎没有影响。

缺乏睡眠对咸味和甜味阈值不会产生影响,但是能明显提高酸味的阈值。

3.年龄和性别

年龄对味觉的敏感性是有影响的,不同年龄的人对呈味物质的敏感性不同。随着年龄的增长,味觉逐渐衰退。Coopto 等 1959 年的研究结果表明,50 岁左右的人味觉敏感性明显衰退,甜味约减少 1/2,苦味约减少 1/3,咸味约减少 1/4,但酸味减少不明显。

老年人会经常抱怨没有食欲以及很多食物吃起来无味。感官试验证实,年龄超过 60 岁的人对咸、酸、苦、甜 4 种基本味的敏感性显著降低。造成这种情况的原因,一方面是年龄增长到一定程度后,舌乳头上的味蕾数目会减少,20 ~ 30 岁时舌乳头上平均味蕾数为 245 个,70 岁以上时舌乳头上平均味蕾数只剩 88 个;另一方面,老年人自身所患的疾病也会降低对味道感觉的敏感性。

性别对味觉的影响,目前有两种不同看法。一些研究者认为在感觉基本味的味敏感性上无性别差别。另一些研究者则指出性别对苦味敏感性没有影响,而对咸味和甜味,女性要比男性敏感,对酸味则是男性比女性敏感。

五、食品味觉的检查

(一)食品的味

食品的味除酸、甜、咸、苦4种基本味以外,在我们的日常饮食生活中,还包括辣味、涩味和鲜味等其他的味觉感觉。

食品的味道与香气有密切的联系。当我们进食时,除了能感觉到各种味外,同时还可能感觉到食品中存在的呈香物质产生的香气,或咀嚼时产生出来的口味,各种味相互混合而形成了食品的综合味。

1. 酸味

酸味是由舌黏膜受到氢离子刺激引起的。因此,凡是在溶液中能离解出氢离子的化合物都具有酸味。但由于舌黏膜能中和氢离子,使酸味感逐渐消失。

酸味强度主要受酸味物质的阴离子影响,有试验表明,在相同 pH 下,酸味强度的顺序为:醋酸 > 甲酸 > 乳酸 > 草酸 > 盐酸。

乙醇和糖可以减弱酸味强度。甜味与酸味的适宜组合是构成水果、饮料风味的重要因素。

不同的酸呈现出酸的风味不同。在酸味物质中,多数有机酸具有爽快的酸味,而多数无机酸却具有苦、涩味,并使食品呈现出不好的风味。

常用酸味剂主要有食醋、醋酸、乳酸、柠檬酸、苹果酸、酒石酸。

2. 甜味

食品的甜味是许多人嗜好的一种味道。作为向人体提供热能的糖类,是甜味物质的代表。

糖的甜度受多种因素影响,其中最重要的因素为浓度。甜度与糖溶液浓度成正比。浓度高的糖溶液甜度比固体糖的高,因为只有溶解状态的糖才能刺激味蕾产生甜味。例如,质量分数为40%时蔗糖溶液的甜度比砂糖高,这是因为砂糖溶于唾液中达不到这样高浓度的缘故。

甜味剂有山梨糖醇、麦芽糖醇、木糖醇,以及糖类中的葡萄糖、果糖、蔗糖、麦芽糖、乳糖等。

3. 苦味

单纯的苦味让人难以接受,但应用苦味可以起到丰富和改进食品风味的作用。如茶叶、咖啡、可可、巧克力、啤酒等食品都具有苦味,但却深受人们的喜爱。

4. 咸味

咸味在食品调味中非常重要,除部分糕点外,绝大部分食品都添加咸味剂——食盐。咸味是中性盐所显示的味,只有氯化钠才产生纯粹的咸味。食盐中除了氯化钠以外还常混杂有氯化钾、氯化镁、硫酸镁等其他盐,这些盐类除咸味外,还带有苦味。因此,食盐须经精制,以除去那些有苦味的盐类,使其味更醇正。

5. 辣味

辣味能刺激舌部和口腔的触觉神经,同时也会刺激鼻腔,这属于机械刺激现象。适当的辣味刺激能增进食欲,促进消化液的分泌,并具有杀菌作用。

辣味按其刺激性不同分为火辣味和辛辣味两类。火辣味在口腔中能引起一种烧灼感,如红辣椒和胡椒的辣味。辛辣味具有冲鼻刺激感,除了作用于口腔黏膜外,还有一定的挥发性,能刺激嗅觉器官,如姜、葱、蒜、芥子等的辛辣味。

6. 涩味

当口腔黏膜蛋白质被凝固时,就会引起收敛,此时感觉到的味道便是涩味。因此,涩味不是由于与味蕾作用所产生的,而是由于刺激触觉神经末梢而产生的。未成熟柿子的味道含有典型的涩味。

7. 鲜味

食品中的肉类、贝类、鱼类等都具有特殊的鲜美滋味,能引起强烈的食欲。

味精是最常用的鲜味剂,其主要成分是谷氨酸钠,具有强烈的肉类鲜味,添加到某些食品中,可以大大提高食品的可口性。当味精与食盐共存时,其鲜味尤为显著。

(二)食品的味觉检查

1. 食品味觉的检查方法

食品味觉的检查一般从食品滋味的正异、浓淡、持续长短来评定食品滋味的好坏。滋味的正异是最为重要的,因为食品有异味或杂味就意味着该食品已腐败或有异物混入。滋味的浓淡要根据具体情况加以评定。滋味悠长的食品优于滋味维持时间短的食品。

2. 味觉检查的应用

味觉检查主要用来评定、分析食品的质量特性,是食品感官评定的主要依据。当人尝到甜的感觉时,可以获得能量来维持机体的正常新陈代谢;很多食品中的酸和甜是密不可分的,要有适宜的酸甜比食品才能被广大消费者接受,但是很多时候酸的食品也会容易让人联想到食品的腐败变质;咸意味着食品中含有一定量的矿物质;而苦往往让人感觉到食品中含有毒物质,但也有食品本身就有苦味,也赋予食品特殊的感觉,如咖啡、啤酒、巧克力、苦瓜等。

评价员的身体状况、精神状态、嗜好、样品的温度等都对味觉器官的敏感性有一定的影响,因此,在进行味觉检查时应给予特别的注意。

第四节　嗅　觉

挥发性物质刺激鼻腔嗅觉神经,并在中枢神经引起的感觉就是嗅觉。它是一种基本感觉,比视觉原始,比味觉复杂。在人类没有进化到直立状态之前,原始人主要依靠嗅觉、味觉和触觉来判断周围环境。随着人类转变成直立姿态,视觉和听觉成为最重要的感觉,而嗅觉等退至次要地位。尽管现在嗅觉不是最重要的感觉,但嗅觉的敏感性还是比味觉的敏感性高很多,最敏感的气味物质——甲基硫醇只要在 $1m^3$ 空气中有 4×10^{-5} mg(约为 1.41×10^{-10} mol/L)就能被感觉到;而最敏感的呈味物质——马钱子碱的苦味要达到 1.6×10^{-6} mol/L 浓度才能感觉到。嗅觉感官能够感受到的乙醇溶液的浓度要比味觉感官所能感受到的浓度低 24 000 倍。

食品除含有各种味道外,还含有各种不同气味。食品的味道和气味共同组成食品的风味特征,直接影响人类对食品的接受性和喜好性,同时对内分泌亦有影响。因此,嗅觉与食品有密切的关系,是进行感官评定时的重要依据之一。

一、气味

嗅觉器官感受到的感官特性就是气味。与能够引起味觉反应的呈味物质类似,气味是能够引起嗅觉反应的物质。尽管气味遍布我们周围,我们也时刻都在有意识或无意识地感受到它们,但对气味至今没有明确的定义。按通常的概念,气味就是"可以嗅闻到的物质",这种定义非常模糊。有些物质人类嗅不出气味,但某些动物却能够嗅出其气味,这类物质按上述定义就很难确定是否为气味物质。有些学者根据气味被感觉的过程给气味提出一个现象学上的定义,即"气味是物质或可感受物质的特性"。

人类和高等脊椎动物通过吸入鼻腔和口腔,在这些感官的嗅感区域上形成一个感应,产生一个不同的感觉,具有产生这种感觉潜力的物质就是气味物质。气味的种类非常多,有人认为,在200万种有机化合物中,40万种都有气味,而且各不相同,人仅能分辨出5 000余种气味,借助分析仪器可以准确区分各种气味。

气味分类是气味分析的基础,由于气味没有确切定义,而且很难定量测定,所以气味分类比较混乱。对气味的分类曾有许多研究者进行过尝试,不同的研究者都从各自的角度对气味进行分类。

索额底梅克氏(Zwardemaker)分类法和舒茨氏(Schutz)分类法是两种典型的气味分类方法(见表2—7)。索额底梅克氏分类法将气味分为芳香味、香脂味,刺激辣味、羊脂味、恶臭味、腐臭味、醚味和焦糊味。舒茨氏分类法将气味分为芳香味、羊脂味、醚味、甜味、哈败味、油腻味、焦烟味、金属味和辛辣味。

表 2—7　两种典型的气味分类方法

索额底梅克氏分类法		舒茨氏分类法	
气味类别	实　例	气味类别	实　例
芳香味	樟脑、柠檬醛	芳香味	水杨酸甲酯
香脂味	香草	羊脂味	乙硫醇
刺激辣味	洋葱、硫醇	醚味	1－丙醇
羊脂味	辛酸、奶酪	甜味	香草
恶臭味	粪便	哈败味	丁酸
腐臭味	某些茄属植物气味	油腻味	庚醇
		焦糊味	愈疮木醇
醚味	水果味、醋酸	金属味	己醇
焦糊味	吡啶、苯酚	辛辣味	苯甲醛

海宁(Henning)曾提出过气味的三棱体概念,他所划分的6种基本气味分别占据三棱体的六个角,如图2—4所示。海宁相信所有气味都是由这6种基本气味以不同比例混合而成的,因此每种气味在三棱体中有各自的位置。Amoore的分类方法也很有名。他根据有关书籍的记载任意选出616种物质,将表现气味的词汇集中在一起制成直方图,结果发现樟脑味、麝香味、花香味、薄荷香味、醚味、刺激味和腐臭味这7个词汇的应用频度最高,因此认为这7种气味是基本的气味。任何一种气味的产生,都是由7种基本气味中的几种气味混合的结果。

除此之外,还有一些按气味分子外形和电荷大小或按气味在一定温度下蒸气压大小进行分类的方法。所有这些方法都存在一定的缺陷,不能准确而全面地对所有气味进行划分。

现在比较公认的气味分类方法是根据 Spurrier（1984）的建议，将气味概括地分为 8 大类（每类气味对应着许多复杂的呈气味物质）：

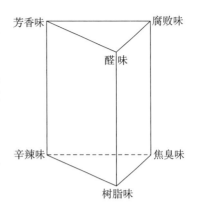

图 2—4　气味三棱体

（1）动物气味　包括野味（包括所有野兽、野禽的气味）、脂肪味、腐败（肉类）味、肉味、麝香味、猫尿味等。如在葡萄酒中，这类气味主要是麝香味（源于一些芳香型品种）和一些陈年老酒的肉味以及脂肪味等。

（2）香脂气味　指芳香植物的香气。包括所有的树脂、刺柏、薰笃草树、香子兰、松油、安息香等气味。在葡萄酒中，这类气味主要是各种树脂的气味。

（3）烧焦气味　包括烟熏、烤面包、巴旦杏仁、干草、咖啡、木头等的气味；此外，还有动物皮、松油等气味。在葡萄酒中，除各种焦、烟熏等气味外，烧焦气味主要是在葡萄酒成熟过程中单宁变化或溶解橡木成分形成的气味。

（4）化学气味　包括酒精、丙酮、醋、酚、苯、硫醇、硫、乳酸、碘、氧化、酵母、微生物等气味。葡萄酒中的化学气味，最常见的为硫、醋、氧化等不良气味。这些气味的出现，都会不同程度地损害葡萄酒的质量。

（5）香料气味（厨房用）　包括所有用做佐料的香料，主要有月桂、胡椒、桂皮、姜、甘草、薄荷等的气味。这类香气主要存在于一些优质、陈酿时间长的红葡萄酒中。

（6）花香　包括所有的花香，常见的有堇菜、山楂、玫瑰、柠檬、茉莉、鸢尾、天竺葵、刺槐、椴树、葡萄等的花香。

（7）果香　包括所有的果香，常见的是覆盆子、樱桃、草莓、石榴、醋栗、杏、苹果、梨、香蕉、核桃、无花果等的气味。

（8）植物与矿物气味　主要有青草、落叶、块根、蘑菇、湿禾秆、湿青苔、湿土、青叶等的气味。

二、嗅觉器官及嗅觉生理学

（一）嗅觉器官

鼻腔是人类感受气味的嗅觉器官（见图 2—5）。鼻子分为左右两个鼻腔，由鼻中隔分隔开来。左右两个鼻腔的侧壁都有鼻甲向鼻中隔延伸，鼻甲共有 3 块，即上鼻甲、中鼻甲和下鼻甲，上鼻甲与鼻中隔之间有一块对气味异常敏感的区域，称为嗅裂或者嗅感区。嗅觉区内的嗅黏膜是嗅觉感受体。嗅黏膜呈不规则形状，面积约为 $2.7cm^2 \sim 5.0cm^2$，厚度约为 $60\mu m$，呈淡黄色，且为水样分泌物所湿润，其上布满了嗅细胞、支持细胞和基细胞。

嗅细胞是嗅觉感受体中最重要的成分。嗅细胞很小，直径约为 $5\mu m$，形状为纺锤形，细胞中有圆形的核。嗅细胞上有两种神经纤维，一种是嗅觉神经纤维末梢（又称嗅毛），另一种是三叉状神经末梢，前者是气味分子的受体，后者只对特定类型的气味分子敏感。与其他感觉细胞不同，嗅细胞兼受纳和传导两种机能。人类鼻腔每侧约有 2 000 万个嗅细胞。嗅细胞由嗅纤毛、嗅小胞、细胞树突和嗅细胞体等组成。每一嗅细胞末端（近鼻腔孔处）有许多手指样的突

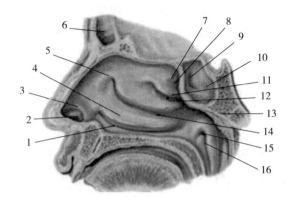

图 2—5　鼻子的基本结构

1—下鼻道;2—鼻前庭;3—鼻阈;4—下鼻甲;5—鼻堤;6—额窦;7—最上鼻甲;
8—蝶筛隐窝;9—蝶窦口;10—蝶窦;11—上鼻甲;12—上鼻道;
13—中鼻甲;14—中鼻道;15—咽鼓管咽口;16—咽鼓管圆枕

起,即纤毛,均处于黏液中。嗅纤毛不仅在黏液表面生长,也可在液面上横向延伸,并处于自发运动状态,有捕捉挥发性嗅感分子的作用。每个嗅细胞有纤毛约 1000 条,纤毛增加了受纳器的感受面,因而使 $5cm^2$ 的表面面积实际上增加到了 $600cm^2$。这一特点无疑有助于嗅觉的敏感性。嗅细胞的另一端(近颅腔处)是纤细的轴突纤维,并由此与嗅神经相连。嗅觉系统中每个二级的神经元上有数千嗅细胞的聚合和累积作用(嗅细胞的轴突与神经元的树突相连)。整个嗅觉系统利用这种累积过程,这是有助于嗅觉敏感性的另一因素。

支持细胞位于嗅细胞之间,比嗅细胞宽,顶端直达黏膜表面,底部较窄,支持细胞上面的分泌粒分泌出的嗅黏液,形成约 $100\mu m$ 厚的液层覆盖在嗅黏膜表面,有保护嗅纤毛、嗅细胞组织以及溶解食品成分的功能。基细胞呈锥形,位于黏膜底部,在基细胞表面有许多突状结构与支持细胞以及相邻基细胞相连。

(二)嗅觉的产生机理

1.嗅觉产生的前提条件

嗅觉的适宜刺激必须具有挥发性和可溶性的物质,否则不易刺激嗅黏膜,无法引起嗅觉,具有气味物质是嗅觉产生的前提条件。嗅觉受纳器是一种化学受纳器,只有溶解的分子才能使它激活。凡可探察到的有气味的物质必然是可挥发的(在空气中呈粒子形式),能被吸进鼻孔;至少能部分地溶解于水,因而能通过鼻黏膜到达嗅细胞;必须能溶解于类脂质中(脂肪物质),因而能穿透形成嗅觉受纳器外膜的类脂质层。不同的气味物质有相应的气味,所以可通过气味来分辨一些物质。

2.嗅觉理论

关于嗅觉产生的机理,很多研究者都从不同的角度提出一些理论加以解释,但都不完善。现在能被人们普遍接受的是产生嗅觉的基本条件,这些条件包括:产生气味的物质本身应能挥发,这样才能在呼吸作用下到达鼻腔内的嗅感区;气味物质既能在嗅感区上的水相黏膜中溶解,也能在嗅细胞的脂肪或脂类末端溶解;气味物质若在嗅感区域内溶解后,会引发一些化学反应,反应生成的刺激传入大脑则产生嗅觉。根据这些条件,比较系统的嗅觉理论有下面几种。

（1）吸附理论

吸附理论认为,嗅感黏膜吸附进入嗅感区的气味物质,这种吸附导致黏膜位置发生变化,进而诱发产生嗅觉的神经脉冲。在这个过程中,气味被感受的程度,主要取决于气味分子从气相转移到液相黏膜上的吸附能力,以及吸附这些分子引起的膜换位,后者主要受分子形状和分子大小的影响。按上述概念,吸附理论的提出者推出计算嗅阈值的通用公式：

$$\lg OT + \lg K_{O/A} = \frac{-4.64}{p} + \frac{\lg p}{p} + 21.19$$

式中：OT——嗅阈值；

$K_{O/A}$——气味分子在脂相和水相接触面上的吸附系数；

p——所吸附的气味分子数量。

按上述公式,一种气味物质若带有强烈气味,则该物质的 $K_{O/A}$ 值应比较大而 p 值应比较小。

（2）酶理论

酶广泛存在于人体各部位,嗅感区也不例外。酶理论着重强调嗅觉产生过程中酶所起的作用。该理论假定进入嗅感区前气味物质能抑制该区域内的一类或多类酶系的活性,这种有选择的抑制改变了嗅感受体上各种化合物间的相对浓度,从而引发产生嗅觉的神经脉冲。在酶理论中,位于嗅感黏膜上的脂类在感受气味时最重要。实验已经证实,在嗅感及味感黏膜上发现的碱性磷酸酯酶的活性可被香草、咖啡等物质所抑制,但糖、盐和奎宁等物质却不能抑制这种酶的活性。奎宁能够抑制脂酶的活性,而糖、盐类物质则不能。以上事实说明,在嗅感及味感形成过程中,有酶活性及某些物质浓度的变化。但是,也有研究者反对这样的解释,因为酶很少被某一特定物质所抑制,许多无气味的物质同样也会抑制酶活性。即使气味物质抑制酶活性而产生嗅觉的论断成立,也不能圆满解释某些气味物质在非常低的浓度下就能被感觉,因为此时气味物质的浓度从理论上说,不是对酶产生抑制作用。酶理论虽然能解释嗅觉产生的一些现象,但这不是一个完整阐述嗅觉形成机理的理论。

（3）萨姆纳（Sumner）理论

萨姆纳总结了前人关于嗅觉方面的各种理论解释,如吸附理论、酶理论、吸收理论、嗅觉生理学解释等,他提出：依据现在所掌握的实验技术和已取得的数据形成一个完整的理论相当困难,只能在此基础上描绘出嗅觉理论的粗略轮廓和嗅觉产生的过程。萨姆纳理论概括如下：首先带有气味的化学物质Ⅰ会与嗅感受体A反应,从A上可释放出分子,这些释放出的分子刺激嗅感传导神经产生一个脉冲；另一种带有气味的化学物质Ⅱ会与嗅感受体B反应,从B上释放出的分子产生另一种刺激脉冲。物质Ⅱ还可以与感受体C反应,从C上释放分子。从感受体上释放的分子数量与气味物质的量成正比。物质Ⅰ与嗅感受体A反应较快且比较专一,只有极少量与感受体B、C反应,当有气味的物质与嗅感受体反应一段时间后,由于嗅感受体连续释放分子,造成嗅感受体上缺少有效分子,这时就产生嗅觉疲劳现象,直到这类分子得到补充为止,由于各人在嗅感区内所拥有的嗅感受体A、B或C数量不同,因此造成某些人对一些特定气味非常敏感,而对另一些气味则比较迟钝。上述过程可以描述成气味物质和嗅感受体之间逐步变化的物理或化学反应过程：

$$A + xB \longrightarrow [A \cdots x \cdots B] \longrightarrow Ax + B$$

反应式中,A 和 Ax 表示反应前后的气味物质分子,xB 和 B 表示嗅感建立前后的鼻腔嗅感受体,中间为转换状态,x 表示嗅觉过程中气味物质分子和嗅感受体上发生的变化。

3. 嗅味阈和相对气味强度

(1)嗅味阈

嗅觉和其他感觉相似,也存在可辨认气味物质浓度范围和感觉气味浓度变化的敏感性问题。人类的嗅觉在察觉气味的能力上强于味觉,但对分辨气味物质浓度变化后气味相应变化的能力却不及味觉。由于嗅觉比味觉、视觉和听觉等感觉更易疲劳,而且持续时间比较长,影响嗅味阈测定的因素又比较多,因而准确测定嗅味阈比较困难。不同研究者所测得的嗅味阈值差别也比较大。影响嗅味阈测定的因素包括测定时所用气味物质的纯度、所采用的试验方法及试验时各项条件的控制、参加试验人员的身体状况和嗅觉分辨能力上的差别等。嗅味阈受身体状况、心理状态、实际经验等人的主观因素的影响尤为明显。当人身体疲劳、营养不良、生病时可能会发生嗅觉减退或过敏现象,如人患萎缩性鼻炎时,嗅黏膜上缺乏黏液,嗅细胞不能正常工作造成嗅觉减退。心情好时,嗅觉敏感性高,辨别能力强。实际辨别的气味越多,越易于发现不同气味间的差别,辨别能力就会提高。

(2)相对气味强度

相对气味强度是反映气味物质的气味感随气味浓度变化而发生相应变化的一个特性。由于气味物质察觉阈非常低,因此很多自然状态存在的气味物质在稀释后气味感觉不但没有减弱反而增强。这种气味感觉随气味物质浓度降低而增强的特性称为相对气味强度。各种气味物质的相对气味强度不同,除浓度影响相对气味强度外,气味物质结构也会影响相对气味强度。

4. 嗅觉特征

(1)嗅觉的敏感性

人的嗅觉相当敏锐,可感觉到一些浓度很低的嗅感物质,这点仍然超过化学分析中仪器方法测量的灵敏度,可检测许多重要的在十亿分之几水平范围内的风味物质,如含硫化合物。每个嗅觉受纳细胞有约1000条纤毛,增加了感受刺激的表面面积。嗅觉系统中每个二级的神经元上有数千受纳器细胞的聚合和累积作用,整个嗅觉系统利用了这种累积过程,所以人的嗅觉变得很敏感。不同的人嗅觉差别很大,即使嗅觉敏锐的人也会因气味而异。通常认为女性的嗅觉比男性敏锐,但世界顶尖的调香师都是男性。对气味极端不敏感的嗅盲则是由遗传因素决定的。

对嗅觉敏锐者和嗅觉迟钝者,在食品品尝过程中,可通过选择品尝食品的容器形状和提高品尝技术,来改善这一感觉的敏锐度。也可以通过鼻咽通路(嗅觉的强弱决定于"舌搅动"、"咽部运动")加强对气味的感知。由于口腔的加热以及由于舌头及面部运动而搅动液态食品,可加强芳香物质的挥发。当咽下食品时,由咽部的运动而造成的内部高压,使充满口腔中的香气进入鼻腔,从而加强了嗅觉强度。嗅觉敏锐者并非对所有气味都敏锐,因不同气味而异。如长期从事评酒工作的人,其嗅觉对酒香的变化非常敏感,但对其他气味就不一定敏感。

嗅觉在人所能体验和了解的性质范围上相当广泛。试验证明,人所能标识的比较熟悉的气味数量相当大,而目前似乎没有上限。培训有素的专家能辨别4000种以上不同的气味。但犬类嗅觉的灵敏性更加惊人。它比普通人的嗅觉灵敏约100万倍,连现代化的仪器也不能与之相比。

(2)嗅觉疲劳

嗅觉疲劳是嗅觉的重要特征之一,它是嗅觉长期作用于同一种气味刺激而产生的适应现象。人的嗅觉反应既不是固定的,也不是持久的。如果我们慢慢地吸气,使嗅周期持续 4s～5s,就会发现开始气味慢慢加强,然后下降,最后缓慢消失。在有气味的物质作用于嗅觉器官一定时间后,嗅感受性降低的适应现象称为嗅觉疲劳。嗅觉疲劳比其他感觉的疲劳都要突出,嗅觉疲劳存在于嗅觉器官末端、感受中枢神经和大脑中枢上。持续的刺激易使嗅觉细胞产生疲劳而处于不灵敏状态,如人闻芬芳香水时间稍长就不觉其香,同样,长时间处于恶臭气味中也能忍受。但一种气味的长期刺激可使嗅球中枢神经处于负反馈状态,感觉受到抑制,气味感消失,此时对气味产生了适应性。另外,注意力的分散会使人感觉不到气味,时间长些便对该气味形成习惯。由于疲劳、适应和习惯这三种现象是共同发挥作用的,因此很难彼此区别。

嗅觉疲劳具有 3 个特征:

①从施加刺激到嗅觉疲劳,嗅感减弱到消失有一定的时间间隔(疲劳时间);

②在产生嗅觉疲劳的过程中,嗅味阈逐渐增加;

③嗅觉对某种刺激产生疲劳后,嗅感灵敏度再恢复需要一定的时间。

由于气味种类繁多,性质各异,而嗅觉过程又受多种因素的影响,因此嗅觉的疲劳时间和疲劳过程中阈值的增加值绝大多数都是通过实际测定而取得的。有些研究者通过测定的数据提出过一些经验公式,如在高浓度下疲劳时间 t 和疲劳强度 I 之间符合下列关系(Woodrow 经验公式):

$$t = K + kI$$

但这些公式都需进一步加以验证。

关于嗅觉疲劳产生的原因,许多研究者从不同的角度对此进行了阐述。有人认为气味浓度达到一定程度后,大量的气味分子刺激嗅感区,导致嗅觉疲劳,疲劳速度随刺激强度的增加而提高。也有研究者认为在强刺激作用下,在嗅感区某些部位的持续电荷干扰了嗅感信号的传输而导致嗅觉疲劳。

在嗅觉疲劳期间,有时所感受的气味本质也会发生变化。例如,在嗅闻硝基苯时,气味会从苦杏仁味变到沥青味。在闻三甲胺时,开始像鱼味,但过一会儿又像氨味。这种现象是由于不同的气味组分在嗅感黏膜上的适应速度不同而造成的。除此之外,还存在一种交叉疲劳现象,即嗅觉对一种气味物质的适应会影响到对其他气味刺激的敏感性,又叫嗅觉交叉适应。例如,局部适应松树、香脂或蜂蜡气味会导致橡皮气味阈值升高;适应于碘的人对于酒精、芫荽油感觉较迟钝;用惯香料的人、有烟癖的人、医生、护士,对若干种气味特别敏感,而对其他气味则可能较难感受到。

(3)嗅味的相互影响

气味和色彩、味道不同,混合后会产生多重结果。当两种或两种以上的气味混合到一起时,可能会产生下列结果之一:

①气味混合后,某些主要气味特征受到压制或消失,从而无法辨认混合前的气味;

②产生中和作用,也就是几种气味混合后气味特征变为不可辨认的特征,即混合后无味,这个现象就称为中和作用;

③混合中某种气味被压制而其他的气味特征保持不变,即失掉了某种气味;

④混合后原来的气味特征彻底改变,形成一种新的气味;

⑤混合后保留部分原来的气味特征,同时又产生一种或者几种新的气味。

气味混合中,比较引人注意的是用一种气味去改变或遮盖另一种不愉快的气味,即"掩盖"。有时为了去除某种讨厌的或难闻的气味,就用其他强烈气味加以掩盖,或者使某种气味和其他气味混合后性质发生改变,成为令人喜欢的气味。在日常生活中,气味掩盖应用广泛。香水就是一种掩盖剂,它能赋予其他物质新的气味或改变物质原有的气味。除臭剂也是一种通过掩盖臭味或与臭味物质反应来抵消或消除臭味的物质。房间、卫生间常用的空气清新剂就是采用掩蔽作用达到清新空气的目的。气味掩盖在食品上也经常应用,例如,添加肌苷二钠盐能减弱或消除食品中的硫味;在鱼或肉的烹调过程中加入葱、姜等调料可以掩盖鱼、肉的腥味。

三、影响嗅觉的因素

1. 年龄

婴幼儿时期嗅觉相对于听觉和视觉要发达些,气味的辨认及敏感度在 6 个月时显著提高,大约到了 25 岁时又会随年龄的增长而降低,到了 60 岁左右嗅觉功能会有一些退化,一般不会出现持续性退化。

2. 性别

女性比男性的嗅觉具有更强的区别能力,不同时期的女性嗅觉的灵敏程度也不同。在生理周期期间其嗅觉敏感度明显降低,而在排卵期及妊娠期则会升高。

3. 时间

若长时间接触同一种气味,随着时间增长,嗅觉敏感度会随之降低,也就是嗅觉的适应和疲劳现象,比如长期在香味重的环境中,对于香味的敏感度就会降低。

4. 注意力

嗅觉也会受情绪和注意力影响,注意力越集中,敏感度越强。

5. 疾病

如人在感冒时,品尝咖啡的香味,显然不如平常那样芳香扑鼻。感冒引起嗅觉减退,它是由于鼻腔鼻甲黏膜水肿压迫嗅裂,嗅裂的嗅细胞被压迫,通气不好就会用嘴呼吸,嗅觉受影响,就像一瓶香油被盖住,只有打开盖子,才能闻到香味。

6. 气温

外界的温度变化会影响嗅觉的表现,气温升高时,嗅觉敏感度会增强,反之,则会降低。

7. 其他

当身体疲倦或营养不良时,都会引起嗅觉功能降低;另外嗅觉还是一个心理现象,比如嗅觉和记忆有关系,受教育以及接触事物不同,对于嗅觉的记忆和感觉是不同的。

四、食品嗅觉的检查

(一)食品的香气

食品香气会增加人们的心理愉悦感,激发人们的食欲。所以,食品具有的香气是评定食品质量的一个重要指标。

1. 食品香气的组成

任何一种食品的香气都并非由某一种呈香物质所单独产生,而是由多种呈香的挥发性物质所组成,是多种呈香物质的综合反映。因此,食品某种香气的阈值会受到其他呈香物质的影响,如当它们互相混合到适当的配比时,便能发出诱人的香气;反之,则可能感觉不到香气甚至出现奇怪的异味。也就是说,呈香物质之间的相互作用和相互影响使得原有香气的强度和性质发生改变。

2.呈香值

呈香物质在食品中的含量是极为微量的。近几十年的科学技术的发展,使得人们能够借助于仪器、理化分析方法评定出呈香物质的复杂组成和相对浓度。如果已经知道某呈香物质的阈值,那么就有可能估计出它的重要程度。一种呈香物质在食品香气中所起作用的数值称为香气值,也称呈香值,它是呈香物质的浓度和它的阈值之比,即

$$香气值 = \frac{呈香物质的浓度}{阈值}$$

当香气值<1时,人们的嗅觉器官对这种呈香物质就没有感觉。

但实际上,迄今为止,人们还无法在评定食品香气时脱离感官分析方法,因为香气值只能反映出食品中各呈香物质产生香气的强弱,而不能完全、真实地反映出食品香气的优劣程度。

(二)嗅技术

嗅技术是食品感官评定时识别嗅感受的一个过程,由于嗅觉感受体位于鼻腔最上端的嗅上皮内,在正常的呼吸中,吸入的空气并不倾向通过鼻上部,多通过下鼻道和中鼻道,带有气味物质的空气只能极少量而且缓慢地通入鼻腔嗅区,所以只能感受到有轻微的气味。要使空气到达这个区域获得一个明显的嗅觉,就必须适当用力收缩鼻孔做吸气或者煽动鼻翼做急促的呼吸,并且把头部稍微低下对准被嗅物质使气味自下而上地通入鼻腔,使空气易形成急驶的涡流,气体分子较多地接触嗅上皮,从而引起嗅觉的增强效应。

这样一个嗅过程就是所谓的嗅技术(或闻)。值得注意的是,嗅技术并不适应所有气味物质,如一些能引起痛感的含辛辣成分的气味物质,因此使用嗅技术要非常小心。通常对同一气味物质使用嗅技术不超过3次,否则会引起"适应",使嗅敏度下降。

(三)气味识别

1.范氏试验

一种气体物质不送入口中而在舌上被感觉出的技术,就是范氏试验。首先,用手捏住鼻孔通过张口呼吸,然后把一个盛有气味物质的小瓶放在张开的口旁(注意:瓶颈靠近口但不能咀嚼),迅速地吸入一口气并立即拿走小瓶,闭口,放开鼻孔使气流通过鼻孔流出(口仍闭着),从而在舌上感觉到该物质。

这个试验已广泛地应用于培训和扩展评价员的嗅觉能力。

2.气味识别

各种气味就像学习语言那样是可以被记忆的,人们时时刻刻都可以感觉到气味的存在,但由于无意识或习惯性也就并不觉察它们。因此要记忆气味就必须设计专门的试验,有意地加强培训这种记忆(注意:感冒者例外),不但能够识别各种气味,而且能详细描述其特征。

培训试验通常是先用一些纯气味物质(如十八醛、对丙烯基茴香醚、肉桂油、丁香等)单独或者混合,用纯乙醇(体积分数99.8%)做溶剂稀释成10g/mL或1g/mL的溶液(当样品具有强

烈辣味时,可制成水溶液),装入试管中或用纯净无味的白滤纸制备尝味条(长150mm,宽10mm),借用范氏试验培训气味记忆。

3.香识别

(1)啜食技术

由于吞咽大量样品不卫生,品茗专家和鉴评专家发明了一个专门的技术——啜食技术,来代替吞咽的感觉动作,使香气和空气一起流过后鼻部被压入嗅味区域。这种技术是一种专门技术,对一些人来说要用很长时间来学习正确的啜食技术。

品茗专家和咖啡品尝专家是用匙把样品送入口内并用劲地吸气,使液体杂乱地吸向咽壁(就像吞咽时一样),气体成分通过鼻后部到达嗅味区。这样,样品不需吞咽,可以被吐出。品酒专家随着酒被送入张开的口中,轻轻地吸气并进行咀嚼。酒香比茶香和咖啡香具有更多的挥发成分,因此,对于品酒专家,啜食技术更应谨慎。

(2)香的识别

香识别培训首先应注意色彩的影响,通常多采用红光以消除色彩的干扰。培训用的样品要有典型性,可选各类食品中最具典型香的食品进行。果蔬汁最好用原汁,糖果蜜饯类要用纸包原块,面包用整块,肉类应该采用原汤,乳类应注意异味区别的培训。培训方法用啜食技术,并注意必须先嗅后尝,以确保准确性。

(四)食品嗅觉检查

1.嗅觉检查的方法

一般从食品香气的正异、强弱、持续长短等几个方面来评定食品香气的好坏。若不是某食品特有的香气,将被消费者所嫌弃。香气不正,通常会认为食品不新鲜或者已腐败变质。食品香气的强度与食品的成熟度有关。香气强弱不能作为判断食品香气好坏的依据,要具体分析,有时香气太强,反而使人生厌。一般来说,放香时间长的食品优于放香时间短的食品。

2.食品嗅觉检查的应用

人的嗅觉器官相当敏感,甚至用仪器分析的方法也不一定能检查出来极轻微的变化,用嗅觉评定却能够发现。当食品发生轻微的腐败变质时,就会有不同的异味产生。如核桃的核仁变质时产生酸败而有哈喇味,西瓜变质会带有馊味等。食品的气味是一些具有挥发性的物质形成的,所以在进行嗅觉评定时常需稍稍加热,但最好是在15℃~25℃的常温下进行,因为食品中的气味挥发性物质常随温度的高低而增减。在评定食品时,液态食品可滴在清洁的手掌上摩擦,以增加气味的挥发,识别畜肉等大块食品时,可将一把尖刀稍微加热刺入深部,拔出后立即嗅闻气味。食品气味评定的顺序应当是先识别气味淡的,后评定气味浓的以免影响嗅觉的灵敏度。在评定前禁止吸烟。另外,由于嗅细胞有易疲劳的特点,对产品气味的检查或对比,数量和时间应尽可能缩短。

在生产、检验和鉴定方面,嗅觉检查起着十分重要的作用,有许多方面的分析是无法用仪器和理化分析代替的。如在食品的风味化学研究中,通常由色谱和质谱将风味各组分定性和定量,但整个过程中提取、捕集、浓缩等都必须伴随感觉的嗅觉检查才可保证试验过程中风味组分无损失。另外,化妆品调香、酒的调配等也需要用嗅觉来评判,才可最后投入生产。

第五节 视觉、听觉及其他感觉

一、视觉

视觉是人类重要的感觉之一,人类在认识世界、获取知识的过程中,90%的信息要靠视觉来获取。视觉是认识周围环境,建立客观事物第一印象的最直接和最简捷的途径。在感官分析中,视觉检查占有重要位置,几乎所有产品的检查都离不开视觉检查。在市场上销售的产品能否得到消费者的欢迎,往往取决于"第一印象",即视觉印象。由于视觉在各种感觉中占据非常重要的地位,因此在食品感官分析中(尤其是消费者试验中),视觉起到相当重要的作用。

(一)视觉器官

视觉是眼球接受外界光线刺激后产生的感觉。眼球形状为圆球形,人眼球的直径约25mm,重约10g,其表面由三层重叠的膜组成,由外向内依次分布着巩膜、脉络膜和视网膜(见图2—6)。

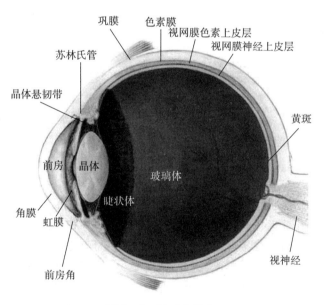

图2—6 眼球的结构

最外层是起保护作用的巩膜,俗称眼白,为多纤维物质,其作用是保护眼球不受外来环境的损伤,并维持其形状不变。中间一层是布满血管的脉络膜,脉络膜上的血管最多,富集具有黑色色素的细胞,呈淡棕色,其作用是阻止光线从角膜外进入眼球内,避免外来多余光线对眼球的干扰。最内层是对视觉感觉最重要的视网膜,它由大量光敏细胞组成,厚度为0.1mm~0.5mm。光敏细胞按其形态和功能又分为杆状细胞和锥状细胞。杆状细胞中含有一种感光物质——视紫红质,呈紫红色,对弱光非常敏感,微弱的光就能使它分解,从而引起它的兴奋。但它对强光和颜色的敏感性较差,所以在黑暗中只能看到物体的形状,很难分辨它的颜色。视紫红质可由维生素 A 或胡萝卜素合成,如果人体内缺乏维生素 A 或胡萝卜素,视紫红质减少,对弱光的敏感性就会降低,严重时会造成夜盲。锥状细胞既可感觉明暗,又可辨别颜色,锥状细胞中含有三种不同的视色素,分别对红、绿及蓝颜色敏感。这三种色素互相搭配,就能感觉到五颜六色的色彩世界。彩色电视就是依据这种色觉原理设计的。视锥细胞中如果缺少某一种色素,或者全部缺乏,那么对颜色的感觉就不那么完善甚至完全失去,这就成了色盲。杆状细胞和锥状细胞都与视神经末梢相连。视神经汇集到视网膜上的一点,然后通向大脑,该汇集点无光敏细胞,因而称为盲点。

白天的视觉过程主要由锥状细胞来完成,夜晚视觉则由杆状细胞起作用,所以在较暗处只能看见黑白,无法辨别颜色。据推测,人的视网膜中有杆状细胞视觉的产生依赖于视觉的适宜刺激和视觉的生理机制。人既有杆状细胞,又有锥状细胞,所以既能在夜间看到物体的形态,又能在白天看到物体的颜色。猫头鹰只有杆状细胞,没有锥状细胞,所以它在夜间视觉敏锐,一到白天就什么也看不见,它也不能感觉色彩,是个十足的色盲。与猫头鹰相反,鸽子和鸡却只有锥状细胞,没有杆状细胞,所以是天生的夜盲。

在视网膜的中心部分只有锥形光敏细胞,这个区域对光线最敏感。在眼球面对外界光线的部分有一块透明的凸状体称为晶状体,晶状体的屈曲程度可以通过睫状肌肉运动而变化保持外部物体的图像始终集中在视网膜上。晶状体的前部是瞳孔,这是一个中心带有孔的薄肌隔膜,瞳孔直径可变化以控制进入眼球的光线。

(二)视觉的产生机理

产生视觉刺激的物质是光波,但不是所有的光波都能被人所感受,只有波长在380nm~780nm范围内的光波才是人眼可接受的光波,属可见光部分,它仅占全部电磁波的1/70,超出或低于此波长的光波都是不可见光。可见光分为两类:一类是由发光体直接发射出来的,如太阳光、灯光等;另一类是光源照射到物体表面,由反光体把光反射出来。我们平常所见的光多数是反射光。在完全缺乏光源的环境中,就不会产生视觉。

由于光线的特性,人眼对光线的刺激可以产生相当复杂的反应,表现有多种功能。当人们用眼睛看东西时,外界物体发出或反射的光线,使得物体的影像经过角膜、房水,由瞳孔进入眼球内部,再经过晶状体和玻璃体的折射作用到达视网膜,大多数的光线落在视网膜中的一个小凹陷处,在视网膜形成清晰的物像。视网膜上的视神经细胞在受到光刺激后,将光信号转变成生物电信号,通过神经系统传至大脑皮层的视觉中枢,再根据人的经验、记忆、分析、判断、识别等极为复杂的过程而构成视觉,在大脑中形成物体的形状、大小、明暗、运动、颜色等概念。由于晶状体的凸度可以由睫状肌调节,因此在一定范围内,不同远近的物体,都可以形成清晰的图像落在视网膜上。儿童和少年的眼睛调节能力强,所以视觉特别敏锐。

人的眼睛不仅可以区分物体的形状、明暗及颜色,而且在视觉分析器与运动分析器(眼肌活动等)的协调作用下,能够产生更多的视觉功能,同时各功能在时间上与空间上相互影响,互为补充,使视觉更精美、完善。因此,视觉为多功能名称,我们常说的视力仅为其内容之一,广义的视功能应由视觉感觉、量子吸收、特定的空间时间构图及心理神经一致性四个连续阶段组成。

视觉是由眼接受外界光刺激,通过视神经、大脑中的视觉中枢的共同活动来完成的。从眼睛的角膜、瞳孔进入眼球,穿过如放大镜的晶状体,使光线聚焦在眼底,形成物体的像。图像刺激视网膜上的感光细胞,产生神经冲动,沿着视神经传到大脑的视觉中枢,在那里进行分析和整理,产生具有形态、大小、明暗、色彩和运动的视觉。

(三)视觉的感觉特征

1.适应性

当外界光线亮度发生变化时,人眼的感受性也发生变化,这种感受性是对刺激的适应过程,所以叫做适应性。人眼对明暗环境的适应需经历一段时间。

当从明亮的地方走进黑暗的地方,会感到两眼突然看不到物体,随后才慢慢恢复,逐渐能看到黑暗中的物体轮廓。这样一个视觉短暂稍失而后逐步适应黑暗环境的过程叫暗适应。暗适应一般要经历4min~6min,完全适应需经过30min~50min。在暗适应过程中,由于光线强度骤变,瞳孔迅速扩大以适应这种变化,视网膜也逐步提高自身灵敏度使分辨能力增强,视觉从一瞬间的最低程度渐渐恢复到该光线强度下正常的视觉。与暗适应相反,当从暗环境进入亮环境时,人眼也出现暂时性视物不清,这个视觉逐步适应的过程叫亮适应。亮适应过程所经历的时间要比暗适应短。亮适应是人眼感受性慢慢降低的过程,开始几秒钟内感受性迅速降低,大约20s以后降低速度变得缓慢,经60s达到完全适应。这两种视觉效应与感官分析实验条件的选定和控制相关。在有些情况下,视网膜上某点受到强光照射,这一点的视敏度与其他部位不同,当再看均匀亮度背景时,就会感到背景中相应点呈黑色,这种现象称为局部适应。

所以,感官分析中的视觉检查应在相同的光照条件下进行,特别是同一次试验过程中的样品检查。

2.色彩视觉

颜色是光线与物体相互作用后对其检测所得结果的感知。感觉到的物体颜色受三个实体的影响:物体的物理和化学组成、照射物体的光源光谱组成和接收者眼睛的光谱敏感性。改变这三个实体中的任何一个,都可以改变感知到的物体颜色。

色彩视觉是人眼的一种明视觉功能,通常与视网膜上的锥形细胞和适宜的光线有关系。在锥形细胞上有三种类型的感受体——红敏细胞、绿敏细胞和蓝敏细胞,每一种感受体只对一种基色产生反应。当代表不同颜色的不同波长的光波以不同强度刺激光敏细胞时,产生色彩感觉。对色彩的感觉还会受到亮度(光线强度)的影响。在亮度很低时,只能分辨物体的外形、轮廓,分辨不出物体的色彩。每个人对色彩的分辨能力有一定差别。不能正确辨认红色、绿色和蓝色的现象称为色盲。色盲对食品感官评定有影响,在挑选感官评价员时应予以注意。

3.对比效应

当我们同时观看黑色背景上的灰点和白色背景上的灰点时,会感到后者比前者亮一些;观察彩色时也有类似情况,即暗背景中的彩色看起来比亮背景中的彩色明亮一些,这种对比效应称为亮度对比效应。用同样大小的红色小纸片分别贴在亮度相等的灰色和红色纸板上,相比之下,会感到红色纸板上的红色小纸片饱和度较低,这称为彩色饱和度对比效应。当我们把一张橘红色的纸放在红色纸旁边观看时,感到其比单独观看时更黄一些;而如果与黄色纸靠近,则橘红色显得更红些。两张同样大小绿色纸片分别放在黄色和蓝色纸板上,相比之下,黄色纸板上的绿色带有蓝色,而蓝色纸板上的绿色带有黄色,这称为色调对比效应。面积不同的彩色样品,其色感不同。面积大的与面积小的相比,前者给人的明亮度和饱和度都有增强的感觉,这是面积对比效应。如果一种彩色包围另一种彩色,而且被包围彩色的面积非常小,则被包围彩色的主观效果有向周围彩色偏移的同化效应。

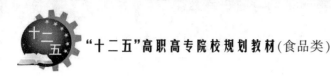

4.闪烁效应

当用一系列明暗交替的光线刺激眼球时,就会产生闪烁感觉,而随着刺激频率增加到一定程度时,闪烁感觉消失,由连续的光感所代替。出现上述现象的频率称为极限融合频率(CFF)。在研究视觉特性及视觉与其他感觉之间的关系时,都以CFF值变化为基准。

5.明暗视觉

当光线暗到一定程度时,就只有杆状细胞起作用,人眼不能分辨光谱中的各种颜色,整个光谱带只反映为明暗不同的灰色条纹。

(四)视觉的感官评定

1.视觉检查的重要性

视觉虽然不像味觉和嗅觉那样对食品感官评定起决定性作用,但仍然有非常重要的影响,食品的颜色变化会影响其他感觉。试验证实,只有当食品处于正常的颜色范围时,才会使味觉和嗅觉在对该种食品的鉴评上正常发挥,否则这些感觉的灵敏度会下降,甚至不能产生正确的感觉。另外,感官评定顺序中首先由视觉判断物体的外观,确定物体的外形、色泽。在生产中不管是生活用品、工业品或者食品,其造型美观,必然受到消费者喜爱。颜色对分析评定食品具有下列作用:

(1)便于挑选食品和判断食品的质量。食品的颜色比另外一些因素(如形状、质构等)对食品的接受性和食品质量的影响更大、更直接,很难想象颜色不怡人的食品人们会注重它所具有的其他物理性质。

(2)食品的颜色和接触食品时环境的颜色会显著增加或降低人们对食品的食欲。

(3)食品的颜色也决定其是否受人们欢迎。备受喜爱的食品常常是因为这种食品带有使人愉快的颜色;而没有吸引力的食品,不受欢迎的颜色是其中一个重要的因素。

(4)通过各种经验的积累,可以掌握不同食品应该具有的颜色,并据此判断食品所应具有的特性和新鲜程度。

视觉检查是食品检验中经常用到的方法,通过视觉检查可知产品的质量,如腌腊肉的脂肪变黄,则说明脂肪已氧化酸败。面包和糕点的烘烤也可通过视觉控制烘烤时间和温度。随着科学技术的发展,有些外观指标可以由仪器测定或控制。如香肠的颜色就可以用仪器测定,但何种颜色的香肠可增加人的食欲,能受到人们的喜爱,这是仪器不能测定的。视觉检查在生产过程及销售中占有很重要的地位。现在很多食品的视觉检查都是在食品生产中,企业或行业制定一定的标准(大多采用比色板作为标准),进行对照得到产品应该具有的等级。

可见,视觉在食品感官评定,尤其是喜好性分析中占有重要的地位。

2.食品的颜色

(1)食品的呈色原理

自然光由不同波长的射线组成,波长在380nm～780nm之间的光称为可见光,是能被肉眼见到的光。在可见光区域内,不同波长的光显示不同的颜色。不同的物质吸收不同波长的光,如果物质吸收的光,波长在可见光区域以外,那么这种物质就是无色;如果物质吸收的光其波长在可见光区域内,那么这种物质就呈现不同的颜色,其颜色与可见光中未被吸收的光波所反映出的颜色相同,即为吸收光的互补色。

（2）颜色的分类和基本特性

颜色可分为彩色系列和无彩色系列两大类。无彩色系列指黑色、白色和由两者按不同比例混和而产生的灰色。彩色系列指除无彩色系列以外的各种颜色。

颜色的基本特性主要包括色调、明度和饱和度。色调是指不同波长的可见光在视觉上的表现，如红、橙、黄、绿、青、蓝、紫等。明度是颜色的明暗程度。物体颜色的明度与物体的反射率有关，当明度一致时，反射率的大小和明度的高低成正比。对彩色系列来说，掺入的白色光越多，就越明亮；掺入的黑色光越多，就越暗。饱和度指颜色的深浅、浓淡程度，即某种颜色色调的显著程度，物体反射光中，白色光越少，饱和度越高。

（3）食品颜色的来源

食品颜色是评定食品质量的一个极为重要的因素，也是首要因素。消费者在选择食品时，首先注意的是食品的颜色。对已知的食品，消费者希望所看到的颜色能与已在头脑中形成概念的色彩相吻合，并据此判断食品的新鲜度或质量等。因此，食品的颜色直接影响消费者的心理状态和购买欲望。

食品呈现的颜色主要来源于食品中固有的天然色素和各种人工色素。

食品中的天然色素是指在新鲜原料中，眼睛能够感受到的有色物质，或者无色而能引起化学反应导致变色的物质。天然色素的种类繁多，按来源的不同可分为三大类：植物色素，如蔬菜的绿色（叶绿素），胡萝卜的橙红色（胡萝卜素），草莓、苹果的红色（花青素）等；动物色素，如肌肉的红色色素（血红素），虾、蟹的表皮颜色（类胡萝卜素）等；微生物色素，如红曲米的红曲色素等。在这三类色素中以植物色素最为缤纷多彩，是构成食物色泽的主体。按化学结构不同可分为四吡咯衍生物，如叶绿素、血红素和胆素；异戊二烯衍生物，如胡萝卜素；多酚类衍生物，如花青素、花黄素（黄酮素）、儿茶素、单宁等；酮类衍生物，如红曲色素、姜黄素等；醌类衍生物，如虫胶色素、胭脂虫红素等。按溶解性质的不同还可分为水溶性色素，如花青素；脂溶性色素，如叶绿素和类胡萝卜素。

天然色素的化学稳定性较差，在食品的贮存或加工过程中，往往会发生一系列的变化，使食品呈现出不同的颜色变化。例如，蔬菜在收获后的贮存过程中，随着时间的延长，绿色蔬菜中的叶绿素受叶绿素水解酶、酸和氧的作用，逐渐降解为无色，使蔬菜绿色部分消失。同时，由于类胡萝卜素与叶绿素共存于叶绿体的叶绿板层中，当叶绿素降解为无色后，呈黄色的类胡萝卜素则显露出来，使蔬菜的绿色部分变为黄色，这种变色过程就是人们常见的绿色蔬菜发黄的现象。又如，肌肉在不同的加热温度下颜色也随之变化，肉温在60℃以下时，肉的颜色几乎没有什么变化，在65℃～70℃时，肉色呈粉红色，再升高温度成为淡粉红色，75℃以上则完全变为褐色。这种颜色的变化是由于肉中的色素蛋白在受热后的变化所致。

在食品加工过程中，生产者为了使产品的色彩满足消费者的欣赏要求，吸引消费者购买或为了保持食品原料中原有的诱人色彩，常常需要添加一些与食品色彩有关的物质，用以调整食品的颜色，特别是外表颜色，这些物质统称为食品调色剂，包括脱色剂（漂白剂）、发色剂和着色剂3类：

①脱色剂（又称漂白剂）　脱色剂的作用是将食品原有的颜色脱去。脱色剂除了具有很好的漂白作用外，还具有防腐作用。一般在食品中允许使用的脱色剂有：亚硫酸钠、低亚硫酸钠、焦亚硫酸钠或亚硫酸氢钠等，在蜜饯、饼干、水果罐头、葡萄糖、食糖、冰糖等食品生产中起漂白和防腐作用。

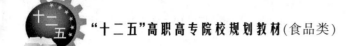

②发色剂　发色剂的作用是使食品的色泽显示出来。主要有硝酸钠和亚硝酸钠,应用在肉制品中。肉中的色素主要来自肌红蛋白及一小部分血红蛋白,它们易氧化而且对热不稳定,添加少量硝酸钠或亚硝酸钠后,能使肌红蛋白形成亚硝基肌红蛋白亚硝基血红蛋白,并具有热稳定性,使肉制品呈现出鲜艳的红色。但这些物质可以与肉中存在的仲胺类进行反应,生成亚硝胺类的致癌物,因此,其使用量受到严格控制。国家标准规定,在肉制品中亚硝酸根残留量不得超过 30mg/kg。

③着色剂　着色剂的作用是给食品上色,又称为食用色素,有天然和合成色素两类。食品合成着色剂比天然着色剂色彩鲜艳、性质稳定,并且成本低廉、使用方便,因此很受食品生产者的欢迎,但由于合成着色剂以煤焦油染料为主,自身没有营养价值而且大多数对人体有害,其食品安全性令人怀疑。合成色素的毒性主要由于其化学性质能直接危害人体健康或者在代谢过程中会产生有害物质。而天然着色剂是直接来自动植物组织的色素,一般对人体无害,有些还有一定的营养价值,已逐渐受到人们的重视,是今后的发展方向。

褐变现象也是食品颜色的一个来源。褐变是食品中比较普遍的一种变色现象,在食品中广泛存在。食品在进行加工、贮存或机械损伤时,都会使食品变褐,或比原来的色泽变深这类变化称为褐变。例如,苹果、桃等去皮后暴露在空气中变成褐色。食品的褐变有些是人们所期望的,如酿造酱油的棕褐色,咖啡的咖啡色,红茶和啤酒的红褐色,熏制食品的棕褐色,烤肉的棕黄色等。但就大部分食品而言,褐变是不受欢迎的,因为褐变不仅有损食品外观,而且风味和营养价值也会受到影响。

褐变分为酶促褐变和非酶促褐变。食品发生酶促褐变的主要原因是含有多酚类物质,有多酚氧化酶和氧气存在。在大多数情况下,我们不希望发生酶促褐变,但是在茶叶、可可豆的生产中适当的酶促褐变能够增加产品的风味和形成一定的颜色。非酶促褐变主要有美拉德反应、焦糖反应和抗坏血酸氧化,在热加工及较长期的贮藏中经常发生,在奶粉、蛋粉、脱水蔬菜及水果、肉干、鱼干、玉米糖浆、水解蛋白,麦芽糖浆等食品中屡见不鲜。美拉德反应是指胺、氨基酸以及蛋白质与糖、醛、酮之间的反应,几乎所有的食品都有这些成分,所以都可能发生美拉德反应,美拉德反应使食品产生褐色色素。焦糖化反应是指在没有氨基酸或胺类化合物存在的情况下,糖类本身受高温(150℃~200℃)作用,能发生降解反应,降解后的产物经聚合、缩合形成黏稠状的黑褐色焦糖,这种反应称为焦糖化反应,焦糖是无定形的胶状物质,溶于水后呈棕红色。轻微的焦糖化,能产生悦人的色泽和愉快的风味,但不受控制的焦糖化、就会产生令人讨厌的焦糊味和苦味。抗坏血酸氧化在果汁及果汁浓缩物的褐变中起着非常大的作用,尤其在柑橘汁的变色中起着主要作用。

3. 食品色泽的评定

对食品来讲,以红色为主的食品使人感到味道浓厚,吃起来有畅快感,能刺激神经系统兴奋,增加肾上腺素分泌和增强血液循环;黄色食品往往给人清香、酥脆的感觉,可刺激神经和消化系统;绿色食品能给人明媚、鲜活、清凉、自然的感觉。淡绿和葱绿能突出食品(蔬菜)的新鲜感,使人倍觉清新味美,具有一定的镇静作用;白色食品则给人以质洁、嫩、清香之感,能调节人的视觉平衡及安定人的情绪等。某些颜色和颜色组合同某类食品在表现上有特殊联系,如白色和淡蓝色结合,往往同乳制品相配;红色和黄色往往同肉类制品相配等。

要评定食品色泽的好坏,必须全面衡量和比较食品色泽的色调、明度和饱和度,这样才能得出公正、准确的结论。对食品色泽的色调、明度、饱和度的微小变化都能用语言或其他方式恰如其分地表达出来,是食品感官评价员必须掌握的知识。色调对食品的色泽影响最大,因为肉眼对色调的变化最为敏感,如果某食品的色泽色调不是该食品特有的颜色色调,说明该食品的品质低劣或不符合质量标准。明度和食品的新鲜程度关系密切,新鲜食品常有较高的明度,明度降低往往意味着食品不新鲜。饱和度和食品的成熟度有关,成熟度较高的食品,其色泽往往较深。

二、听觉

听觉也是人类认识周围环境的主要感觉,是人通过听觉器官对外界声音刺激的反应,是仅次于视觉的重要感觉。听觉在食品感官评定中虽然没有味觉和嗅觉那样重要,但也是一种非常重要的感觉,主要应用于某些特定食品(如膨化谷物食品)和食品的某些特性(如质构)的评析上。

(一)听觉器官

听觉是接受声波刺激后产生的一种感觉,感觉声波的器官是耳朵。人类的耳朵(见图2—7)分为外耳、中耳和内耳。外耳搜集声音刺激,中耳将声音的振动传送到内耳,内耳的感受器将振动的机械能转化为神经脉动。

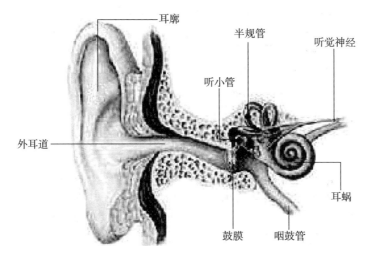

图2—7　耳朵的结构

外耳由耳廓和外耳道组成,它只起着收集声音的作用。人耳耳廓的运动能力已经退化,但前方和侧方来的声音可直接进入外耳道,且耳廓的形状有利于声波能量的聚集,引起较强的鼓膜振动;同样的声音如来自耳廓后方,则可被耳廓遮挡,音感较弱。因此,稍稍转动头的位置,根据这时两耳声音强弱的轻微变化,可以判断音源的位置。外耳道是声波传导的通路,一端开口,一端终止于鼓膜,长约2.5cm。

中耳包括鼓膜、听小骨系统和卵圆窗,它们构成了声音由外耳传向耳蜗的最有效通路。声波从耳道传至鼓膜引起鼓膜振动,鼓膜与锤骨、砧骨和镫骨组成的听小骨系统相连,它们再将声波传到卵圆窗。但由于由鼓膜到卵圆窗膜之间的传递系统的特殊力学特性,振动经中耳传递时发生了增压效应,补偿了由声阻挡不同造成的能量耗损。这条声波传导途径为生理传导。

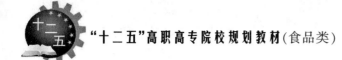

另外,还有空气传导和骨传导。空气传导是鼓膜振动引起中耳内空气振动,再经卵圆窗传至内耳。骨传导是振动由颅骨传入内耳。

内耳由前庭器官和耳蜗构成。内耳的基本功用是感受由鼓膜传送来的振动。为了避免其他振动的干扰,它被坚硬的头骨包围着。内耳由不管听觉的三个半规管和专管听觉的螺旋状骨组织——耳蜗组成。半规管与听觉没有关系,是一种平衡器官,我们在快速旋转时感到头昏,就是由于充满在半规管内的液体运动的结果。负责听觉的耳蜗内部有一张薄膜,膜上布有听觉神经末梢——23 500 根神经纤维,它们通过听觉神经与脑髓膜相联系。耳蜗内部充满了胶质的液体,从鼓膜传来的振动由耳蜗内部的胶质液体传递给薄膜上的神经纤维,引起听觉神经末梢的兴奋,并由听觉神经及大脑皮层的有关部位进行加工分析而产生听觉。

(二)听觉的产生机理

在听觉系统中,耳既是一个接受器,又是一个分析器,它在把外界复杂的声音信号转变成内在的神经信息的编码过程中起着重要的作用。

外界的声波以振动的方式送至外耳,经外耳道传入鼓膜,引起鼓膜振动,再经过听骨链的传递而作用于前庭窗,引起前庭界外淋巴的振动,继而振动内淋巴,因而振动了基底膜和螺旋器。基底膜的振动以行波方式由基底膜底部向其顶部传播,使该处螺旋器的毛细胞与盖膜之间的相对位置发生变化,从而使毛细胞受刺激而产生微音器电位,后者激发耳蜗神经产生动作电位,刺激了耳蜗内听觉感受器,使听觉感受器产生神经冲动,最后传入大脑皮层颞叶的听觉中枢形成听觉。听觉形成的过程可表示为:

声源——→耳廓(收集声波)——→外耳道(使声波通过)——→鼓膜(将声波转换成振动)——→耳蜗(将振动转换成神经冲动)——→听神经(传递冲动)——→大脑听觉中枢(形成听觉)

声波是听觉器官的适宜刺激,但声波如何产生听觉,人耳怎样分辨不同频率的声音呢?对此学者们提出了各种不同的学说,其中影响较大的理论有以下四种。

1. 频率学说

以 W·卢瑟福(W. Rutherford)为代表的频率学说认为,基底膜的工作与电话的机制类似。当有刺激时,整个基底膜产生振动,所有的毛细胞对每个声音都有反应,将机械振动转换为相应频率、振幅与相位的神经电位活动。声波频率决定神经冲动的频率形成音调感觉。兴奋的毛细胞数量多少决定音响的大小,振动的不同形式决定音色。

2. 行波学说

生理学家 G·V·贝凯西(G. Von. Bekesy)于 20 世纪 40 年代提出了行波学说。该学说认为,声波传到人耳引起了整个基底膜的振动,振动从耳蜗底端向顶端移动。基底膜上各部位的振幅并不相同。频率越高,最大振幅部位越接近蜗底;频率越低,最大振幅越接近蜗顶。最大振幅所在的位置决定了音高。贝凯西曾在一系列试验中观察到与上述假设相似的现象。但用损毁法试验,部分地切断动物不同部位的听神经,并没有发现听觉缺失。另外,行波学说无法解释 500Hz 以下的声音对基底膜的影响。500Hz 以下的声音在基底膜的各个部位均引起了相同的反应。

3. 共鸣学说

1857 年,赫尔姆霍茨提出耳蜗是一排在空间上对不同频率调谐的分析器,在基底膜上每一根长短不同的纤维都与不同的频率相调谐。他认为基底膜的纤维在感受声波振动时,由于其长短不同,蜗底端较窄,蜗顶端较宽,对不同频率的声音产生共鸣。对高频率声音,短纤维与之发生共鸣作出反应;对低频率声音,长纤维与之发生共鸣作出反应。基底膜上有24 000条纤维,分别对应不同频率的声音,但是,以后的科学研究发现,基底膜是由相互交织在一起的纤维组成的,因此每一根横纤维作为一种共鸣器对不同的频率单独发生反应看来是不可能的。

4.齐射说

20世纪40年代末,E.G.韦弗(E.G. Wever)提出了齐射说。他认为,对于低频的声音,即400Hz以下的声音,单个听神经纤维可以发放相应频率的冲动。对于400Hz以上的声音,单个神经纤维就无法反应,于是听神经内具有不同兴奋时许多神经纤维协同活动,以轮班或接力的形式联合齐射,对高频声音作出反应。但当声波频率超过5000Hz时,听神经就不再产生同步放电。因此,齐射说只能对5000Hz以下的声音的听觉进行解释。

(三)听觉的生理特点

1.听觉产生的适宜刺激

听觉的刺激是声音,它产生于物体的振动。物体振动时,能量通过媒介传递到人耳,从而产生听觉。当声波的振动频率为16Hz~20 000Hz时,便引起听觉,通常把这段频率范围称为可听声谱。低于每秒16次的声波和高于每秒20 000次的声波即次声波和超声波,人都是听不到的。声波是物体振动所产生的一种纵波,声波必须借助于气体、液体或固体的媒介物才能传播。声波有三种物理属性,即频率(波长)、强度和纯度,它们分别引起听觉的三种心理感觉——音高、音响和音色。

(1)声波的频率 指在单位时间里周期性振动的次数,它决定音高听觉属性。频率不同,给人的音感也不一样,它是决定音高的主要因素之一,同时,声音强度对音高也有一定影响。

(2)声波的强度 指振动的幅度,也称为声波的振幅,它决定音响听觉属性,振幅越大,声音越强,反之,声音则弱。声音的强弱是一个客观物理量,可用声压、声压级等度量,一般以分贝(dB)表示。

(3)声波的纯度 指波形是否由单一频率的周期振动构成,它决定音色听觉属性。一般把声音分为纯音和复合音。纯音是单一的正弦振动波,是最简单的声波。复合音是由若干正弦声波合成的复合声波。复合音中各纯音的频率成简单整数比,而该复合音的振动波仍呈周期性,称为乐音。若该复合音的振动无周期性规律,称为噪音。在听觉上,乐音感觉和谐,噪音则感觉不和谐。

2.听觉的属性

听觉有音高、音响和音色三种属性。

(1)音高 音高是由声波频率引起的心理量。频率高,声音听起来尖高;频率低,声音听起来低沉。除频率之外,声音强度即振动的振幅大小也影响音高。人所能感觉到的声音的频率范围是20Hz~20 000Hz,对1 000Hz左右频率的声音感受性最高,对5 000Hz以下的声音和5 000Hz以上的声音则需根据频率的不同相应地增加强度才能被感觉到。所以,音高不等于声音的物理频率,它是一种主观的心理量。

年龄对音高的感受性有较大影响。一般来说,随着年龄的增大而感受性降低。对不同频率的声音,人的差别感受性也不同,一般来说频率越低,差别感受性越高。例如,40dB、2 000Hz的声音,差别感觉阈值为3Hz。同样40dB,但是10 000Hz的声音,差别感觉阈值则为30Hz。

（2）音响　音响是由声波振动的幅度（强度）引起的心理量。声波振动的幅度大，声音听起来就响；振动的幅度小，声音听起来就弱。人耳能接受相当大范围的音强差，既能听到手表秒钟的滴答声，也能承受飞机掠过头顶的轰鸣声，两者之间的强度相差悬殊。除声波的振幅影响音响外，频率对音响也有作用。音响的感受范围是 0～120dB，120dB 以上的声音引起的不再是听觉而是压痛觉。

（3）音色　音色是反映声波混合特性的心理量。人们根据它把具有相同的音高和音响的声音区分开来。例如，不同乐器演奏同一音符，仍然能把它们区分开来，其原因在于它们的音色不同。音色主要取决于声能在不同频率上的分配模式。当不同声音混合在一起时，人仍然可以听出组成该混合声的各种声音的音色，而不会产生一种新的合成的音色，除非它们的基频是相同的。因此，在有其他声音存在时，对声音的音色的评定，与在复合声中一组谐波的共同的周期性有关。

3. 声音的混合与掩蔽

（1）共鸣　由声波的作用而引起的共振现象叫共鸣。产生共鸣的物体的振动叫受迫振动。产生共鸣的条件是振动物体的振动频率与邻近物体的固有频率相同，这样才会产生共鸣。例如，将两个频率相同的音叉邻近而置，敲击其中一个，另一个也会振动发音。

（2）强化与干涉　当两个声波振动频率相同、相位相反时，它们的相互作用使得合成声波振幅减小，音响减弱。当两个声波振动频率相同、相位相同时，它们的相互作用使人感觉音响增强了。如果两个频率相近的声波相互作用，其结果是交替地发生强化与干涉，合成波的振幅产生周期性的变化，人将听到一种音响有起伏的拍音。

（3）差音与和音　当振幅大致相同、频率相差30Hz以上的两个声波进行相互作用时，可以听到差音与和音，也可以听到拍音。差音是两个声波频率之差的音调，和音是两个声波频率之和的音调。辨别差音与和音需经一定的培训。

（4）声音的掩蔽　两个声音同时到达耳朵相混合时，人只能感觉到其中一个声音的现象叫声音的掩蔽。起干扰作用的叫掩蔽音，想要听到的叫被掩蔽音。声音的掩蔽分为3类：一是纯音对纯音的掩蔽。研究发现，掩蔽音强度高，掩蔽效果好；掩蔽音的频率与被掩蔽音频率接近时，掩蔽效果好。二是噪音对纯音的掩蔽。研究发现，噪音强度低时，掩蔽效果好；噪音强度高时，掩蔽效果下降。三是噪音和纯音对语言音的掩蔽。研究发现，噪音的掩蔽效果比纯音的好，并且噪音强度越大掩蔽效果越好。

4. 听觉的疲劳与听力丧失

在声音刺激长时间连续作用之后，听觉感受性会显著降低，这一现象称为听觉的疲劳。感受性的降低在刺激停止作用后仍将持续一段时间。听觉疲劳表现为所觉阈值的暂时性的提高。一般把声音刺激停止后2min可测得的听阈作为听觉疲劳的指标。听觉疲劳的大小与声刺激的强度、持续的时间、刺激的频率以及声音刺激停止后测量听阈的时间等多种因素有关。长期的听觉疲劳，由于累加作用而得不到听觉恢复，最终会导致听力降低或永久性听力丧失。

听力丧失主要有传导性耳聋和神经性耳聋两种。听觉传导机制发生障碍将造成传导性耳聋，如耳膜穿孔等。内耳功能失常则会造成神经性耳聋。长期过度的噪音刺激、链霉素的过量使用都可引起神经性耳聋。老年性耳聋是神经性耳聋的一种，它对高频音的感受性逐年下降，但它是一种正常的生理现象。

（四）听觉的感官评定

利用听觉进行感官评定的应用范围十分广泛。对于同一种物品，在外来的敲击下或由于内部自身的原因，应该发出相同的声音。但当其中的一些成分、结构发生变化后，会导致原有的声音发生一些变化。据此，可以检查许多产品的质量，如敲打罐头。用听觉检查其质量，生产中称为打检，从机器发出的声音来判断是否出现异常。另外，容器有无裂缝、蛋新鲜程度的判断等，也可以用敲打的方式，用听觉来判断。

听觉对食品感官分析和鉴定有一定的联系，食品的质感特别是咀嚼食品时发出的声音，在决定食品质量和食品接受性上起重要作用。例如，焙烤制品中的酥脆薄饼、爆米花和某些膨化制品，在咀嚼时应该发出特有的声响，否则可认为质量已变化而拒绝接受这类产品。

三、触觉

食品的触觉是口部和手与食品接触时产生的感觉，通过对食品的形变所施加力产生刺激的反应表现出来，表主要现为咬断、咀嚼、品味、吞咽的反应。

（一）触觉感官特性

1.大小和形状

口腔能够感受到食品组成的大小和形状。Tyle（1993）评定了悬浮颗粒的大小、形状和硬度对糖浆砂性口部知觉的影响。研究发现：柔软的、圆的，或者相对较硬的、扁的颗粒，大小约$80\mu m$，人们都感觉不到有砂粒。然而，硬的、有棱角的颗粒在大于$11\mu m \sim 22\mu m$的大小范围内时，人们就能感觉到口中有砂粒。在另一些研究中，在口中可察觉的最小单个颗粒小于$3\mu m$。

感官质地特性受到样品大小的影响。样品大小不同，口中的感觉可能也会不一样。一个有争论的问题是：人类对样品大小间的差异是否会做出一些自动的补偿，或人类是否只对样品大小的很大变化敏感。1989年，Cardello和Segars研究了样品大小对质地感知的影响，而这个目的性明确的研究只是这方面研究的极少部分。他们评定了样品大小与感知的关系，如奶油乳酪、美国干酪、生胡萝卜和中间切开的黑麦面包、无皮的牛肉以及Tootsico糖果卷咀嚼度的影响。被评定的样品大小（体积）为$0.125cm^3$、$1.00cm^3$和$8.00cm^3$，实验条件与样品的顺序同时呈现，样品以任意的顺序呈现或者按大小的顺序进行排列。被蒙住了眼睛和没有被蒙住眼睛的评价员对样品进行评定，此外，有时允许、有时不允许评价员触摸样品。研究发现：与主体对样品大小的意识无关，作为样品大小的一个函数，硬度和咀嚼度增加了。因此，质地知觉并非与样品大小无关。

2.口感

口感特征表现为触觉，通常其动态变化要比大多数其他口部触觉的质地特征更少。原始的质地剖面法只有单一与口感相关的特征——黏度。Szczesniak（1979）将口感分为11类：关于黏度的（稀的、稠的），与软组织表面相关的感觉（光滑的、有果肉浆的），与CO_2饱和度相关的（刺痛的、泡沫的、起泡性的），与主体相关的（水质的、重的、轻的），与化学相关的（收敛的、麻木的、冷的），与口腔外部相关的（附着的、脂肪的、油脂的），与舌头运动的阻力相关的（黏糊糊的、黏性的、软弱的、浆状的），与嘴部的后感觉相关的（干净的、逗留的），与生理的后感觉相关的(充满的、渴望的),与温度相关的(热的、冷的),与湿润情况相关的(湿的、干的)。Jowitt(1974)定义了这些口感的许多术语。Bertino 和 Lawless(1995)使用多维度的分类和标度,在口腔健康产品中,测定与口感特性相关的基本维数。他们发现,这些维数可以分成三组:收敛性、麻木感和疼痛感。

3.口腔中的相变化(溶化)

人们并没有对食品在口腔中的溶化行为与质地有关的变化进行扩展研究,由于在口腔中温度的增加,因此许多食品在口腔中经历了一个相的变化过程,巧克力和冰激凌就是很好的例子。Hyde 和 Wjtherly(1995)提出了一个"冰激凌效应"。他们认为动态的对比(口中感官质地瞬间变化的连续对比)是冰激凌和其他产品高度美味的原因所在。

Lawless(1996)研究了一个简单的可可黄油模型食品系统,发现这个系统可以用于脂肪替代品的质地和溶化特性的研究。按描述分析和时间强度测定到的评定溶化过程中的变化,与碳水化合物的多聚体对脂肪的替代水平有关。但是,Mela 等人(1994)已经发现,评价员不能利用在口腔中的溶化程度来准确地预测溶化温度范围在 17℃~41℃的水包油乳化液(类似于黄油的产品)中的脂肪含量。

4.手感

纤维或纸张的质地评定经常包括用手指触摸材料。这个领域中的许多工作都来自于纺织品艺术。感官评定在这个领域和食品领域一样,具有潜在的应用价值。

Civille 和 Dus(1990)描述了与纤维和纸张相关的触觉性质,包括机械特性(强迫压缩、有弹力和坚硬)、几何特性(模糊的、有砂粒的)、湿度(油状的、湿润),耐热特性(温暖)以及非触觉性质(声音)。由 Civille(1996)发展起来的纤维、纸张方法论建立在一般食品质地剖面的基础上,并且包括一系列用于每个评估特性的参考值和精确定义的标准标度。

(二)触觉识别阈

对于食品质地的判断,主要靠口腔的触觉进行感觉。通常口腔的触觉可分为以舌头、口唇为主的皮肤触觉和牙齿触觉。皮肤触觉识别阈主要有两点识别阈、压觉阈、痛觉阈等。

1.皮肤的识别阈

皮肤的触觉敏感程度,常用两点识别阈表示。所谓两点识别阈,就是对皮肤或黏膜表面两点同时进行接触刺激,当距离缩小到开始要辨认不出两点位置区别的尺寸时,即可以清楚分辨两点刺激的最小距离。显然这一距离越小,说明皮肤在该处的触觉越敏感。人的口腔及身体部位的两点识别阈如表 2—8 所示。

表 2—8　人的口腔及身件部位的两点识别阈

部位	纵向/mm	横向/mm	部位	纵向/mm	横向/mm
舌尖	0.08 ± 0.55	0.68 ± 0.38	颊黏膜	8.57 ± 6.20	8.60 ± 6.04
嘴唇	1.45 ± 0.96	1.15 ± 0.82	前额	12.50 ± 4.26	9.10 ± 2.7
上颚	2.40 ± 1.31	2.24 ± 1.14	前腕	19.00	42.00
舌表面	4.87 ± 2.46	3.24 ± 1.70	指尖	1.80	0.20
齿龈	4.13 ± 1.90	4.20 ± 2.00			

从表2—8可以看出,口腔前部感觉敏感。这也符合人的生理要求,因为这里是食品进入人体的第一关,需要敏感地判断这食物是否能吃,需不需要咀嚼,这也是口唇、舌尖的基本功能。感官品尝试验,这些部位都是非常重要的检查关口。

口腔中部因为承担着用力将食品压碎、嚼烂的任务,所以感觉迟钝一些。从生理上讲这也是合理的。口腔后部的软腭、咽喉部的黏膜感觉也比较敏锐,这是因为咀嚼过的食物,在这里是否应该吞咽,要由它们判断。

口腔皮肤的敏感程度也可用压觉阈值或痛觉阈值来分析。压觉阈值的测定是用一根细毛压迫某部位,把开始感到疼痛时的压强称作这一部位的压觉阈值。痛觉阈值是用微电流刺激某部位,当觉得有不快感时的电流值。这两种阈值都同两点识别阈一样,反映出口腔各部位的不同敏感程度。例如,口唇舌尖的压觉阈值只有 $10kPa \sim 30kPa$,而两腮黏膜在 $120kPa$ 左右。

2. 牙齿的感知功能

在多数情况下,对食品质地的判断是通过牙齿咀嚼过程感知的。因此,认识牙齿的感知机理,对研究食品的质地有重要意义。牙齿表面的珐琅质并没有感觉神经,但牙根周围包着具有很好弹性和伸缩性的齿龈膜,它被镶在牙床骨上。用牙齿咀嚼食品时,感觉是通过齿龈膜中的神经感知。门齿的感觉非常敏锐,而后面的臼齿要迟钝得多。安装假牙的人,由于没有齿龈膜,所以比正常人的牙齿感觉迟钝得多。据测定,假牙的感觉比正常牙齿要迟钝10倍。

3. 颗粒大小和形状的判断

在食品质地的感官评定中,试样组织颗粒的大小、分布、形状及均匀程度,也是很重要的感知项目。例如,某些食品从健康角度需要添加一些钙粉或纤维质成分。然而,这些成分如果颗粒较大又会造成粗糙的口感。为了解决这一问题,就需要把这些颗粒的大小粉碎到口腔的感知阈以下。口腔对食品颗粒大小的判断,比用手摸复杂得多。在感知食品颗粒大小时,参与的口腔器官有:口唇与口唇、口唇与牙齿、牙齿与牙齿、牙齿与舌头、牙齿与颊、舌与口唇、舌与腭、舌与齿龈等。通过这些器官的张合、移动而感知。在与食品接触中,各器官组织的感觉阈值不同,接受食品刺激的方式也不同。所以,很难把对颗粒尺寸的判断归结于某一部位的感知机构。一般在考虑颗粒大小的识别阈时,需要从两方面分析。一是口腔可感知颗粒的最小尺寸,二是对不同大小颗粒的分辨能力。以金属箔做的口腔识别阈试验表明,对感觉敏锐的人,可以感到牙间咬有金属箔的最小厚度为 $20\mu m \sim 30\mu m$。但有些感觉迟钝的人,这一厚度要增加到 $100\mu m$。对不同粗细的条状物料,口腔的识别阈在 $0.2mm \sim 2mm$。门齿附近比较敏感。有人用三角形、五角形、方形、长方形、圆形、椭圆形、十字形等小颗粒物料对人口腔的形状感知能力做了测试,发现人口腔的形状识别能力较差。通常三角形和圆形尚能区分,多角形之间的区别往往分不清。

4. 口腔对食品中异物的识别能力

口腔识别食品中异物的能力很高。例如,吃饭时,食物中混有毛发、线头、灰尘等很小异物,往往都能感觉得到。那么一些果酱糕点类食品中,由于加工工艺的不当,产生的糖结晶或其他正常添加物的颗粒,就可能作为异物被感知,而影响对美味的评定。因此,异物的识别阈对感官评定也很重要。Manly曾对10人评审组做了如下的异物识别阈试验:在布丁中混入碳酸钙粉末,当添加量增加到2.9%时,才有100%的评审成员感觉到了异物的存在。对安装假牙的人,这一比例要增加到9%以上。

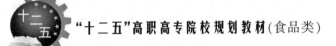

Dwall把不同直径的钢粉分别混入花生、干酪和爆玉米花中去,让10人评审组用牙齿去感知。试验发现钢粉直径的感知阈为$50\mu m$左右,且与混入食物的种类无关。以上说明,对异物的感知与其浓度和尺寸大小都有一定关系。总之,人对食品美味(包括质地)的感觉机理十分复杂,它不仅与味觉、口腔触觉有关,还和人的心理、习惯、唾液分泌,以及口腔振动、听觉有关。深入了解感觉的机理,对设计感官评定实验和分析食品质地品质都有很大帮助。

四、痛觉

在许多情况下,过度的热接触、过强的光线和味道的刺激都会引发痛觉。在某些情况下,酥痒也伴随有痛觉。痛觉是一种难以定义的感觉,它是由特殊的痛觉神经感受刺激而产生。在体内绝大多数痛觉感受点上的痛觉末端器官就是触觉末端器官,因此痛觉也可以看作是触觉的一种特殊感觉形式。

每个人对痛觉敏感的程度差别很大,因而对一些人是不愉快的痛觉刺激,对另一些人却是愉快的感觉。例如,某些人就特别喜欢辣椒的"热辣"痛感和烈性白酒的"灼烧"痛感。对这些食品的喜好除了在生理上的差别外,也有对这些食品适应程度上的差别。某些化学物质在口中会产生收敛性痛觉,这是由于这些化学物质含有收敛性鞣质或其他物质改变了口腔中的表皮细胞而产生的感觉。

五、温度觉

人体很多部位都能感受温度差别。在这些能感受温度的区域内有许多冷点和温点,当不同的温度分别刺激这些冷点或温点时,便产生温度觉。冷点和温点的末端感受体不相同,冷点感觉体是克劳泽小体,而温点感受体则是鲁菲尼小体。通常冷点分布的数量多于温点,而且温点的感受体在皮肤中的位置比冷点感受体要深,因此,冷觉的反应时间比温觉短,皮肤对冷敏感而对热相对不敏感。但是不同部位对温度觉的敏感性不同。通常面部皮肤对热和冷有最大敏感性,平均每平方厘米有冷点$8\sim9$个,温点$1\sim7$个;腿部皮肤每平方厘米平均有冷点$4.8\sim5.2$个,温点0.4个。一般躯干部皮肤对冷的敏感性比四肢皮肤大。

$10\text{℃}\sim60\text{℃}$温度刺激为适宜刺激,其刺激冷、温感受体均能产生温度觉。划分温觉、冷觉的分界限是皮肤的生理零度即皮肤表面的温度,它不是温度计上的零度。生理零度实际是温度觉上的中性温度。高于生理零度的温度刺激产生温觉,低于生理零度刺激产生冷觉。人体各部位的生理零度是各不相同的,生理零度也不是固定不变的,它随皮肤对外界温度的适应而改变。温度刺激作用于皮肤时所产生的感觉强度直接取决于被刺激部位皮肤面积,因为同样的刺激作用于较大的皮肤表面,就引起强烈的感觉。皮肤区感受点的密度越大,对温度变化越敏感,说明温度觉有显著的空间总和。所以,温度觉受三个因素影响:皮肤的绝对温度即生理零度、生理零度的变化速率及受刺激区域的面积。

温度对食品有较大影响,因此温度觉对食品感官评定有相应的作用。在分辨食品表面的冷、热程度时,气温和检查场所的环境温度、检查者的体温等,都能给食品的温度觉产生感觉误差。各种食品都有其适宜的食用温度,如冰激凌适宜的食用温度为0℃,咖啡和茶则为$50\text{℃}\sim60\text{℃}$。温度变化时,会对其他感觉产生一定影响,气味物质的挥发也与温度有关系。这些问题在控制食品感官评定条件时应充分考虑。

第六节　感官的相互作用

食品整体风味感觉中味觉与嗅觉相互影响的问题较为复杂。专家认为风味感觉是味觉与嗅觉的结合，并受质地、温度和外观等的影响。但是，在一项心理物理学实验中，将蔗糖（口味物质）和柠檬醛（柠檬的气味/风味物质）简单混合，表现出几乎完全相加的效应，对单一物质（蔗糖、柠檬醛）的强度评分很少或没有影响。这使得烹饪专家的一般认识与心理物理学文献之间在关于味觉与嗅觉如何相互影响的问题上存在明显的差异，而食品专业人员和消费者普遍认为味觉和嗅觉是以某种方式相关联的。以上问题部分是由于使用"口味"一词来表示食品风味的所有方面而产生的。但如果限定为口腔中被感知的非挥发性物质所产生的感觉，则主要表现为嗅觉的香气和挥发性风味物质相互有影响。下面我们从五个方面讨论这一问题。

第一，通过物理心理学的研究，我们知道感官强度是叠加的。Murphy 等在 1977 年测量了糖精钠与挥发性风味物质丁酸乙酯的混合物的气味感知强度、味感知强度和总体的感知强度。几年之后，他又对蔗糖—柠檬醛混合物和 NaCl—柠檬醛混合物分别进行了同样的评估，这两项研究的结果一致，强度评分显示了大约 90% 的叠加性。也就是说，当嗅觉和味觉被看作是简单累积时，这两种感觉方式之间没有相互影响作用。

第二，人们有时会将一些挥发性气味认为是"味觉"。正如前面提到的，后鼻嗅觉很难被定位，经常被作为口腔的味觉而被感知，因此会有以上错觉。丁酸己酯和柠檬醛虽然都是气味物质，但他们与"味觉"的判断有关。为了消除气味物质对味觉的影响，可以在品尝时将鼻孔捏紧，这样就关闭了挥发物质的后鼻通道，有效地消除了挥发性物质的影响。除了这一错误的认识外，另外一个常见的错误认识就是味觉与嗅觉是相互影响的，而心理物理学的研究表明味觉和嗅觉的相互独立的程度大于相互影响的程度。

第三，令人不愉快的气味一般抑制挥发性气味，而令人愉快的味觉则对挥发性气味有增强作用。这一理论似乎和上面刚刚提到的有所矛盾，但在现实产品中这样的例子存在，Von Sydow 等（1974）对加入不同量蔗糖的水果汁的口味和气味特性进行了评分。随着蔗糖浓度的提高，令人愉快的气味特性的得分会增加，令人不愉快的气味特性的得分则降低。而检测的结果表明挥发性气体浓度却没有变化。

第四，口味和风味间的相互影响会随它们的不同组合而改变。这种相互影响可能取决于特定的风味物质和口味物质的结合，该模式由于这种情况而具有潜在的复杂性。阿斯巴甜增强了橘子和草莓溶液的果香味，但对蔗糖影响很小或没有影响，而且对橘子比对草莓的增强作用稍强些（Wiseman 和 McDaniel，1989）。在一项相似的研究中，草莓香气对甜味有增强作用，而花生油气味却没有（Frank 和 Byram，1988）。随后，对大量口味物质的研究表明挥发性风味物质对氯化钠的咸味有一些抑制作用。通过改变对评价员的指令也会使物质的口味之间产生一些更为复杂的相互作用。

第五，对评价员的指令发生改变也会影响风味、口味之间的相互作用。下达给评价员的指令会对感官得分产生很大影响。比如，有一对样品用三点检验法（只要求评价员说出二者是否存在总体差异）的结果是勉强能被发现有所不同，而当同样的两个样品用成对对比检验法检验，要求评价员就产品的甜度作出评定时，这两个产品的得分相差非常之大。因此，当受试者的注意力被集中到某一特定品质上时，所得到的结果会与总体差别实验得到的结果非常不同。

另两类相互影响的形式在食品中很重要,一是化学刺激与风味的相互影响,二是视觉对风味的影响。化学刺激会增强食品的风味,这我们都有过体验,比如,没人喜欢喝跑气的汽水,因为这样的汽水一般太甜;也没人喜欢喝跑气的啤酒和香槟,因为它们的口感和风味都会因此而改变。最先考察化学刺激对嗅觉作用的研究人员发现了鼻中二氧化碳对嗅觉的共同抑制作用,即使二氧化碳麻刺感的出现比嗅觉的产生略微滞后,这一现象也会发生。由于许多气息也含有刺激性成分,有些抑制作用在日常风味感觉中也可能是一件平常的事情。如果有人对鼻腔刺激的敏感性降低了,芳香的风味感觉的均衡作用有可能被转换成嗅觉成分的风味。如果刺激减小,那么刺激的抑制效应也就减小。目前有关化学刺激对嗅觉和味觉的相互影响了解还不是很多。

人类是一个受视觉驱使的物种。我们对好的食品通常要求的是"色、香、味俱全",在许多具有成熟烹调艺术的社会中,食品的外观与它的风味、质地是同样重要的。在消费者检验中普遍相信食品色泽越深,就会得到越高的风味强度得分。对全脂牛奶和脱脂牛奶的实验也可以说明视觉对风味的影响,正常情况下,品评人员是通过牛奶的外观(颜色)、口感和风味来得出结论,一般情况下,品评人员都能够做出正确判断,也就是说,全脂牛奶和脱脂牛奶是很容易区分的,但是把同样的实验挪到暗室之后,脱脂牛奶与全脂牛奶的区分即变得很困难,这说明视觉对风味的影响是很大的,当品评人员看到脱脂牛奶的稀薄状态、比较浅的颜色,首先就在心理认定它的牛奶风味不足,而在暗室中,这个效应被消除了,所以区分就变得不那么容易了。类似的情况还有,当果汁饮料不表现出典型颜色时,正确识别果味的次数就会显著降低,而当饮料颜色适当时,正确识别次数就增加。当要求品评人员对恰当和不恰当染色的乳酪、人造奶油、黑莓果冻和橘汁饮料的风味进行打分时,恰当染色的产品得分总是高于不恰当染色的产品。即使深色蔗糖溶液实际上比浅色对照液中的蔗糖含量低 1% ,品评员对深色溶液的甜度打分仍然要比浅色溶液高 2% ~10% 。这一研究强调人类是对食品感官刺激的整体作出反应的,即使是较为"客观"的描述性评价员也可能会受视觉偏见的影响。

任何位于鼻中或口中的风味化学物质可能有多重感官效应。食品的视觉和触觉印象对于正确评定和接受很关键,声音同样影响食品的整体感觉,咀嚼食物时产生的声音与食物是如何地酥脆有紧密的关系。总之,人类的各种感官是相互作用、相互影响的。在食品感官评定实施过程中,应该重视它们之间的相互影响对鉴评结果所产生的影响,以获得更加准确的鉴评结果。

 **本 章 小 结**

感觉是客观事物的不同特性刺激感官后,在人脑中引起的反应。人类的感觉划分成五种基本感觉,即视觉、听觉、触觉、嗅觉和味觉。感觉和知觉通常合称为感知,是人类认识客观现象的最基本的认知形式,人们对客观世界的认识始于感知。感觉刺激强度的衡量采用感觉阈值来表述。每种感觉的感觉阈分为绝对感觉阈值和差别感觉阈值。刚刚能引起感觉的最小刺激量和刚刚导致感觉消失的最大刺激量,称为绝对感觉的两个阈值;把刚刚能引起差别感觉刺激的最小变化量叫做差别感觉阈值。不同的感觉之间会产生一定的影响,有时发生相乘作用,有时发生相抵效果。

可溶性呈味物质溶解在口腔中,进而对口腔内的味感受体进行刺激,神经感觉系统收集和传递信息到大脑的味觉中枢,经大脑的综合神经中枢系统地分析处理,使人产生味觉。舌表面不同区域对不同味刺激的敏感程度不一样,舌尖处对甜味敏感,舌前部两侧是咸味敏感区,舌根部位对苦味较敏感,对酸味最敏感的部位在舌后两侧(记忆口诀:先甜后苦,边咸酸)。食品除含有各种味道外,还含有各种不同气味,食品的味道和气味共同组成食品的风味特征。气味是能够引起嗅觉反应的物质。挥发性物质刺激鼻腔嗅觉神经,并在中枢神经引起的感觉就是嗅觉。视觉是眼球接受外界光线刺激后产生的感觉,它人们是认识周围环境,建立客观事物第一印象的最直接和最简捷的途径。视觉在食品感官评定,尤其是喜好性分析中占有重要的地位。听觉是人通过听觉器官对外界声音刺激的反应,是仅次于视觉的重要感觉,主要应用于某些特定食品(如膨化谷物食品)和食品的某些特性(如质构)的评定上。食品的触觉是口部和手与食品接触时产生的感觉,对于食品质地的判断,主要靠口腔的触觉进行感觉。

复习思考题

1. 简述感觉的定义与分类。

2. 感觉的属性有哪些?

3. 什么是感觉阈、绝对感觉阈值和差别感觉阈值?

4. 使用韦伯公式、费希纳定律有何意义?

5. 影响人体感觉的主要因素有哪些?

6. 什么是感觉的疲劳现象、对比现象、拮抗作用、相乘作用和变调现象?

7. 味觉产生的生理机制是什么? 不同味道的敏感区各在哪里?

8. 味觉的基本分类有哪些? 各种味之间的相互作用有哪些?

9. 嗅觉产生的机理是什么?

10. 嗅觉有哪些特征? 其影响因素是什么?

11. 怎样进行食品的嗅觉检查?

12. 视觉是怎样形成的? 视觉的感觉特征有哪些?

13. 视觉检查的重要作用是什么?

14. 简述听觉的产生机理。

15. 感官的相互作用有哪些?

第三章　食品感官评价员的选拔与培训

教学目标

1. 掌握各类食品感官评价员的特点。
2. 了解感官评价员的筛选实验及注意事项。
3. 掌握食品感官评价员的培训目的和主要培训内容。

第一节　食品感官评价员的类型

食品感官评定实验种类繁多,各种实验对参加人员的要求不完全相同。同时,能够参加食品感官评定实验的人员在感官评定上的经验及相应的培训层次也不相同。通常把参加感官评定实验的人分为以下五类。

一、专家型

这是食品感官评价员中层次最高的一类,专门从事产品质量控制、评估产品特定属性与记忆中该属性标准之间的差别和评选优质产品等工作。

此类评价员数量最少而且不容易培养。品酒师、品茶师等均属于这一类人员,他们不仅需要积累多年的专业工作经验和感官评定经历,而且在特性感觉上要具有一定的天赋,在特征表述上具有突出的能力。

二、消费者型

这是食品感官评价员中代表性最广泛的一类,通常这种类型的评价员由各个阶层的消费者代表组成。

与专家型感官评价员相反,消费者型感官评价员仅从自身的主观愿望出发,评价是否喜爱、接受所试验的产品或喜爱和接受的程度。这类人员不对产品的具体属性或属性间的差别作出评价。

三、无经验型

无经验型是指只对产品的喜爱和接受程度进行评价的感官评价员,这类人员不及消费型代表性强。一般是在实验室小范围内进行感官评定,由与所试产品有关人员组成,无须经过特定的筛选和培训程序,根据情况轮流参加感官评定试验。

四、有经验型

这类感官评价员经过筛选试验并具有一定分辨差别能力,他们可专职从事差别类试验,但是要经常参与有关的差别试验,以保持分辨差别的能力。

五、培训型

这是从有经验型感官评价员中经过进一步筛选和培训而获得的感官评价员。通常,他们都具有描述产品感官品质特性及特性差别的能力,专门从事对产品品质特性的评价。

在以上提到的五种类型的感官评价员中,由于各种因素的限制,通常建立在感官实验室基础上的感官评价员人员都不包括专家型和消费者型,只考虑其他三类人员(无经验型、有经验型和培训型)。

第二节　食品感官评价员的筛选

食品感官的系统分析就是在特定的试验条件下利用人的感官进行评析,参加评价员的感官灵敏性和稳定性严重影响最终结果的趋向性和有效性。由于个体间感官灵敏性差异较大,而且有许多因素会影响到感官灵敏性的正常发挥。因此,感官评价员的选择是使感官评定试验结果可靠和稳定的首要条件。

在感官试验室内参加感官分析评定的人员大多数都要经过筛选程序确定。筛选过程包括挑选候选人员和在候选人员中通过特定实验手段筛选两个方面。

一、感官评定候选人员的选择

感官评定实验需要大量的感官评定候选人员,来源没有什么限制,通常来自组织机构的内部,如研究机构内部、食品公司的研发部门,也可来自普通消费者。

感官评定试验组织者可以通过发放问卷或面谈的方式获得参选人员的相关信息,从中选出候选人,再进一步筛选。

对于两种候选人选择的方式,应注意以下几个方面。

1. 问卷调查

问卷要精心设计,不但要求包含候选人员选择时所应该考虑的各种因素,而且要能够通过答卷人的回答获得准确信息。

问卷的设计一般要满足以下要求:

a. 问卷应能提供尽量多、全面的信息;

b. 问卷应能满足组织者的要求;

c. 问卷应能初步识别合格与不合格人选;

d. 问卷应通俗易懂,容易回答。

2. 面谈

通过与参选人员面谈,组织者可以更直接地了解参选人员的详细情况,收集问卷中没有或者不能反映的问题,从而使得参选人员的信息更全面、丰富,降低评选误差。面谈过程中,组织者可以向参选人员提出问题,参选人员可以向组织者提出与食品感官评定相关的问题。组织者在面谈前的准备工作以及其所拥有的感官评定经验、面谈过程中信息的收集,会影响此次面谈的效果,因此应注意以下几点:

a. 组织者应具备丰富的感官评定知识和感官评定经验;

b. 组织者应面谈之前准备好所有要问的问题;

c. 面谈的气氛应轻松、融洽；

d. 组织者应认真、详细记录面谈内容；

e. 面谈中提出的问题要有一定的逻辑性，避免随意发问。

在挑选感官评定候选人的时候，一般要考虑以下几个问题。

（1）是否自愿参加　对参加感官评价员的一个最基本的要求就是必须自愿参加。在自愿参加的基础上，再由实验的组织者进行选择、筛选和培训。通常在正式实验之前还要签署一份志愿表格。

（2）是否有兴趣　兴趣是调动主观能动性的基础，只有对感官评定实验感兴趣的人，才会在感官评定实验中集中注意力，并圆满完成实验所规定的任务。兴趣是挑选候选人员的前提条件。候选人员对感官评定试验的兴趣与他对该试验重要性的认识和理解有关。因此，在候选人员的初选过程中，组织者要通过一定的方式，让候选人员指导进行感官评定的意义和参加实验人员在实验中的重要性，然后通过反馈的信息判断各候选人员对感官评定的兴趣。

（3）健康状况　感官评定实验候选人应挑选身体健康、感觉正常、无过敏症和无服用影响感官灵敏度药物史的人员。身体不适如感冒或过度疲劳的人，暂时不能参加感官评定实验。

（4）准时性　感官评定试验要求参加试验的人员每次都必须按时出席。评价员迟到不仅会浪费别人的时间，而且会造成实验样品的损失和破坏实验的完整性。此外，评价员的缺席率会对结果产生影响，经常出差、旅行和工作任务较多难以抽身的人员不适宜作为候选人员。

（5）表达能力　感官评定试验所需的语言表达及叙述能力与实验方法相关。差别试验重点要求参加试验者的分辨能力，描述性试验重点要求感官评价员叙述和定义出产品的各种特性。因此，对于这类试验需要良好的语言表达能力。

（6）对试样的态度　候选人必须客观地对待所有试验样品，即在感官评定中根据要求去除对样品的好恶感，否则就会因为对样品偏爱或厌恶而造成偏差。

二、候选评价员的筛选

食品感官评价员的筛选工作要在初步确定感官评定候选人后再进行。筛选是指通过一定的筛选实验方法观察候选人员是否具有感官评定能力，诸如普通的感官分辨能力，对感官评定试验的兴趣，分辨和再现试验结果的能力和适当的感官评价员素质（合作性、主动性和准时性等）。根据筛选实验的结果获知参加筛选的人员在感官评定实验上的能力，决定候选人员适宜作为哪种类型的感官评定或不符合参加感官评定试验的条件而淘汰。

筛选试验通常包括基本识别实验（基本味或气味识别实验）和差异分辨实验（三角实验、5选2实验等）。有时根据需要也会设计一系列实验来多次筛选人员或者将初步选定的人员分组进行相互比较性质的实验。有些情况下也可以将筛选实验和培训内容结合起来，在筛选的同时进行人员培训。在筛选评价员之前，必须清楚以下几点。

（1）不是所有的候选人都符合感官评价员的要求；

（2）大多数人不清楚他们对产品的感觉能力；

（3）每个人的感官评定能力不都是一样的；

（4）所有人都需要经过指导才会指导如何正确进行实验。

不同类型的感官评定实验所使用的感官评价员的筛选方法也不相同。

1. 区别检验感官评价员的筛选

区别检验感官评价员的筛选目的是确定感官评价员区别不同产品之间性质差异的能力，以及区别相同产品某项特性程度大小或强弱的能力。筛选工作可以通过匹配实验、区别实验和排序/分级实验来完成。

2. 分析或描述性实验评价员的筛选

描述或分析型实验感官评价员的筛选目的是确定评价员对感官性质及其强度进行区别的能力、对感官性质进行描述能力以及抽象归纳的能力。筛选工作可以通过敏锐性实验、排序/分级实验以及面试等形式来完成。

无论采用何种方式筛选感官评价员，在感官评价员的筛选过程中，都应注意以下几个方面的问题。

（1）最好使用与正式感官评定实验相类似的实验材料，这样既可以使参加筛选实验的人员熟悉今后实验中将要接触的样品的特性，也可以减少由于样品间差距而造成人员选择不适当。

（2）在筛选过程中，要根据各次实验的结果随时调整实验的难度。难易程度取决于参加筛选实验人员的整体水平，以大多数人能够分辨出差别或识别出味道（气味）、但其中少数人员不能正确分辨或识别为宜。

（3）参加筛选实验的人数要多于预定参加实际感官评定实验的人数。若是多次筛选，则应采用一些简单易行的实验方法，并在每一步筛选中随时淘汰明显不适合参加感官评定的人选。

（4）多次筛选以相对进展为基础，连续进行，直至挑选出人数适宜的最佳人选。

（5）筛选的组织工作。在感官评价员的筛选中，感官评定试验的组织者起决定性的作用。他们要收集有关信息、设计整体试验方案、组织具体实施、对筛选试验取得进展的标准和选择人员所需要的有效数据作出正确判断，达到筛选目的。

附：感官评价员筛选问卷形式举例

1. 风味评价员筛选调查

个人情况：

姓名：＿＿＿＿＿＿＿＿　　性别：＿＿＿＿＿＿＿＿　　年龄：＿＿＿＿＿＿＿＿

地址：＿＿＿＿＿＿＿＿＿＿＿＿＿＿＿＿＿＿＿＿＿＿＿＿＿＿＿＿＿＿＿＿＿

联系电话：＿＿＿＿＿＿＿＿＿＿＿＿＿＿＿＿＿＿＿＿＿＿＿＿＿＿＿＿＿＿

你从何处听说我们这个项目？　＿＿＿＿＿＿＿＿＿＿＿＿＿＿＿＿＿＿＿＿

时间：

1）一般来说，一周中，你的时间安排怎样？你哪一天有空余的时间？

＿＿＿＿＿＿＿＿＿＿＿＿＿＿＿＿＿＿＿＿＿＿＿＿＿＿＿＿＿＿＿＿＿＿

2）从×月×日到×月×日之间，你是否要外出，如果外出，需要多长时间？

＿＿＿＿＿＿＿＿＿＿＿＿＿＿＿＿＿＿＿＿＿＿＿＿＿＿＿＿＿＿＿＿＿＿

健康状况：

1）你是否有下列情况？

假牙：　＿＿＿＿＿＿＿＿＿＿＿　　糖尿病：＿＿＿＿＿＿＿＿＿＿＿

口腔或牙龈疾病:_____　　　食物过敏:_____

低血糖:　　_____　　　　　　高血压:　_____

2)你是否在服用对感官有影响的药物,尤其对味觉和嗅觉?

_____

饮食习惯:

1)你目前是否在限制饮食? 如果有,限制的是哪种食物?

_____

2)你每月有几次在外就餐? _____

3)你每月吃几次速冻食品? _____

4)你每月吃几次快餐? _____

5)你最喜爱的食物是什么? _____

6)你最不喜欢的食物是什么? _____

7)你不能吃什么食物? _____

8)你不愿意吃什么食物? _____

9)你认为你的味觉和嗅觉辨别能力如何?_____

<table>
<tr><td></td><td>嗅觉</td><td>味觉</td></tr>
<tr><td>高于平均水平</td><td>_____</td><td>_____</td></tr>
<tr><td>平均水平</td><td>_____</td><td>_____</td></tr>
<tr><td>低于平均水平</td><td>_____</td><td>_____</td></tr>
</table>

10)你目前的家庭成员中有人在食品公司工作的吗?

_____

11)你目前的家庭成员中有人在广告公司或市场研究机构工作的吗?

_____

风味小测验:

1)如果一种配方需要香草香味物质,而手头又没有,你会用什么代替?

_____

2)还有哪些食物吃起来像奶酪? _____

3)为什么往肉汁里加咖啡会使其风味更好? _____

4)你怎样描述风味和香味之间的区别? _____

5)你怎样描述风味和质地之间的区别? _____

6)请写出用于描述啤酒最合适的词语(一个或两个字)。_____

7)请对食醋的风味进行描述。_____

8)请对可乐的风味进行描述。_____

9)请对某种火腿的风味进行描述。_____

10)请对苏打饼干的风味进行描述。_____

2.香味评价员筛选调查

个人情况：

姓名：＿＿＿＿＿＿＿＿＿＿ 性别：＿＿＿＿＿＿＿＿＿＿ 年龄：＿＿＿＿＿＿＿＿＿

地址：＿＿＿＿＿＿＿＿＿＿＿＿＿＿＿＿＿＿＿＿＿＿＿＿＿＿＿＿＿＿＿＿＿＿＿＿＿

联系电话：＿＿＿＿＿＿＿＿＿＿＿＿＿＿＿＿＿＿＿＿＿＿＿＿＿＿＿＿＿＿＿＿＿＿

你从何处听说我们这个项目？＿＿＿＿＿＿＿＿＿＿＿＿＿＿＿＿＿＿＿＿＿＿＿＿＿

时间：

1）一般来说，一周中，你的时间安排怎样？你哪一天有空余的时间？

＿＿＿＿＿＿＿＿＿＿＿＿＿＿＿＿＿＿＿＿＿＿＿＿＿＿＿＿＿＿＿＿＿＿＿＿＿＿＿

2）从×月×日到×月×日之间，你是否要外出，如果外出，需要多长时间？

＿＿＿＿＿＿＿＿＿＿＿＿＿＿＿＿＿＿＿＿＿＿＿＿＿＿＿＿＿＿＿＿＿＿＿＿＿＿＿

健康状况：

1）你是否有下列情况？

鼻腔疾病：＿＿＿＿＿＿＿＿＿＿＿＿＿＿ 低血糖：＿＿＿＿＿＿＿＿＿＿＿＿＿

过敏史：＿＿＿＿＿＿＿＿＿＿＿＿＿＿＿ 经常感冒：＿＿＿＿＿＿＿＿＿＿＿＿

2）你是否在服用对器官有影响的药物，尤其对嗅觉？

＿＿＿＿＿＿＿＿＿＿＿＿＿＿＿＿＿＿＿＿＿＿＿＿＿＿＿＿＿＿＿＿＿＿＿＿＿＿＿

日常生活习惯：

1）你是否喜欢使用香水？＿＿＿＿＿＿＿＿＿＿＿＿＿＿＿＿＿＿＿＿＿＿＿＿＿＿＿

   如果用，是什么品牌？＿＿＿＿＿＿＿＿＿＿＿＿＿＿＿＿＿＿＿＿＿＿＿＿＿＿＿

2）你喜欢带有香味还是不带香味的物品？如香皂等。＿＿＿＿＿＿＿＿＿＿＿＿＿＿

   请陈述理由。＿＿＿＿＿＿＿＿＿＿＿＿＿＿＿＿＿＿＿＿＿＿＿＿＿＿＿＿＿＿＿

3）请列出你喜爱的香味产品。＿＿＿＿＿＿＿＿＿＿＿＿＿＿＿＿＿＿＿＿＿＿＿＿＿

   它们是何种品牌？＿＿＿＿＿＿＿＿＿＿＿＿＿＿＿＿＿＿＿＿＿＿＿＿＿＿＿＿＿

4）请列出你不喜爱的香味产品。＿＿＿＿＿＿＿＿＿＿＿＿＿＿＿＿＿＿＿＿＿＿＿＿

   请陈述理由。＿＿＿＿＿＿＿＿＿＿＿＿＿＿＿＿＿＿＿＿＿＿＿＿＿＿＿＿＿＿＿

5）你最讨厌哪些气味？＿＿＿＿＿＿＿＿＿＿＿＿＿＿＿＿＿＿＿＿＿＿＿＿＿＿＿＿

   请陈述理由。＿＿＿＿＿＿＿＿＿＿＿＿＿＿＿＿＿＿＿＿＿＿＿＿＿＿＿＿＿＿＿

6）你最喜爱哪些气味或香气？＿＿＿＿＿＿＿＿＿＿＿＿＿＿＿＿＿＿＿＿＿＿＿＿＿

7）你认为你辨别气味的能力在何种水平？

   高于平均值＿＿＿＿＿＿ 平均值＿＿＿＿＿＿ 低于平均值＿＿＿＿＿＿

8）你目前的家庭成员中有人在香精、食品或者广告公司工作的吗？＿＿＿＿＿＿＿

   如果有，是在哪一家？＿＿＿＿＿＿＿＿＿＿＿＿＿＿＿＿＿＿＿＿＿＿＿＿＿＿＿

9）品评人员在品评期间不能用香水，在品评小组成员集合之前1小时不能吸烟，如果你

   被选为选评人员，你愿意遵守以上规定吗？

＿＿＿＿＿＿＿＿＿＿＿＿＿＿＿＿＿＿＿＿＿＿＿＿＿＿＿＿＿＿＿＿＿＿＿＿＿＿＿

＿＿＿＿＿＿＿＿＿＿＿＿＿＿＿＿＿＿＿＿＿＿＿＿＿＿＿＿＿＿＿＿＿＿＿＿＿＿＿

第三章 食品感官评价员的选拔与培训

香气检测:
1)如果某种香水类型是"果香",你还可以用什么词汇来描述它?
_____
2)哪些产品具有植物气味? _____
3)哪些产品有甜味? _____
4)哪些气味与"干净"、"新鲜"有关? _____
5)你怎样描述水果味和柠檬味之间的不同? _____
6)你用哪些词汇来描述男用香水和女用香水的不同? _____
7)哪些词语可以用来描述一篮子刚洗过的衣服的气味? _____
8)请描述一下面包房里的气味。 _____
9)请你描述一下某种品牌的洗涤剂气味。 _____
10)请你描述一下某种品牌的香皂气味。 _____
11)请你描述一下地下室的气味。 _____
12)请你描述一下某食品店的气味。 _____
13)请你描述一下香精开发实验室的气味。 _____

第三节 食品感官评价员的培训

经过一定程序和筛选实验挑选出来的人员,常常还要参加特定的培训才能真正适合感官评定的要求,以保证评价员都能以科学、专业的精神对待评定工作,并在不同的场合及不同的实验中获得真实可靠的结果。

一、培训目的

对感官评价员进行培训的目的主要有以下几点。

1. 提高和稳定感官评价员的感官灵敏度

通过精心选择的感官培训方法,可以增加感官评价员在各种感官实验中运用感官的能力,减少各种因素对感官灵敏度的影响,使感官经常保持在一定的水平之上。

2. 降低感官评价员之间及感官评定结果之间的偏差

通过特殊的培训,可以保证感官评价员对他们所要评定的物质的特性、评价标准、评价系统、感官刺激量和强度间关系等有一致的认识。特别是在用描述性词汇作为分度值的评分实验中,培训的效果更佳明显。通过培训可以使感官评价员对评分系统所用描述性词汇所代表的分度值有统一认识,减少感官评价员之间在评分上的差别及误差方差。

3. 降低外界因素对鉴评结果的影响

经过培训后,感官评价员能增强抵抗外界干扰的能力,并将注意力集中于试验中。

在培训中感官评定组织者不仅要选择适当的感官评定试验以达到培训的目的,也要向受培训的人员讲解感官评定的基本概念、感官分析程度和感官评定基本用语的定义和内涵,从基本感官知识和试验技能两方面对感官评价员进行培训。

二、培训内容

1. 培训的基本内容

根据实验目的和方法的不同,评价员所接受的培训也不相同,但基本内容是相同的。

首先,要向评价员详细介绍样品处理方法、打分表的使用及实验目的等内容。然后,对评价员进行培训,使其熟悉以下内容:

(1)评定过程必须让所有评价员事先明确,如一次品尝多少样品、递送方式(杯子、勺子、吸吮、轻嗅、咀嚼)、品尝时间的长短(吸吮、闻、咬或咀嚼)、品尝后样品处置(吞咽、吐出、脱离接触等)。

(2)打分表的设计,包括评价的指令、问题、术语、和判断的尺度,这些都必须让所有评价员理解和熟悉。

(3)评定方式,即感官评定要使用哪种检验或分析方法(差异分析、描述性分析、嗜好检验、接受性检验)。

所有的感官评价员都必须牢记掌握以上几点,每次实验前都要合理部署,并在实验中灵活运用,这样才能成为合格的感官评价员。

2. 不同类型感官评价员的培训

(1)区别检验感官评价员的培训

在实验前,要告诉感官评价员一些注意事项。比如,在培训期间尤其是培训的开始阶段不能接触或使用有气味的化妆品及洗涤剂;避免味感受器官收到强烈刺激,不能喝咖啡、嚼口香糖、吸烟;除嗜好性感官实验外,评价员在鉴评过程中不能掺杂个人情绪;如果评价员感冒、头痛或睡眠不足,则不应该参加实验等。

在实验开始时,要认真向评价员讲解本次实验的正确步骤,要求评价员阅读实验指导书并严格执行。正式培训时,遵循由易到难的原则来设计培训实验,让感官评价员理解整个实验。感官评定组织者还要向受培训的人员讲解感官评定的基本概念、感官分析程度及感官评定基本用于的定义和内涵,从基本感官知识和实验技能两方面对感官评价员进行培训。

(2)描述实验感官评价员的培训

首先,向受训人员介绍一些描述性词汇,包括外观、风味、口感和质地方面的词汇,让他们能够了解各种不同类型食品的感官特性。其次,准备一些差异比较小的样品,让受训人员对这些样品进行区别和描述。这时可能出现的问题是,原本相同的样品得到的评价却不相同;同一个样品几次得到的结果不一致。经过一定时间的培训,会使鉴评结果一致合理。最后,让受培训人员对几个不同产品进行鉴评,并进行反复的培训,增强感官评价员的时间控制能力。

每次感官评定实验完成后,评价员都应集中在一起,对结果和不同观点进行讨论,使意见达成一致,这对提高评价员的描述和表达能力具有十分重要的意义。

三、在实施培训过程中应注意的问题

(1)培训期间可以通过提供已知差异程度的样品做单向差异分析或通过评析与参考样品相同的试样特性,了解感官评价员培训的效果,决定何时停止培训,开始实际的感官评定工作。

(2)参加培训的感官评价应比实际需要的人数多。一般参加培训的人数应是实际需要的评价员人数的1.5倍~2倍,以防因疾病、度假或因工作繁忙造成人员调配困难。

(3)已经接受过培训的感官评价员,若一段时间内未参加感官评定工作,要重新接受简单的培训,之后才能再参加感官评定工作。

(4)培训期间,每个参训人员至少应主持一次感官评定工作,负责样品制备、实验设计、数据收集整理和讨论会召集等,使每一位感官评价员都熟悉感官实验的整个程序和进行试验所应遵循的原则。

(5)除嗜好性感官实验外,在培训中应反复强调试验中客观评价样品的重要性,评价员在评析过程中不能掺杂个人情绪。所有参加培训的人员应明确集中注意力和独立完成实验的意义,实验中尽可能避免评价员之间谈话和讨论,使评价员能独立进行实验,从而理解整个实验,逐渐增强自信心。

(6)在培训期间,尤其是培训的开始阶段应严格要求感官评价员在实验前不接触或避免使用有气味化妆品及洗涤剂,避免味感受器官受到强烈刺激,如喝酒、咖啡、嚼口香糖、吸烟等;在实验前30min内不要接触食物或者有香味的物质;如果在实验中有过敏现象,应立即通知鉴评小组负责人;如果有感冒等疾病,则不应该参加实验。

(7)实验中应留意评价员的态度、情绪和行为的变化。这可能起因于评价员对实验过程的不理解,或者对实验失去兴趣,或者精力不集中。有些感官评定的结果不好,可能是由于评价员的状态不好,而实验组织者不能及时发现而造成的。

本章小结

本章主要介绍了食品感官评价员的分类、筛选及培训等内容。学生在学习过程中,要理论联系实际,重点掌握食品感官评价员的分类、筛选实验及注意事项、进行系统培训的目的及内容。

复习思考题

1.感官评价员的类型有哪些?

2.挑选感官评定候选人员时需要考虑哪些因素?

3.对感官评价员进行培训可以起到哪些作用?

第四章 食品感官评定实验室

教学目标

1. 了解食品感官评定实验室的类型。
2. 掌握食品感官评定实验室的设置及基本组成。
3. 明确食品感官评定实验室的各种要求。

实验室的环境条件对食品感官评定有很大影响,这种影响体现在两个方面,即对品评人员心理和生理上的影响以及对样品品质的影响。建立食品感官评定实验室时,应尽量创造有利于感官评定的顺利进行和评价员正常评价的良好环境,尽量减少评价员的精力分散以及可能引起的身体不适或心理上因素的变化使得判断上产生错觉。包括感官评定实验室的硬件环境和运作环境。本章主要就食品感官评定实验室的要求与设置进行阐述。

第一节 食品感官评定实验室的设置

食品感官评定实验室分为两种类型,一种是分析研究型食品感官实验室,用于企业和研究机构对食品原料、产品等的感官品质进行分析评价并指导产品配方、工艺的确定或改进等;另一种是教学研究型实验室,是高等院校或教育培训机构,用于食品专业学生及感官评定从业人员的培训,兼具分析研究型实验室的部分功能,其一般设置如下。

1. 平面布置

食品感官评定实验室各个区的布置有各种类型,常见的形式见图4—1~图4—4,其共同的基本要求是:检验区和制备区以不同的路径进入,而制备好的样品只能通过检验隔档上带活动门的窗口送入到检验工作台上。

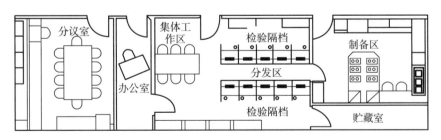

图4—1 感官评定实验室平面图例1

2. 隔档

建立隔档的目的是便于评价员独立进行个人品评,每个评价员占用一个隔档,隔档的数目应根据检验区实际空间的大小和通常进行检验的类型而定,一般为5个~10个,但不得少于3个。每一隔档内应设有一工作台,工作台应足够大以能放下评价样品、器皿、回答表格和笔或

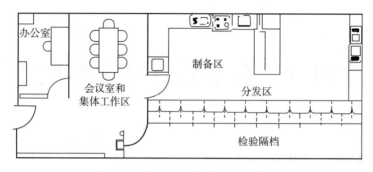

图4—2　感官评定实验室平面图例2

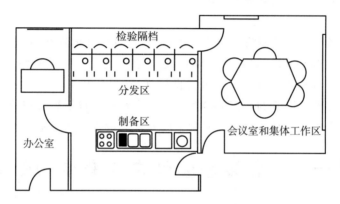

图4—3　感官评定实验室平面图例3

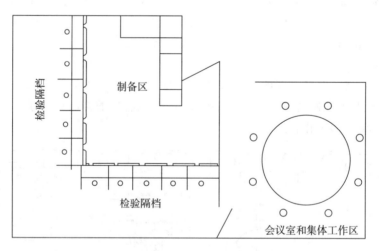

图4—4　感官评定实验室平面图例4

用于传递回答结果的计算机等设备。隔档内应设一舒适的座椅,座椅下应安装橡皮滑轮,或将座位固定,以防移动时发出响声。隔档内还应设有信号系统,使评价员做好准备和检验结束可通知检验主持人。

检验隔档应备有水池或痰盂,并备有带盖的漱口杯和漱口剂。安装的水池,应控制水温、水的气味和水的响声。

一般要求使用固定的专用隔档,两种方式的专用隔档示意图见图4—5 和图4—6。若检验隔档是沿着检验区和制备区的隔档设立的,则应在隔档中的墙上开一窗口以传递样品,窗口应带有滑动门或其他装置以能快速地紧密关闭,如图4—7 所示。

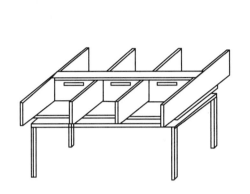

图 4—5 带有可拆卸隔板的桌子

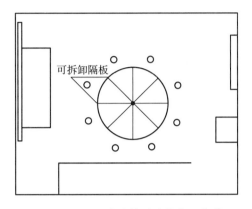

图 4—6 用于个人检验或集体工作的带有可拆卸隔板的桌子

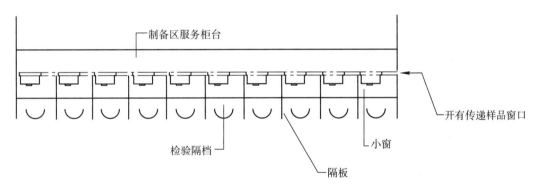

图 4—7 用墙隔离开的检验隔档和柜台示意图

如果实验室条件有限,也可使用简易隔档,如图4—8 和图4—9 所示。

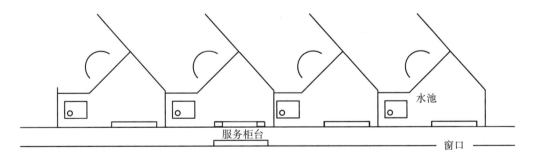

图 4—8 人字形检验隔档

推荐隔档工作区长 900mm,工作台宽 600mm,台高 720mm～760mm,座椅高 427mm,两隔板之间距离为 900mm,参见图4—10。

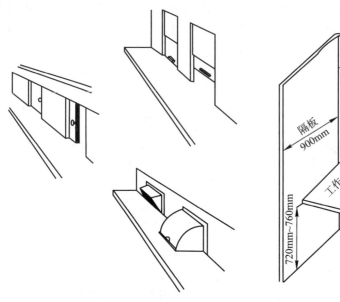

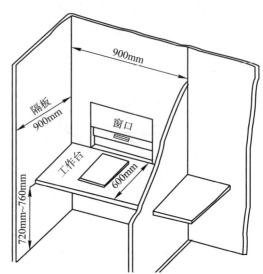

图 4—9　传递样品窗口的式样　　　　图 4—10　检验隔档的尺寸设计

3. 检验主持人坐席

有些检验可能需要检验主持人现场观察和监督,此时可在检验区设立坐席供检验主持人就座,见图 4—11。

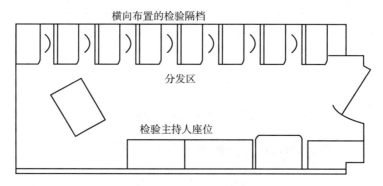

图 4—11　设立检验主持人座位的检验区

4. 集体工作区

集体工作区是评价员集体工作的场所,用于评价员之间的讨论,也可用于评价员的培训、授课等,见图 4—1 至图 4—4。

5. 样品制备区

制备区应紧靠检验区,其内部布局应合理,并留有余地,空气应流通,能快速排除异味。

第二节　食品感官评定实验室的要求

食品感官评定实验室的环境条件在一定程度上对感官评价员的感觉基础有影响,所以实验室在建设时应该考虑更多的因素,以符合评定要求。

一、一般要求

食品感官评定实验室应建立在环境清净、交通便利的地区,周围不应有外来气味或噪声。设计感官评定实验室时,一般要考虑的条件有:噪音、振动、室温、湿度、色彩、气味、气压等,针对检查对象及种类,还需做适合各自对象的特殊要求。

二、功能要求

食品感官评定实验室由两个基本部分组成:试验区和样品制备区,若条件允许,也可设置一些附属部分,如办公室、休息室、更衣室、盥洗室等。

试验区是感官评定人员进行感官评定的场所,专业的试验区应包括品评区、讨论区以及评价员的等候区等。最简单的试验区可能就像一间大房子,里面有可以将评价员分隔开的、互不干扰的独立工作台和座椅。

样品制备区是准备试验样品的场所。该区域应靠近试验区,但又要避免试验人员进入试验区时经过制备区看到所制备的各种样品和嗅到气味后产生的影响,也应该防止制备样品时的气味传入试验区。

休息室是供试验人员在样品试验前等候,多个样品试验时中间休息的地方,有时也可用做宣布一些规定或传达有关通知的场所。如果作为多功能考虑,兼作讨论室也是可行的。

品评试验区是感官评定实验室的中心区,品评试验室区的大小和个数,应视检验样品数量的多少及种类而定。如果除了做一般食品的感官评定之外,还可能评价一些个人消费品之类的产品,如剃须膏、肥皂、除臭剂、清洁剂等,则需建立有特殊的评价室。

三、试验区内的环境要求

1.试验区内的微气候

这里专指试验区工作环境内的气象条件,包括室温、湿度、换气速度和空气纯净程度。

(1)温度和湿度 温度和湿度对感官评定人员的舒适和味觉有一定的影响。当处于不适当的温度和湿度环境中时,或多或少会抑制感官感觉能力的发挥,如果条件进一步恶劣,还会生成一些生理上的反应。所以试验区内应有空气调节装置,室温保持在 20℃~22℃,相对湿度保持在 55%~65% 左右。

(2)换气速度 有些食品本身带有挥发性气味,加上试验人员的活动,加重了室内空气的污染。试验区内应有足够的换气,换气速度以半分钟左右置换一次室内空气为宜。

(3)空气的纯净度 检验区应安装带有磁过滤器的空调,用以清除异味。允许在检验区增大一定大气压强以减少外界气味的侵入。检验区的建筑材料和内部设施均应无味,不吸附和不散发气味。

2.光线和照明

照明对感官评定特别是颜色检验非常重要。检验区的照明应是可调控的、无影的和均匀的,并且有足够的亮度以利于评价。桌面上的光照度应有 300lx~500lx,推荐的灯的色温为6500K。在做消费者检验时,灯光应与消费者家中的照明相似。

3.颜色

检验区墙壁的颜色和内部设施的颜色应为中性色,以免影响检验样品。推荐使用乳白色或中性浅灰色。

4.噪声

检验期间应控制噪声,推荐使用防噪声装置。

四、制备区的设施与要求

制备区应紧靠检验区,并有良好的通风性能,防止样品在制备过程中气味传入检验区。

1.常用设施和用具

样品制备区应配备必要的加热、保温设施,如电炉、燃气炉、微波炉、恒温箱、冰箱、冷冻机等,用于样品的烹调和保存,以及必要的清洁设备,如洗碗机等。

此外,还应有用于制备样品的必要设备,如厨具、容器、天平等;仓储设施;清洁设施;办公辅助设施等。

用于制备和保存样品的容器应采用无味、无吸附性、易清洗的惰性材料制成。

2.样品制备区工作人员

样品制备区工作人员应是经过一定培训,具有常规化学实验室工作能力、熟悉食品感官分析有关要求和规定的人员。

本章主要介绍了有关食品感官评定实验室的设置与基本要求。食品感官评定实验室由两个基本部分组成,即试验区和样品制备区。建立食品感官评定实验室时,应尽量创造有利于感官评定的顺利进行和评价员正确评价的良好环境,并配备相关的设施。注意控制试验区的微气候及制备区通风性能,防止干扰因素影响评定人员的判断。

复习思考题

1.食品感官评定实验室主要包括哪几个类型?简要说明其用途。
2.简述食品感官评定实验室的基本设置。
3.谈谈如何控制食品感官评定实验室中试验区的环境。

电子鼻与感官评定

智能感官仿生原理的应用,使得食品感官评定实验室得以引入一类智能感官评定的设备(如电子鼻、电子舌),大大提高了工作效率。

电子鼻是利用气体传感器阵列的响应图案来识别气味的电子系统,它可以在几小时、几天甚至数月的时间内连续地、实时地监测特定位置的气味状况。电子鼻主要由气味取样操作器、气体传感器阵列和信号处理系统三种功能器件组成。电子鼻识别气味的主要机理是在阵列中的每个传感器对被测气体都有不同的灵敏度,例如,一号气体可在某个传感器上产生高响应,而对其他传感器则是低响应,同样,二号气体产生高响应的传感器对一号气体则不敏感,归根结底,整个传感器阵列对不同气体的响应图案是不同的,正是这种区别,才使系统能根据传感器的响应图案来识别气味。

第五章 样品的制备和呈送及食品感官评定的组织与管理

教学目标

1. 掌握食品感官评定样品制备要求、样品制备控制及呈送过程中各种外部影响因素。
2. 掌握食品感官评价员的组织和管理。
3. 了解食品感官评定的基本评定技巧。

第一节 样品的制备和呈送

样品是感官评定的受体,样品制备的方式及制备好的样品呈送至评价员的方式对感官评定实验是否获得准确而可靠的结果有重要影响。在感官评定实验中,必须规定样品制备的要求、样品制备的控制及呈送过程中的各种外部影响因素。

一、常用设备

感官评定时,产品研发人员和感官评价员主要研究各种处理的影响,如配料变化、工艺参数改变、包装变化和储藏方式的多样性等带来的影响。

样品制备区应设置在评定区的旁边,应配备必要的加热、保温设施(电炉、燃气炉、微波炉、烤箱、恒温箱、干燥箱等),以保证样品能适当处理和按要求维持在规定的温度下。样品制备区还应配置贮藏设施,以存放样品、实验器皿和用具。此外根据需要还可配备一定的厨房用具和办公用具。同时,样品制备区应有一个空气处理循环系统,使评定区保持一定的正压力且不断向样品制备区输送新鲜空气。

感官技术人员应非常仔细,使所有样品准备和呈送操作标准化。

二、样品的制备

1. 样品制备的要求

(1)均一性

这是感官评定实验样品制备中最重要的因素。所谓均一性就是指制备的样品除所要评价的特性外,其他特性应完全相同。样品在其他感官质量上的差别会造成对所要评价特性的影响,甚至会使评定结果完全失去意义。在样品制备中要达到均一的目的,除精心选择适当的制备方式以减少出现特性差别的机会外,还应选择一定的方法以掩盖样品间的某些明显的差别。对不希望出现差别的特性,采用不同方法消除样品间该特性上的差别。例如,在评定某样品的风味时,就可使用色素掩盖样品间的色差,使评价员能准确地分辨出样品间的味差。在样品的均一性上,除受样品本身性质影响外,其他因素也会影响均一性,如样品温度、摆放顺序或呈送顺序等。

（2）样品量

样品量对感官评定实验的影响体现在两个方面,即感官评价员在一次实验所能评定的样品个数及实验中提供给每个评价员供分析用的样品数量。感官评价员在感官评定实验期间,理论上可以评定许多不同类型的样品,但实际能够评定的样品数取决于下列几个因素:

a.感官评价员的预期值

这主要指参加感官评定的评价员事先对实验了解的程度和根据各方面的信息对所进行实验难易程度的预估。有经验的评价员还会注意实验设计是否得当,若由于对样品、实验方法了解不够,或对实验难度估计不足,造成拖延实验的时间时,就会降低可评定样品数,而且结果误差会增大。

b.感官评价员的主观因素

参加感官评定实验评价员对实验重要性的认识,对实验的兴趣、理解、分辨未知样品特性和特性间差别的能力等因素也会影响到感官评定实验中评价员所能正常评定的样品数。

c.样品特性

样品的性质对可评定样品数有很大的影响。特性强度的不同,可评定的样品数差别很大。通常,样品特性强度越高,能够正常评定的样品数越少。强烈的气味或味道会明显减少可评定的样品数。

除上述主要因素外,一些次要因素如:噪音、谈话、不适当光线等也会降低评价员评定样品的数量。

大多数食品感官评定实验在考虑到各种影响因素后,每次实验可评定样品数控制在4个~8个。对含酒精饮料和带有强刺激感官特性的样品,样品数应限制在3个~4个。

呈送给每个评价员的样品分量应随实验方法和样品种类的不同而分别控制。有些实验（如二－三点实验）应严格控制样品质量,另一些实验则不须严格控制,给评价员足够评定的量。通常,对需要控制用量的差别实验,每个样品的分量控制在液体约30mL,固体约28g为宜。嗜好实验的样品份量可比差别实验高一倍。描述性实验的样品分量可依实际情况而定。

2.设备及器具

除了一些必备的器具外,样品的制备还需要以下设备和器具。

（1）天平:用于样品或配料称重。

（2）玻璃器皿:用于样品的测量和储藏。

（3）计时器:用于样品制备过程的监测。

（4）不锈钢器具:用于混合或储藏样品。

（5）一次性器具:用于样品测量和储藏。

3.材料

样品制备及呈送的器具要仔细地选择,以免引入偏差或新的可变因素。大多数塑料器具、包装袋等都不适用于食品、饮料等的制备,因为这些材料中挥发性物质较多,其气味与食物气味之间的相互转移将影响样品本身的气味或风味特性。因此在采用一次性塑料器皿时要认真挑选。

木质材料不能用作切肉板、和面板、混合器具等,因为木材多孔,易于渗水和吸水,易沾油,并将油转移到与其接触的样品上。

因此,用于样品的储藏、制备、呈送的器具最好是玻璃器具、光滑的陶瓷器具或不锈钢器具,因为这些材料中挥发性物质较少。另外,经过试验,低挥发性物质且不易转移的塑料器具也可使用,但必须保证被测样品在器具中的呈放时间(从制备到评定过程)不超过10min。

4. 样品制备过程的几点注意事项

(1)样品的总量要用精确仪器测量、称重;

(2)样品中添加的每种配料也要用精确仪器测量;

(3)制备注意时间、温度、搅拌速率、制备器具的大小和型号;

(4)注意保留时间,即样品制备好后到进行评定时允许的最长和最短时间。

三、样品的呈送

1. 容器、样品基质及其他细节

感官评定时呈送样品所用的器具必须仔细选择,以减少偏差或新的可变因素的引入,要注意以下几点。

(1)呈送容器

食品感官评定实验所用器皿应符合实验要求,同一实验内所用器皿最好外形、颜色和大小相同。器皿本身应无气味或异味。通常采用玻璃或陶瓷器皿比较合适,但清洗比较麻烦。也有采用一次性塑料或纸塑杯、盘作为感官评定实验用器皿的。实验器皿和用具的清洗应慎重选择洗涤剂。不应使用会遗留气味的洗涤剂。清洗时应小心清洗干净并用毛巾擦拭干净,注意不要给器皿留下毛屑或布头,以免影响下次使用。

(2)样品基质

对于大多数差异检验,只需要直接提供实验样品,不需要其他添加物。例如品尝咖啡、茶、花生酱、黄油、蔬菜、肉、牛奶、面包、香料等,不需要调味品或其他常用的配料。但有些实验样品由于食品风味浓郁或物理状态(黏度、颜色、粉状度等)原因而不能直接进行感官分析,如香精、调味品、糖浆等。为此,需根据检查目的进行适当稀释,或与化学组分确定的某一物质进行混合,或将样品添加到中性的食品载体中,而后按照直接感官分析的样品制备方法进行制备与呈送。

a. 由于评估样品本身的性质

如果样品的刺激强度大,则不适合直接品评,须进行稀释,将均匀定量的样品用一种化学组分确定的物质(如水、乳糖、糊精等)稀释或在这些物质中分散样品,一个实验系列的每个样品使用相同的稀释倍数或分散比例。由于这种稀释可能改变样品的原始风味,因此在配制时应避免改变其所测特性。

也可采用将样品添加到中性的食品载体中,选择样品和载体食品混合的比例时,应避免两者之间拮抗或协同效应。操作时,将样品定量地混入所选用载体中或放在载体(如牛奶、油、面条、大米饭、馒头、菜泥、面包、乳化剂和奶油等)上,然后按直接感官分析样品制备与呈送方法进行操作。如根据需要在咖啡或茶中加牛奶、糖或柠檬,花生酱和黄油涂于面包上,蔬菜和肉中加调味料。和调味品、汤料一起品尝的食品,必须使用均一的载体,不能掩盖试验样品的特征。

b. 由于评估食物制品中样品的影响

一般情况下,使用的是一个较复杂的制品,然后将样品混于其中。在这种情况下,样品将与其他风味竞争。在同一检验系列中,评估的每个样品使用相同的样品/载体比例。制备样品的温度均应与评估时正常温度相同(例如冰淇淋处于冰冻状态),同一检验系列样品温度也应相同。有关具体操作,见 GB 12314 的规定。几种不能直接感官分析食品的实验条件见表 5—1。

表 5—1　不能直接感官分析食品的实验条件

样品	实验方法	器皿	数量及载体	温度
果冻片	P	小盘	夹于 1/4 三明治中	室温
油脂	P	小盘	一个炸面包圈或 3~4 个油炸点心	烤热或油炸
果酱	D、P	小杯和塑料匙	30g 夹于淡饼干中	室温
糖浆	D、P	小杯	30g 夹于威化饼干中	32℃
芥酱	D	小杯和塑料匙	30g 混于适宜肉中	室温
色拉调料	D	小杯和塑料匙	30g 混于蔬菜中	60℃~65℃
奶油沙司	D、P	小杯	30g 混于蔬菜中	室温
卤汁	D	小杯	30g 混于土豆泥中	60℃~65℃
卤汁	DA	150mL 带盖杯,不锈钢匙	60g 混于土豆泥中	65℃
火腿胶冻	P	小杯或碟或塑料匙	30g 与火腿丁混合	43℃~49℃
酒精	D	带盖小杯	4 份酒精加 1 份水混合	室温
热咖啡	P	陶瓷杯	60g 加入适宜奶、糖	65℃~71℃

注:D 表示辨别检验;P 表示嗜好检验;DA 表示描述检验。

(3)呈送温度

在食品感官评定实验中,要保证每个评价员得到的样品温度是一致的,样品数量较大时,这一点尤其重要。只有以恒定和适当的温度提供样品才能获得稳定的结果。样品温度的控制应以最容易感受所评定样品特性为基础,通常是将样品温度保持在该种产品日常食用的温度。表 5—2 列出了几种样品呈送时的最佳温度。

表 5—2　几种食品作为感官评定样品时最佳呈送温度

品　种	最佳温度/℃	品　种	最佳温度/℃
啤酒	11~15	食用油	55
白葡萄酒	13~16	肉饼、热蔬菜	60~65
红葡萄酒、餐末葡萄酒	18~20	汤	68
乳制品	15	面包、糖果、鲜水果、咸肉	室温
冷冻浓橙汁	10~13		

温度对样品的影响除过冷、过热的刺激造成感官不适,感觉迟钝和日常饮食习惯限制温度变化外,还涉及温度升高后挥发性气味物质挥发速度加快,影响其他的感觉,以及食品的品质及多汁性随温度变化所产生的相应变化影响感官评定。

样品分发到每个呈送容器中后,要检测其温度是否合适。目前,许多感官评定室都采用标

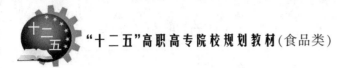

准制备程序,即在样品制备时就检测样品所需的温度,并调节呈放容器的温度,直到样品送给评价员评定时还保持合适的温度。

像液体牛奶等乳制品中,如果产品加热到高于它们的保藏温度,可能会增强感官特性。这在一些主要考虑敏感性和差别性的检验中,其实际意义较小,但适当的呈送温度会带来较好的辨别。因此,液态牛奶的品尝可在15℃而不是通常的4℃下进行,以增强对挥发性风味的感觉。冰淇淋在品尝之前应在-15℃~-13℃下至少保持12h。最好在呈送前立即从冰箱中直接盛取冰激凌,而不是将冰激凌盛好后再存放在冰箱中。

当样品在环境温度下呈送时,感官工作人员应该在每一组评定期间测量和记录该环境的温度。对于在非环境温度下呈送的样品,呈送温度以及保温防腐(如沙浴、保温瓶、水浴、加热台、冰箱、冷柜等)应作规定。此外,工作人员也应规定样品在指定温度下的保存时间。

2. 样品顺序、编号及数量

呈送给每一位评价员的样品的顺序、编号、数量都要经过合理的设置。

样品呈送的顺序要达到平衡,即保证每个样品在每一位置出现的次数相同。例如,A、B、C三种样品在一次序列实验中按以下顺序呈送:

$$ABC—ACB—BCA—BAC—CBA—CAB$$

这就需要参加的评价员的人数是6的倍数。

所有呈送给评价员的样品都应适当编号,但样品编号时代码不能太特殊,要适当编号以免给评价员任何相关信息。样品编号工作应由实验组织者或样品制备工作人员进行,实验前不能告知评价员编号的含义或给予任何暗示。可以用数字、拉丁字母或字母和数字结合的方式对样品进行编号。用数字编号时,最好采用从随机数表上选择三位数的随机数字。用字母编号时,则应该避免按字母顺序编号或选择喜好感较强的字母(如最常用字母、相邻字母、字母表中开头与结尾的字母等)进行编号。同一个样品应编几个不同号码,保证每个评价员所拿到的样品编号不重复。

每次实验所评定的样品数受评价员感官疲劳和精神疲劳两个方面的影响。对于饼干,每次品尝8~10片是上限,而啤酒6~8口是上限。对于风味持久的食品,如熏肉、有苦味的物质、油腻的物质,则每次只能品尝1~2份。另外,对于仅需视觉检验的样品,每次评定20~30份才会达到精神疲劳。

感官评定时,如果对产品的载体(伴随于所品尝食品吞咽或品尝的其他任何食品)或组合有所要求,那么,这一过程的计时也必须标准化。例如,将牛奶倒于早餐谷物食品上,倾倒和品尝的时间间隔对于所有食品必须是相同的。如果简单地将装于容器中的牛奶传到评定室中,由评价员自己加到谷物食品上,这是不明智的做法。万一评价员开始就将牛奶加到所有的样品上,就会导致最后一个评价的样品与第一个样品,在质地上有很大的差异。

3. 样品的摆放顺序

呈送给评价员的样品的摆放顺序也会对感官评定实验(尤其是评分实验和顺位实验)结果产生影响。这种影响涉及到两个方面:

一是在比较两个与客观顺序无关的刺激时,常常会过高地评价最初的刺激或第二次刺激,造成所谓的第一类误差或第二类误差。

二是在评价员较难判断样品间差别时,往往会多次选择放在特定位置上的样品。如在三点实验法中选择摆放在中间的样品,在五中取二实验法中,则选择位于两端的样品。因此,在给评价员呈送样品时,应注意让样品在每个位置上出现的几率相同或采用圆形摆放法。

摆放过程中要遵循"平衡"的原则,让每一个样品出现在某个特定位置上的次数是一样的。比如,对 A、B、C 三个样品进行打分,则这三个样品所有可能的排列顺序为:ABC—ACB—BAC—BCA—CAB—CBA。在这种组合的基础上,样品的呈送是随机的。通常可采用两种呈送方法,可以把全部样品随机分送给每个评价员,即每个评价员只品尝一种样品;也可以让所有参加实验的评价员对所有的样品进行品尝。前一种方法适合在不能让所有参试人员将所有样品品尝一遍的情况下使用,如在不同地区进行的实验;而后一种方法是感官评定中经常使用的方法。

第二节　食品感官评价员的组织和管理

食品感官评定应在专人组织指导下进行,该组织者必须具有良好的感官识别能力和专业知识水平,熟悉多种实验方法并能根据实际问题正确选择实验法和设计实验方案。

一、食品感官评价员的组织

根据实验目的的不同,组织者可组织不同的感官评定小组,通常感官评定小组有生产厂家组织、实验室组织、协作会议组织及地区性和全国性产品评优组织。

生产厂家所组织的评定小组是为了改进生产工艺,提高产品质量和加强原材料及半成品质量而建立。

实验室组织是为开发、研制新产品的需要设置的。

协作会议组织是各地区之间同行业为经验交流、取长补短、改进和提高本行业生产工艺及产品质量而自发设置的。

产品评优组织的主要目的是评选地方和国家级优质食品,通常由政府部门召集组织。它的评价员应该具有广泛的代表性,要包括生产部门、商业销售部门和消费者代表及富有经验的专家型评价员,并且要考虑代表的地区分布,避免地区性和习惯性造成的偏差。

而生产厂家和研究单位(实验室)组织的评价员除市场嗜好调查外,一般都如前面介绍的来源于本企业或本单位,协作会议组织的评价员来自各协作单位,应都是生产行家。

二、食品感官评价员的管理

感官评定小组成员通常来自组织机构的内部,例如,研究机构内部、大学食品系内部或食品公司的研发室内部,在感官评定需要时由组织者将其召集起来,开展评定工作。有条件的单位可通过外聘来组织感官评定小组。外聘人员与内部人员各有所长。

评价员要自愿协助评定工作,不能由上级命令来参加评定工作,并且该项工作不能成为评价员的负担。

评价员经常参加评定工作,经验得到积累,对样品的评判水平会发生变化。因此,对评定小组成员素质的监督、检查应成为一项常规工作,目的是了解评价员在感官评定时结果的再现性、准确性和离散性,是否有必要再培训。在多数情况下,检查工作安排在日常的感官评定任务中。素质检查的主要内容有:

(1)整个评定小组在评定术语、强度和表现规律等方面的使用情况。如果发现评价员在使用上有困难,且整个评定小组使用的一致性较差,则要举办附加培训考核,改善有困难的部分。

(2)评定样品质地的能力。可将感官评价员的感官数据与仪器分析数据进行比较,检查两者之间的相关程度。

健康问题对于评定工作是非常重要的,所以必须对评价员的身体进行定期检查。除身体健康外,其心理状况也会极大地影响评定结果,长时间的工作会产生生理、心理疲劳,容易导致评定结果出现偏差,因此要掌握品评人员的心理状态。

总之,在评价员培训和日常评定工作中,组织者都应事先将实验目的、评定内容、评定程序告诉评价员,评定结束后也应将结果、实验的操作状况告诉评价员,同时还应让评价员了解样品的复杂程度、实验的困难程度以及他们回答正确的可能性,要时常给予评价员物质上和精神上的奖励,使他们始终保持良好的工作兴趣。事后应组织评价员相互讨论,这样有利于提高评价员的评定能力。对于组织者,在整个感官评定过程中产生的数据,都应该加以收集和整理。

第三节　食品感官评定程序

在培训开始时,应告诉评价员评定样品的正确方法。在所有评定中,评价员首先应阅读感官评定问答表。

评价员检验样品的顺序为:

外观──→气味──→风味──→质地──→后味

评价员只评定某一具体指标时,不必按以上顺序进行。

当评定气味时,应告知评价员吸气要浅吸,吸的次数不要过多,以免嗅觉混乱和疲劳。

对液体和固体样品,应告诉评价员样品用量的重要性(用口评定的样品),样品在口中停留时间和咀嚼后是否可以咽下。另外还应使评价员了解评定样品之间的标准间隔时间,清楚地标明每一步骤以便使评价员用同一方式评定产品。

本 章 小 结

本章介绍了感官评定中样品的控制、感官评价员的组织和管理以及感官评定程序和技巧。学生在学习过程中,要理论联系实际,重点掌握食品感官评定中样品制备要求和样品制备控制、呈送过程中各种外部影响因素以及感官评定技巧。

复习思考题

1. 影响样品制备和呈送的外部因素有哪些?

2. 食品感官评定时对样品制备有哪些要求?

3. 样品制备的外部影响因素有哪些?

4. 食品感官品评价时应注意的事项有哪些?

5. 味觉评价样品时,应注意哪些事项?

6. 如何评价瓶中的气味?

第六章 食品感官评定分析方法

教学目标

1. 了解食品感官评定方法的分类与选择。

2. 掌握差别检验、标度和类别检验、描述性分析检验的条件、适用对象、数据分析与统计，以及它们在食品检验中的重要性。

食品感官评定是建立在人的感官感觉基础上的统计分析法。对于食品而言，只注重其营养价值还远远不能满足人们的需求。加工的食品是否美味、人们是否喜欢吃，即加工的食品是否满足人们的嗜好，是评定食品质量的重要因素之一。对食品进行化学成分分析，只能说明其营养价值，并不能说明人们对这种食品的嗜好程度；对食品的物理参数（黏性、弹性、硬度、酥脆性等）进行测定，也不一定能得到和人们的嗜好程度完全一致的数据。因此，对食品色、香、味等嗜好度的测定就需要通过感官评定来进行。然而，由于人们对食品的嗜好千差万别，即使是同一个人，也因其心理状态、生理状态及环境的变化，对同一种食品的嗜好表现通常也是不一样的。因此，即使是专家所评定的结果，也不一定能代表大多数人的嗜好。

食品感官评定主要是研究怎样从大多数食用者当中挑选出必要的评价员，在一定条件下对试样加以品评，并将结果填写在问答表（评分单）中，然后对他们的回答结果进行统计分析来评定食品的质量。由此可见，食品的感官评定绝不是简单的品尝，对于试样、评价员、环境等很多方面均有严格的规定，根据测试的目的和要求不同，采用不同的感官鉴评方法加以实施。

目前常用于食品领域中的分析方法有数十种之多，按应用目的可分为差别检验、标度和类别检验以及描述性分析检验。

第一节 感官评定方法分类及选择

一、食品感官评定方法分类

食品感官评定的方法分类有数十种之多，但主要的分类方法有以下两种。

（一）按应用目的分类

按应用目的可分为分析型感官评定和嗜好型感官评定。分析型感官评定是把人的感觉作为测定仪器，测定食品的特性或差别的方法。例如：检验酒的杂味；在香肠加工中，判断用多少人造肉代替动物肉人们才能识别出它们之间的差别；评定各种食品的外观、香味、食感等特性都属于分析型感官评定。嗜好型感官评定是根据消费者的嗜好程度评定食品特性的方法。例如饮料的甜度、食品色泽的评定等。

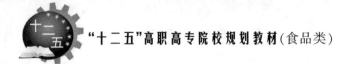

（二）按检验方法的性质分类

按检验方法的性质可分为差别检验、标度和类别检验以及分析或描述性检验。

1.差别检验

差别检验只要求评价员评定两个或两个以上的样品中是否存在感官差异（或偏爱其一）。差别检验的结果分析是以每一类别的评价员数量为基础的。例如，有多少人回答样品A，多少人回答样品B，多少人回答正确，解释其结果主要运用统计学的二项分布参数检查。差别检验中，一般规定不允许"无差异"的回答（即强迫选择）。差别检验中需要注意样品外表、形态、温度和数量等的明显差别所引起的误差。

差别检验中常用的方法有：成对比较检验法、二点检验法、三点检验法、二－三点检验法、"A"－"非A"检验法、五中取二检验法以及选择检验法和配偶检验法。

2.标度和类别检验

在标度和类别检验中，要求评价员对两个以上的样品进行评价，并判定哪个样品好，哪个样品差，以及它们之间的差异大小和差异方向等，通过检验可得出样品间差异的顺序和大小，或者样品应归属的类别或等级。选择何种手段解释数据，取决于检验的目的及样品数量。

标度和类别类检验法中常用的方法有：排序检验法、分类检验法、评估法、评分法、分等法等。

3.分析或描述性检验

在分析或描述性检验中，要求评价员判定出一个或多个样品的某些特征或对某特定特征进行描述和分析，通过检验可得出样品各个特性的强度或样品全部感官特征。

分析或描述性检验法中常用的方法有简单描述检验法及定量描述和感官剖面检验法。

二、食品感官评定方法的选择

在选择适宜的检验方法之前，首先要明确检验的目的。一般有两类不同的目的，一类主要是描述产品，另一类主要是区分两种或多种产品（包括：确定差别；确定差别的大小；确定差别的方向；确定差别的影响）。当检验目的确定后，为了选择适宜的检验方法，还要考虑到置信度、样品的性质以及评价员等因素。

实际应用时，应根据感官评定的目的和要求选用适当的方法。检验方法的选择主要取决于食品的性质和评价员两方面的因素。通常，当要了解两个样品间的差异时，可使用成对比较检验法、三点检验法、二－三点检验法、评估法和评分法等，且对于同样的实验次数、同样的差异水平，成对比较检验法所要求的正解数最少；当要了解3个以上样品间的品质、嗜好等关系时，可使用排序法、评分法、成对比较法等。对于分类法、排序法和成对比较法，当有差异的样品数量增大时，成对比较法的精度增高，但试验时间增长，而分类法和排序法所需时间仅为成对比较法的1/3。嗜好型试验多采用成对比较法、选择法、排序检验法和评分法。食品感官评定方法的选择具体见表6—1，每种方法对不同类型评价员人数的要求见表6—2。

表 6—1　食品感官评定方法的选择

实际应用项目	主要检验目的	适宜方法
生产过程中的品质控制	检出与标准品有无差异	成对比较检验法(单边)
		成对比较检验法(双边)
		二 – 三点检验法
		三点检验法
		选择检验法
		配偶检验法
	检出与标准品的差异量	评分法
		成对比较检验法
		三点检验法
原料品质控制检查	原料的分等	评分法
		分等法(总体的)
成品质量控制检查	检出趋向性差异	评分法
		分等法
消费者嗜好调查,成品品质研究	获知嗜好程度或品质好坏	成对比较检验法
		三点检验法
		排序法
		选择检验法
	嗜好程度或感官品质顺序评分法的数量化	评分法
		多重比较法
		配偶检验法
品质研究	分析品质内容	描述法

表 6—2　不同检验方法所需感官评价员人数

方法	所需感官评价员人数		
	专家型	优选评价员	初级评价员
成对比较检验法	7 名以上	20 名以上	30 名以上
三点检验法	6 名以上	15 名以上	25 名以上
二 – 三点检验法			20 名以上
五中取二检验法		10 名以上	
"A" – "非 A"检验法		20 名以上	30 名以上
排序检验法	2 名以上	5 名以上	10 名以上
分类检验法	3 名以上	3 名以上	
评估检验法	1 名以上	5 名以上	20 名以上
评分检验法	1 名以上	5 名以上	20 名以上
分等检验法	按所使用的具体分行等方法而定	按所使用的具体分行等方法而定	
简单描述检验法	5 名以上	5 名以上	
定量描述或感官剖面检验法	5 名以上	5 名以上	

第二节　差别检验

差别检验要求评价员评定两个或两个以上的样品中是否存在感官差异(或偏爱其一)。它是感官分析中经常使用的两种方法之一。差别检验是让评价员回答两种样品之间是否存在差异,一般不允许"无差异"的回答,即选择具有强迫性。

差别检验的适用范围包括:(1)确定样品是否不同;(2)确定样品是否相似。需要说明的是,如果样品间的差异非常大,以致很明显,则差别检验是无效的,当样品间的差别很微小时,差别检验是有效的。

差别检验的敏感参数包括:

①α:也叫 α - 风险,是错误估计两者之间差别存在的可能性。

②β:也叫 β - 风险,是错误估计两者之间差别不存在的可能性。

③P:是指能分辨出差异的人数比例。

在以寻找差异为目的的差别检验中,只需考虑 α 值,而 β 值和 P 值通常不需要考虑;在以寻找相似性为目的的差别检验中,检验者要考虑合适的 P 值,然后确定一个较小的 β 值,α 值可以大一些。而某些情况下,检验者要综合考虑 α、β、P 值,这样才能参与评定的人数在可能的范围之内。

差别检验的方法主要有:成对检验比较法、二点检验法、三点检验法、二 - 三点检验法、"A" - "非 A"检验法、五中取二检验法、选择检验法和配偶检验法等。

一、成对比较检验法

以随机顺序同时出示两个样品给食品感官评定员,要求评价员对这两个样品进行比较,判定整个样品或者某些特征强度顺序的评价方法就叫做成对比较检验法。检验前要确定是定向成对比较法(单边检验)还是差别成对比较(双边检验)。成对比较检验法主要用于检验两个产品间感官特性差别,可以是定向差别检验、偏爱检验、评价员培训等。

成对比较检验法的具体方法是每次向评价员提供一对(两个)样品,其中一个样品可作为对照物,要求评价员根据要求进行鉴评。在检验中,应使样品 (A、B)、(B、A)、(A、A)和(B、B)这 4 种次序随机出现并次数尽量相等,样品编码可以随机选取 3 位数组成,而且每个评价员之间的样品编码应尽量不重复。

根据 A、B 两个样品的特性强度的差异大小,确定检验是定向成对比较法还是差别成对比较。如果样品 A 的特性强度(或被偏爱)明显优于 B,则该检验是定向成对比较检验法;如果两个样品有显著的差别,但没有理由认为 A 或 B 的特性强度大于对方或被偏爱,则该检验是差别成对比较检验法。

(一)定向成对比较法(单边检验)

统计评价员有效回答的正解数,与表6—3 中相应的某显著水平的数进行比较,若大于或等于表中数,则说明在此显著水平上,样品间有显著差异,或认为样品 A 的特性强度大于样品 B 的特性强度(或样品 A 更受偏爱)。

表 6—3　定向成对比较法与二－三点检验法(单边检验)检验表

答案数	不同显著水平所需正确答案最少数			答案数	不同显著水平所需正确答案最少数		
	$\alpha \leq 0.05$	$\alpha \leq 0.01$	$\alpha \leq 0.001$		$\alpha \leq 0.05$	$\alpha \leq 0.01$	$\alpha \leq 0.001$
7	7	7	—	32	22	24	26
8	7	8	—	33	22	24	26
9	8	9	—	34	23	25	27
10	9	10	10	35	23	25	27
11	9	10	11	36	24	26	28
12	10	11	12	37	24	27	29
13	10	12	13	38	25	27	29
14	11	12	13	39	26	28	30
15	12	13	14	40	26	28	31
16	12	14	15	41	27	29	31
17	13	14	16	42	27	29	32
18	13	15	16	43	28	30	32
19	14	15	17	44	28	31	33
20	15	16	17	45	29	31	34
21	15	17	18	46	30	32	34
22	16	17	19	47	30	32	35
23	16	18	20	48	31	33	35
24	17	19	20	49	31	34	36
25	18	19	21	50	32	34	37
26	18	20	22	60	37	40	43
27	19	20	22	70	43	46	49
28	19	21	23	80	48	51	55
29	20	22	24	90	54	57	61
30	20	22	24	100	59	63	66
31	21	23	25				

注:给出的数值系用准确的二项分布公式计算出来的,其中参数 $P = 0.50$,且 n 次重复(n 个答案)。

(二)差别成对比较法(双边检验)

统计评价员有效回答的正解数,与表 6—4 中相应的某显著水平的数进行比较,若大于或等于表中数,则说明在此显著水平上,样品间有显著差异,或认为样品 A 的特性强度大于样品 B 的特性强度(或样品 A 更受偏爱)。

表6—4　差别成对比较(双边检验)检验表

答案数	不同显著水平所需正确答案最少数			答案数	不同显著水平所需正确答案最少数		
	$\alpha \leqslant 0.05$	$\alpha \leqslant 0.01$	$\alpha \leqslant 0.001$		$\alpha \leqslant 0.05$	$\alpha \leqslant 0.01$	$\alpha \leqslant 0.001$
7	7	—	—	32	23	24	26
8	8	8	—	33	23	25	27
9	8	9	—	34	24	25	27
10	9	10	—	35	24	26	28
11	10	11	11	36	25	27	29
12	10	11	12	37	25	27	29
13	11	12	13	38	26	28	30
14	12	13	14	39	27	28	31
15	12	13	14	40	27	29	31
16	13	14	15	41	28	30	32
17	13	15	16	42	28	30	32
18	14	15	17	43	29	31	33
19	15	16	17	44	29	31	34
20	15	17	18	45	30	32	34
21	16	17	19	46	31	33	35
22	17	18	19	47	31	33	36
23	17	19	20	48	32	34	36
24	18	19	21	49	32	34	37
25	18	20	21	50	33	35	37
26	19	20	22	60	39	41	44
27	20	21	23	70	44	47	50
28	20	22	23	80	50	52	56
29	21	22	24	90	55	58	61
30	21	23	25	100	61	64	67
31	22	24	25				

(三)当表中 n 值大于100时的计算方法

当表中 n 大于100时,所需正确答案的最少数按式(6—1)计算,取最接近的整数值。

$$X = \frac{n+1}{2} + K\sqrt{n} \qquad (6—1)$$

式中,K 值为:

定向成对比较法	差别成对比较法
$\alpha \leqslant 0.05$　　$K = 0.82$	$\alpha \leqslant 0.05$　　$K = 0.98$
$\alpha \leqslant 0.01$　　$K = 1.16$	$\alpha \leqslant 0.01$　　$K = 1.29$
$\alpha \leqslant 0.001$　　$K = 1.55$	$\alpha \leqslant 0.001$　　$K = 1.65$

检验过程中,若有评价员回答"无差异"或"不偏爱"时,有两种处理方法:

①忽略不计,即从全体评价员答案的总数中减去这些答案;

②给这两类答案积分配一半"无差异"或"不偏爱"的答案。

当"无差异"或"不偏爱"的答案占有较大的比例时,说明两个样品之间的差异低于评价员的察觉阈,可能是检验方法有缺陷,也可能是一些评价员发生了某种生理变化或对所参与的检验缺乏积极性。

（四）应用实例

检验负责人选择5%显著水平(即$\alpha \leqslant 0.05$)。

定向成对比较法	差别成对比较法
两种饮料编号为"527"和"806",样品"527"配方较甜,向评价员提问哪个样品更甜?	两种饮料编号为"798"和"379",其中一个略甜,但两者都有可能使评价员感到更甜。哪个样品更甜?

共有30名优选评价员参加鉴评,统计与结果分析如下:

1. 定向差别检验

两种饮料以均衡随机顺序呈送给30名优选评价员。

问题:哪一个样品更甜?	问题:哪一个样品更甜?
答案:22人选择"527", 8人选择"806"。	答案:18人选择"798", 12人选择"379"。
从表6—3可得出结论"527"明显比"806"更甜。	从表6—4可得出结论,两种饮料甜度无明显差异。

2. 偏爱检验

两种饮料重新编号,并以均衡随机顺序呈送给30名优选评价员。

问题:更喜欢哪一个样品?	问题:更喜欢哪一个样品?
答案:23人喜欢"613", 7人喜欢"289"。	答案:22人喜欢"832", 8人喜欢"417"。
从表6—3可知,"613"更受欢迎。	从表6—4可知,"832",更受欢迎。

二、三点检验法

三点检验法是差别检验中最常用的一种方法,在检验中将3个样品同时提供给评价员,并告知参与评价员其中两个样品是一样的,另外一个样品与其他两个样品不同,请评价员评价后,挑出不同的那一个样品。

（一）三点检验法的适用范围和评价员数

三点检验法适用于样品间细微的差别,也可用于选择和培训评价员或者检查评价员的能力。评价员数量是根据检验目的与显著水平而定,通常是6个以上专家,或15个以上优选评价员,或25个以上初级评价员。在0.1%显著水平上需7个以上专家。

（二）三点检验法的检验步骤

提供足够量的样品A和B,每三个检验样品为一组。按ABB、AAB、ABA、BAA、BBA、BAB

六种组合,制备数目相等的样品组。评价结束前不能使评价员从样品提供的方式中对样品的性质作出结论。应以同一方式[相同设备、相同容器、相同数量的产品和相同排列形式(三角形、直线等)]制备各种检验样品组。任一样品组中,检验样品的温度是相同的,如可能,提供的检验系列中所有其他样品组的温度也应相同。盛装检验样品的容器应编号,一般是随机选取三位数,每次检验,编号应不同。

检验前告诉评价员检验目的,其程度应不使他们的结论产生偏差。将制备好的几组样品随机分配给评价员。评价员按规定次序检查各组检验样品,次序在同一系列检验中应相同。在评价同一组三个被检样品时,评价员对每种被检样品应有重复检验的机会。评价员按规定次序检查各组检验样品,次序在同一系列检验中应相同。在评价同一组三个被检样品时,评价员对每种被检样品应有重复检验的机会。

检验负责人在必要时可以告诉评价员提供的样品数量和体积。当评价员的数目不足6的倍数时,可采取下述两种方式:

①舍弃多余样品组;

②为每个评价员提供6组样品做重复检验。

两种检验技术,负责人可任选一种:

①"强迫选择"即使评价员声明没有差异时,也要求评价员指出其中的一个样品与其他两个的差异。

②当评价员不能评定其差异时,允许回答"无差异"。如果要考虑到检验结果的准确性时,应该使用"强迫选择"。

结果统计与分析按三点检验法要求统计回答正确的问答表数,查表6—5可得出两个样品间有无差异。

表6—5　三点检验法检验表

答案数	不同显著水平最少正确答案数			答案数	不同显著水平最少正确答案数		
	5%	1%	0.1%		5%	1%	0.1%
4	4	—	—	20	11	13	14
5	4	5	—	21	12	13	15
6	5	6	—	22	12	14	15
7	5	6	7	23	12	14	16
8	6	7	8	24	13	15	16
9	6	7	8	25	13	15	17
10	7	8	9	26	14	15	17
11	7	8	10	27	14	16	18
12	8	9	10	28	15	16	18
13	8	9	11	29	15	17	19
14	9	10	11	30	15	17	19
15	9	10	12	31	16	18	20
16	9	11	12	32	16	18	20
17	10	11	13	33	17	18	21
18	10	12	13	34	17	19	21
19	11	12	14	35	17	19	22

续表

答案数	不同显著水平最少正确答案数			答案数	不同显著水平最少正确答案数		
	5%	1%	0.1%		5%	1%	0.1%
36	18	20	22	69	31	34	36
37	18	20	22	70	32	34	37
38	19	21	23	71	32	34	37
39	19	21	23	72	32	35	38
40	19	21	24	73	33	35	38
41	20	22	24	74	33	36	39
42	20	22	25	75	34	36	39
43	21	23	25	76	34	36	39
44	21	23	25	77	34	37	40
45	22	24	26	78	35	37	40
46	22	24	26	79	35	38	41
47	23	24	27	80	35	38	41
48	23	25	27	81	35	38	41
49	23	25	28	82	35	38	42
50	24	26	28	83	36	39	42
51	24	26	29	84	36	39	43
52	24	27	29	85	37	40	43
53	25	27	29	86	37	40	44
54	25	27	30	87	37	40	44
55	26	28	30	88	38	41	44
56	26	28	31	89	38	41	45
57	26	29	31	90	38	42	45
58	27	29	32	91	39	42	46
59	27	29	32	92	39	42	46
60	28	30	33	93	40	43	46
61	28	30	33	94	40	43	47
62	28	31	33	95	40	44	47
63	29	31	34	96	41	44	48
64	29	32	34	97	41	44	48
65	30	32	35	98	41	45	48
66	30	32	35	99	42	45	49
67	30	33	36	100	42	46	49
68	31	33	36				

根据检验目的,可按不同的方式处理"无差异"答案。

(1)忽略不计"无差异"答案数,即从评价小组的答案总数中减去这些数。

第六章　食品感官评定分析方法

（2）考虑下述几种方式：

①将"无差异"答案的三分之一归于正确答案。

②将"无差异"答案归于不正确答案。

③分别考虑。

无差异答案占有较大的比例时，说明两个样品之间的差异低于评价员的觉察阈。这可能是检验方法有缺陷，也可能是一些评价员发生了某种生理变化或对所参与的检验缺乏积极性。

当表中 n 值大于 100 时，正确答案最少数按式（6—2）计算，取最接近的整数值。

$$X = 0.4714Z\sqrt{n} + \frac{(2n+3)}{6} \qquad (6—2)$$

式中：

$$\alpha \leqslant 0.05 \qquad Z = 1.64$$
$$\alpha \leqslant 0.01 \qquad Z = 2.33$$
$$\alpha \leqslant 0.001 \qquad Z = 3.10$$

（三）三点检验法应用实例

厂商希望用感官分析来评价一个产品经改变配方后的新产品是否与原产品相似。12 个评价员参加评价。

准备两批样品，一批按旧配方（A），另一批按新配方（B），要求每个评价员只作一次鉴定。必须准备 18 个 A 配方样品和 18 个 B 配方样品，分六组，组合如下：

二列 ABB	二列 BAA
二列 AAB	二列 BBA
二列 ABA	二列 BAB

评价员随机评价这些组，检验负责人选择 5% 显著水平。

评价员正确答案数为 8，根据表 6—5，12 个答案中有 8 个正确答案，故在 5% 显著水平上确定两个产品有差异。

三、二-三点检验法

按照检验程序先提供给评价员一个对照样品，接着提供两个样品，其中一个与对照样品相同。要求评价员在熟悉对照样品后，从后者提供的两个样品中挑选出与对照样品相同样品的方法称为二-三点检验法。

（一）二-三点检验法的适用范围和评价员数

二-三点检验法适用于区别两个同类样品间是否存在感官差异，这种差别可能与一种特殊的感官属性有关或者与一组感官属性有关。该检验方法不适于偏爱检验，也不适于特性评价或感官差别程度检验。

评价员应符合国家相关规定的条件，所有评价员对被检产品应有相同的感官经验。经验水平应与检验目的相符。一般推荐 20 位评价员，具体评价人数根据检验目的与所选择的显著水平来定。在 5% 或 1% 显著水平上最少需要 7 位评价员才能完成检验，而在 0.1% 显著水平上最少需要 10 位评价员。

（二）二－三点检验法的检验步骤

每种产品提供一定量的样品，其数量足够评价小组使用。严格按同一方式（相同容器、相同检验设备、相同数量产品等）制备所有样品，不能使评价员从样品提供方式中对样品性质作出任何结论。同时要规定样品温度并在检验报告中记录下来，在检验过程中所有样品的温度应相同（一般提供样品正常食用时的温度）。盛装样品的容器应编号，最好是选取随机三位数。

1. 对照参比检验技术

选择下面四种组合的四组样品为一系列：$A_R AB$、$A_R BA$、$B_R AB$、$B_R BA$。系列中的前两组含作为对照样品的 A_R，后两组含作为对照样品的 B_R，组成足够数量的系列样品，为每位评价员提供一组样品。例如有 22 位评价员，应组成 6 列样品（也就是 24 组）。

如果组成样品总数大于评价员数，则按以下规则进行取舍：如多余一组，随机去掉一组；如多余两组，随机去掉含 A_R 为对照的一组和含 B_R 为对照的一组；如多余三组，随机去掉含 A_R 为对照的一组和含 B_R 为对照的一组，然后再随机去掉一组。

在评价员之间随机分配样品组，同时或连续提供给评价员。在同时提供的情况下，指令评价员按特定顺序，也就是从左到右检验样品。首先检验对照组样品，然后识别出与对照样品相同的样品。

在连续提供的情况下，主持人将样品提供给评价员时，应首先让评价员检验对照样品，然后识别被检样品。按照"强迫选择"原则，指令每一位评价员指出两个样品中与对照样品不同的那个样品。

2. 恒定参比检验技术

恒定参比该检验技术通常用于其中一个样品是熟悉的或常规评价的产品的情况。样品的组合被限制为 $A_R AB$ 和 $A_R BA$，A_R 是对照产品，其他方面的检验程序与对照参比检验技术相同。

结果统计与分析按二－三点检验法要求统计回答正确的问答表数，查表 6—3 可得出样品间是否存在显著性差异。

（三）二－三点检验法应用实例

1. 对照参比检验技术应用实例

某食品厂改变产品配方，希望知道用感官分析来评价改变配方之后的新产品是否与原产品不同。该食品厂请 24 位评价员组成评价小组，评价员不熟悉产品，厂家愿意接受 1% 风险，即检验将揭示没有差别。

制备两批产品，一批是原配方（A 批），另一批是新配方（B 批），A 批和 B 批各制备 36（24＋24/2）个样品。以 $A_R AB$、$A_R BA$、$B_R AB$、$B_R BA$ 4 种组合，将这些样品组成每系列含 4 组样品的 6 个系列（指定 A_R 和 B_R 为对照样品）。

在该检验中得到的正确答案数是 20，即 20 位评价员识别出与对照样品不同的样品，根据表 6—3 可知在 1% 的显著水平上，确认两个产品有显著差异。

2. 恒定参比检验技术应用实例

某食品厂检验一批新的原材料，希望通过评价小组的感官分析，了解这批新原材料与现存的原材料是否不同。检验期间，继续使用现存的原材料制成为常规产品。常规产品被认定为 A_R，同时被检验的 B 批产品是用新的原材料制成的。

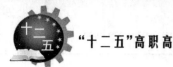

厂家请18位评价员组成评价小组,评价员熟悉常规产品。厂家愿意接受5%的风险,检验结果将揭示没有显著差异。

分配给评价员适宜数量的样品组(A_RAB或A_RBA)。得到10个正确答案,参照表6—3得出在5%显著水平上,显示该产品与现存的产品无显著差异。

四、"A"–"非 A"检验法

首先让评价员熟悉"A"样品,然后以随机的顺序分发给评价员一系列样品,其中有的是样品"A",有的是"非 A",所有的"非 A"样品所比较的主要特性指标应相同,但其外观等非主要特性指标可以稍有差异。"非 A"样品也可以包括"(非 A)1"和"(非 A)2"等。要求评价员识别每个样品是"A"还是"非 A",最后通过χ^2检验分析结果,即"A"–"非 A"检验法。

(一)"A"–"非 A"检验法的适用范围和评价员数

本检验方法适用于确定由于原料、加工、处理、包装和贮藏等各环节的不同而造成的产品感官特性的差异,特别适用于评价具有不同外观或后味的样品,同时它也适用于敏感性检验,用于确定评价员能否辨别一种与已知刺激有关的新刺激或用于确定评价员对一种特殊刺激的敏感性。

参加检验的所有评价员应具有相同的资格水平与检验能力。例如都是优选评价员或都是初级评价员等。检验需要7个以上专家或20个以上优选评价员或30个以上初级评价员。

根据检验目的确定以列内容:①样品制备的方法和分发的方式;②样品量:送交每个评价员检验的每种样品的量应相等,并足以完成所要求的检验次数;③样品的温度:同一次检验中所有样品的温度都应一样;④对某些特性的掩蔽:例如使用彩色灯除去颜色效应等;⑤样品容器的编码:每次检验的编码不应相同,推荐使用3位数的随机数编码;⑥容器的选择:应使用相同的容器。

(二)"A"–"非 A"检验法的检验步骤

检验评价前应让评价员对样品"A"有清晰的体验,并能识别它。必要时可让评价员对"非 A"也作体验。检验开始后,评价员不应再接近清楚标明的样品"A",必要时,可让评价员在检验期间对样品"A"或"非 A"再体验一次。

分发样品要符合下列要求:①以随机的顺序向评价员分发样品。不能使评价员从样品提供的方式中对样品的性质作出结论;②用不同的编码向各位评价员提供同种样品;③分发给每个评价员的样品"A"或样品"非 A"的数目应相同(样品"A"的数目和样品"非 A"的数目不必相同)。

检验时要求评价员在限定时间内将系列样品按顺序识别为"A"或"非 A"。检验完毕评价员将自己识别的结果记录在回答表格中,回答表格的式样如表6—6所示。可根据检验的需要对记录的内容做详细的规定。

结果统计与分析用χ^2检验来表示检验结果。

检验原假设:评价员的判别(认为样品是"A"或"非 A")与样品本身的特性(样品本身是"A"或"非 A")无关。

表 6—6 "A"-"非 A"检验法判别统计表

判别数 ＼ 样品数		"A"和"非 A"样品数		累　计
		"A"	"非 A"	
判别为"A"或"非 A" 的回答数	"A"	n_{11}	n_{12}	$n_{1.}$
	"非 A"	n_{21}	n_{22}	$n_{2.}$
累　　　计		$n_{.1}$	$n_{.2}$	$n_{..}$

注：n_{11}——样品本身为"A"而评价员也认为是"A"的回答总数；

　　n_{22}——样品本身为"非 A"而评价员也认为是"非 A"的回答总数；

　　n_{21}——样品本身为"A"而评价员认为是"非 A"的回答总数；

　　n_{12}——样品本身为"非 A"而评价员也认为是"A"的回答总数；

　　$n_{1.}$——第一行回答数的总和；

　　$n_{2.}$——第二行回答数的总和；

　　$n_{.1}$——第一列回答数的总和；

　　$n_{.2}$——第二列回答数的总和；

　　$n_{..}$——所有回答数。

检验的备择假设：评价员的判别与样品本身特性有关。即当样品是"A"而评价员认为是"A"的可能性大于样品本身是"非 A"而评价员认为是"A"的可能性。

当样品总数 $n_{..}$ 小于 40 或 n_{ij} 小于等于 5 时，χ^2 的统计量见式（6—3）。

$$\chi_c^2 = \sum_{i,j} \frac{(|E_0 - E_t| - 0.5)^2}{E_t} \qquad (6—3)$$

式中：E_0——各类判别数 $n_{ij}(i=1,2;j=1,2)$。

$$E_t = n_{i.} \times n_{.j}/n_{..}$$

当样品总数 $n_{..}$ 大于 40 和 n_{ij} 大于 5 时 χ^2 的统计量见式（6—4）。

$$\chi_c^2 = \sum_{i,j} \frac{(|E_0 - E_t|)^2}{E_t} \qquad (6—4)$$

当 $i=1,2;j=1,2$ 时，式（6—3）、式（6—4）的等价公式如式（6—5）、式（6—6）。

$$\chi_c^2 = \frac{[|n_{11} \times n_{22} - n_{12} \times n_{21}| - (n_{..}/2)]^2 \times n_{..}}{n_{.1} \times n_{.2} \times n_{1.} \times n_{2.}} \qquad (6—5)$$

$$\chi^2 = \frac{(|n_{11} \times n_{22} - n_{12} \times n_{21}|)^2 \times n_{..}}{n_{.1} \times n_{.2} \times n_{1.} \times n_{2.}} \qquad (6—6)$$

将 χ_c^2（或 χ^2）统计量与表 6—7 中对应自由度为 1〔即 $(2-1)\times(2-1)$〕的临界值相比较，见式（6—5）和式（6—6）。

当 χ_c^2（或 χ^2）≥3.84（在 $\alpha=0.05$ 的情况）

当 χ_c^2（或 χ^2）≥6.63（在 $\alpha=0.01$ 的情况）

则在所选择的显著性水平上拒绝原假设而接受备择假设，即评价员的判别与样品本身特性有关，即认为样品"A"与"非 A"有显著性差别。

当 χ_c^2（或 χ^2）<3.84（在 $\alpha=0.05$ 的情况）

当 χ_c^2（或 χ^2）<6.63（在 $\alpha=0.01$ 的情况）

则在所选择的显著性水平上接受原假设,即认为评价员的判别与样品本身特性无关,即认为样品"A"与"非 A"无显著性差别。

表 6—7　χ^2 分布临界值表(节录)

自由度	显著性水平		自由度	显著性水平	
	$\alpha = 0.05$	$\alpha = 0.01$		$\alpha = 0.05$	$\alpha = 0.01$
1	3.84	6.63	6	12.6	16.8
2	5.99	9.21	7	14.1	18.5
3	7.81	11.3	8	15.5	20.1
4	9.49	13.3	9	16.9	21.7
5	11.1	15.1	10	18.3	23.2

(三)"A"–"非 A"检验法应用实例

例题一

区别蔗糖的甜味("A"刺激)与某种甜味剂("非 A"刺激)的甜味。

提供两种物质的水溶液,一种是质量浓度为 40g/L 的蔗糖水溶液,另一种是甜味与之相当的甜味剂的水溶液。

评价员数:20 个优选评价员。

每位评价员的样品数:4 个"A"和 6 个"非 A"。

评价员判别见表 6—8。

表 6—8　"A"–"非 A"检验法评价员判别统计表(例题一)

判别数 \ 样品数		"A"与"非 A"样品数		累　　计
		"A"	"非 A"	
判别为"A"或"非 A"的回答数	"A"	50	55	105
	"非 A"	30	65	95
累　　　计		80	120	200

由于 $n_{..}$ 大于 40 和 n_{ij} 大于 5,所以用公式(6—6)。

$$\chi^2 = \frac{(|n_{11} \times n_{22} - n_{12} \times n_{21}|)^2 \times n_{..}}{n_{.1} \times n_{.2} \times n_{1.} \times n_{2.}}$$

$$= \frac{(|50 \times 65 - 55 \times 30|)^2 \times 200}{80 \times 120 \times 105 \times 95}$$

$$= 5.34$$

因为 χ^2 统计量 5.34 大于 3.84,可得出结论:拒绝原假设而接受备择假设,即认为蔗糖的甜味与某种甜味剂的甜味在 5% 的显著性水平上有显著性差别。

例题二

已知蔗糖的甜味("A"刺激)与某种甜味剂("非 A"刺激)有显著性差别。现要确定一评价员能否将甜味剂的甜味与蔗糖的甜味区别开。

评价员评价的样品数:13 个"A"和 19 个"非 A"。

评价员判别见表 6—9。

表 6—9 "A"-"非 A"检验法评价员判别统计表(例题二)

判别数 ＼ 样品数		"A"与"非 A"样品数		累 计
		"A"	"非 A"	
判别为"A"或 "非 A"的回答数	"A"	8	6	14
	"非 A"	5	13	18
累 计		13	19	32

由于 $n..$ 小于 40 和 n_{21} 等于 5,所以用公式(6—5)。

$$\chi^2 = \frac{[\,|\,n_{11} \times n_{22} - n_{12} \times n_{21}\,| - (n../2)\,]^2 \times n..}{n_{.1} \times n_{.2} \times n_{1.} \times n_{2.}}$$

$$= \frac{(\,|\,8 \times 13 - 6 \times 5\,| - 32/2)^2 \times 32}{13 \times 19 \times 14 \times 18}$$

$$= 1.73$$

因为 χ^2 统计量 1.73 小于 3.84,可得出结论:接受原假设,认为蔗糖的甜味与甜味剂的甜味没有显著性差别。或该评价员没能将甜味剂的甜味与蔗糖的甜味区别开。

例题三

与例题一的情况相似,不同的是这里的"非 A"包括两种甜味剂"(非 A)$_1$"与"(非 A)$_2$"。评价员判别见表 6—10。

表 6—10 "A"-"非 A"检验法评价员判别统计表(例题三 1)

判别数 ＼ 样品数		"A"与"非 A"样品数			累 计
		"A"	"非 A"		
			"(非 A)$_1$"	"(非 A)$_2$"	
判别为"A"或 "非 A"的回答数	"A"	60	45	40	145
	"非 A"	40	55	40	135
累 计		100	100	80	280

检验以下目标:

①检验蔗糖的甜味"A"与其他两种甜味剂的甜味["(非 A)$_1$"+"(非 A)$_2$"]是否有显著性差异。

②检验蔗糖"A"、甜味剂"(非 A)$_1$"、甜味剂"(非 A)$_2$"三者之间在甜味上是否有显著性差异。

③分别检验蔗糖"A"与甜味剂"(非 A)$_1$"之间、蔗糖"A"与甜味剂"(非 A)$_2$"之间、甜味剂"(非 A)$_1$"与甜味剂"(非 A)$_2$"之间在甜味上是否有显著性差异。

为了实现检验目标①或③,首先要进行目标②的检验。经过目标②的检验,如果各样品["A"、"(非 A)$_1$"、"(非 A)$_2$"]之间没有显著性差异,则不必再进行目标①与③的检验。

检验目标②时,可使用公式(6—3)或式(6—4),但此时 $i = 1, 2$ 及 $j = 1, 2, 3$。本例中因为 $n.. > 40$、$n_{ij} > 5$,所以用公式(6—4)。

$$\chi^2 = \sum_{i,j} \frac{(|E_0 - E_t|)^2}{E_t}$$

$$= \frac{(60 - 145 \times 100/280)^2}{145 \times 100/280} + \frac{(40 - 135 \times 100/280)^2}{135 \times 100/280}$$

$$+ \frac{(45 - 145 \times 100/280)^2}{145 \times 100/280} + \frac{(55 - 135 \times 100/280)^2}{135 \times 100/280}$$

$$+ \frac{(40 - 145 \times 80/280)^2}{145 \times 80/280} + \frac{(40 - 135 \times 80/280)^2}{135 \times 80/280} = 4.65$$

因为 χ^2 统计量 4.65 小于对应 $(2-1) \times (3-1) = 2$, $\alpha = 0.05$ 的相应临界值 5.99,因此得出结论:认为蔗糖、甜味剂"(非 A)$_1$"、甜味剂"(非 A)$_2$"三者之间在甜味上无显著性差异。

检验①与③时表 6—8 可变成表 6—11 至表 6—14,检验方法与例一类似。

表 6—11 "A"-"非 A"检验法评价员判别统计表(例题三 2)

判别数 ＼ 样品数		"A"与"非 A"样品数		累　计
		"A"	"非 A"	
判别为"A"或"非 A"的回答数	"A"	60	85	145
	"非 A"	40	95	135
累　　计		100	180	280

表 6—12 "A"-"非 A"检验法评价员判别统计表(例题三 3)

判别数 ＼ 样品数		"A"与"非 A$_1$"样品数		累　计
		"A"	"非 A"	
判别为"A"或"非 A$_1$"的回答数	"A"	60	45	105
	"非 A"	40	55	95
累　　计		100	100	200

表 6—13 "A"-"非 A"检验法评价员判别统计表(例题三 4)

判别数 ＼ 样品数		"A"与"非 A$_2$"样品数		累　计
		"A"	"非 A"	
判别为"A"或"非 A$_2$"的回答数	"A"	60	40	100
	"非 A"	40	40	80
累　　计		100	80	180

表 6—14 "A"-"非 A"检验法评价员判别统计表(例题三 5)

判别数 ＼ 样品数		"(非 A)$_1$"与"(非 A)$_2$"样品数		累　计
		"(非 A)$_1$"	"(非 A)$_2$"	
判别为"A"或"非 A$_2$"的回答数	"(非 A)$_1$"	45	40	85
	"(非 A)$_2$"	55	40	95
累　　计		100	80	180

五、五中取二检验法

同时提供给评价员 5 个以随机顺序排列的样品,其中两个是同一类型,其他三个是另一种类型。要求评价员将这些样品按类型分成两组的检验方法称为五中取二检验法。

(一)五中取二检验法的适用范围和评价员数

五中取二检验法可用于检验两样品间的细微感官差异。本检验方法单纯的猜中概率是 1/10,而不是三点检验法的 1/3 及二 – 三点检验法的 1/2,故五中取二检验法的功能更强大些。该检验法受感官疲劳和记忆效果的影响比较大,主要是用于视觉、听觉和触觉立方面的检验,而不适宜用来进行味觉(风味)的检验。

评价员必须经过专业培训,一般需要 10~20 位评价员,当样品之间的差异很大、非常容易辨别时,5 位评价员也可以进行检验。

(二)五中取二检验法的检验步骤

将检验样品按以下方式进行组合,如果参评评价员少于 20 人,组合方式可以从以下组合中随机选取,但含有 3 个 A 和含有 3 个 B 的组合数要相同。

AAABB	ABABA	BBBAA	BABAB
AABAB	BAABA	BBABA	ABBAB
ABAAB	ABBAA	BABBA	BAABB
BAAAB	BABAA	ABBBA	ABABB
AABBA	BBAAA	BBAAB	AABBB

结果统计与分析按五中取二检验法要求统计回答正确的问答表数,查表 6—15 可得出两个样品有无显著差异。即假设有效鉴评表数为 n,回答正确的鉴评表数为 k,查表 6—15 中 n 栏的数值。若 k 小于这一数值,则说明在该显著水平两种样品间无差异。若 k 大于或等于这一数值,则说明在该显著水平两种样品有显著差异。

表 6—15 五中取二检验法检验表($\alpha = 5\%$)

答案数	不同显著水平最少正确答案数			答案数	不同显著水平最少正确答案数		
n	5%	1%	0.1%	n	5%	1%	0.1%
3	2	3	3	13	4	5	6
4	3	3	4	14	4	5	7
5	3	3	4	15	5	6	7
6	3	4	5	16	5	6	7
7	3	4	5	17	5	6	7
8	3	4	5	18	5	6	8
9	4	4	5	19	5	6	8
10	4	5	6	20	5	7	8
11	4	5	6	21	6	7	8
12	4	5	6	22	6	7	8

答案数	不同显著水平最少正确答案数			答案数	不同显著水平最少正确答案数		
n	5%	1%	0.1%	n	5%	1%	0.1%
23	6	7	9	42	9	10	12
24	6	7	9	43	9	10	12
25	6	7	9	44	9	11	12
26	6	8	9	45	9	11	13
27	6	8	9	46	9	11	13
28	7	8	10	47	9	11	13
29	7	8	10	48	9	11	13
30	7	8	10	49	10	11	13
31	7	8	10	50	10	11	14
32	7	9	10	51	10	12	14
33	7	9	11	52	10	12	14
34	7	9	11	53	10	12	14
35	8	9	11	54	10	12	14
36	8	9	11	55	10	12	14
37	8	9	11	56	10	12	14
38	8	10	11	57	11	12	15
39	8	10	12	58	11	13	15
40	8	10	12	59	11	13	15
41	8	10	12	60	11	13	15

注:α 为显著水平,n 为参加检验评价员数。如果正确回答的人数大于或等于表中所查数据,则表明具有显著区别。

当表中 n 值大于 60 时,正确答案的最少数按式(6—7)计算,取最接近的整数值。

$$z = \frac{k - 0.1n}{\sqrt{0.09n}} \tag{6—7}$$

式中:n——参加检验评价员数;

k——正确回答的人数。

(三)五中取二检验法的应用实例

某食品厂为了检验原料质量的稳定性,把两批原料分别添加入某产品中,运用五中取二检验法对添加不同批次的原料进行检验。

由 10 名评价员进行检验,其中有 3 名评价员正确地判断了 5 个样品的两种类型,查表 6—15 中 $n = 10$,显著水平为 5% 时的正确答案最少数为 4,说明这两批原料的质量无显著性差别。

六、选择检验法

从三个以上样品中,选择出一个最喜欢或最不喜欢的样品的检验方法称为选择检验法。

（一）选择检验法的适用范围和评价员数

选择检验法主要用于嗜好调查。不适用于一些味道很浓或延缓时间较长的样品,这种方法在做品尝时,要特别强调漱口,在做第二次检验之前,都必须彻底地洗漱口腔,不得有残留物和残留味的存在。对评价员没有硬性规定要求必须经过培训,一般在 5 人以上,最多可选择100 人以上。

（二）选择检验法的检验步骤

样品以随机顺序呈送给评价员,按照组织方的要求作出评价,并进行统计。结果统计按以下两种情况进行分析。

1. 求数个样品间有无差异

根据 χ^2 检验判断结果,用公式(6—8)求 χ_0^2 值:

$$\chi_0^2 = \sum_{i=1}^{m} \frac{\left(x_i - \frac{n}{m}\right)^2}{\frac{n}{m}} \qquad (6—8)$$

式中:m——样品数;

n——参加检验评价员数;

x_i——m 个样品中,最喜好其中某个样品的人数。

查 χ^2 表(见附表 1),若 $\chi_0^2 \geq \chi^2(f, \alpha)$($f$ 为自由度,$f = m - 1$,α 为显著水平),说明 m 个样品在 α 显著水平存在差异,若 $\chi_0^2 < \chi^2(f, \alpha)$,说明 m 个样品在 α 显著水平不存在差异。

2. 求被多数人判断为最好样品的与其他样品间是否存在差异

根据 χ^2 检验判断结果,用公式(6—9)求 χ_0^2 的值。

$$\chi_0^2 = \left(x_i - \frac{n}{m}\right)^2 \frac{m^2}{(m-1)n} \qquad (6—9)$$

查 χ^2 表(见附表 1),若 $\chi_0^2 \geq \chi^2(f, \alpha)$,说明此样品与其他样品之间在 α 水平上存在差异。反之,无差异。

（三）选择检验法应用实例

某食品生产厂家把自己生产的商品 A 与市场上销售的 3 个同类商品 X,Y,Z 进行比较。由 80 位评价员进行评价,并选出最好的一个产品来,结果见表 6—16。

表 6—16　选择检验评价结果统计表

商品	A	X	Y	Z	合 计
认为某商品最好的评价员数	26	32	16	6	80

1. 求 4 个样品间的喜好度有无差异

$$\chi_0^2 = \sum_{i=1}^{m} \frac{\left(x_i - \frac{n}{m}\right)^2}{\frac{n}{m}} = \frac{m}{n} \sum_{i=1}^{m} \left(x_i - \frac{n}{m}\right)^2$$

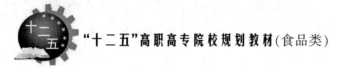

$$= \frac{4}{80} \times \left[\left(26 - \frac{80}{4} \right)^2 + \left(32 - \frac{80}{4} \right)^2 + \left(16 - \frac{80}{4} \right)^2 + \left(6 - \frac{80}{4} \right)^2 \right]$$
$$= 19.6$$
$$f = 4 - 1 = 3$$

查附表 1 可知:

$$\chi^2(3, 0.05) = 7.815 < \chi_0^2 = 19.6$$
$$\chi^2(3, 0.01) = 11.345 < \chi_0^2 = 19.6$$

所以,结论为 4 个商品间的喜好度在 1% 显著水平有显著性差异。

2. 求被多数人判断为最好的样品与其他商品间是否存在差异

$$\chi_0^2 = \left(x_i - \frac{n}{m} \right)^2 \times \frac{m^2}{(m-1)n}$$
$$= \left(32 - \frac{80}{4} \right)^2 \times \frac{4^2}{(4-1) \times 80} = 9.6$$

查附表 1 可知

$$\chi^2(1, 0.05) = 3.841 < \chi_0^2 = 9.6$$
$$\chi^2(1, 0.01) = 6.635 < \chi_0^2 = 9.6$$

所以,结论为被多数人判断为最好的商品 X 与其他商品间存在差异,但与商品 A 相比,由于 $\chi_0^2 = \left(32 - \frac{58}{4} \right)^2 \times \frac{2^2}{(2-1) \times 58} = 0.62$,远远小于 $\chi^2(1, 0.05) = 3.841$,可认为无差异。

第三节 标度和类别检验

在感官评定中,标度和类别类方法是感官体验的量化方式,通过这种数字化处理,感官鉴评可以成为基于统计分析、模型、预测等理论的定量科学。

标度和类别类方法广泛用于各种需要量化感觉、态度或喜好倾向性等的场合。标度技术基于感觉强度的心理物理学模型,即检验增强物理刺激的能量或增加食品组分的浓度或含量,会导致其在感觉、视觉、嗅觉或味觉方面有多大程度的增强。

标度和类别类检验中,要求评价员对 2 个以上的样品进行评价,判定出哪个样品好,哪个样品差,以及它们之间的差异大小和差异方向,通过实验可得出样品间差异的排序和大小,或者样品应归属的类别或等级,选择何种方法解释数据,取决于实验的目的及样品数量。常用方法有:分类检验法、排序检验法、评分检验法、评估检验法。

一、分类检验法

把样品以随机的顺序出示给评价员,要求评价员在对样品进行样品评价后,划出样品应属的预先定义的类别,这种检验方法称为分类检验法。分类检验法是先由专家根据样品的一个或多个特征确定出样品的质量或其他特征类别,再将样品归纳入相应类别或等级的方法。这种方法是使样品按照已有的类别划分,可在任何一种检验方法的基础上进行。

(一)分类检验法的适用范围和评价员数

分类检验法是以过去积累的已知结果为根据,在归纳的基础上进行产品分类。当样品打分有困难时,可用分类法评价出样品的好坏差异,得出样品的级别、好坏,也可以鉴定出样品的缺陷等。分类检验法对评价员的要求是专家型或经过培训的评价员 3 人以上,也可根据检验的目的和要求来决定。

(二)分类检验法的检验步骤

首先确定待检食品或样品的类别,评价员按顺序评价样品后,将样品进行分类,比较两种或多种产品落入不同类别的分布,计算出各类别的期待值,根据实际测定值与期待值之间的差值,得出每一种产品应属的级别。然后根据 χ^2 检验,判断各个级别之间是否具有显著性差异。

(三)分类检验法应用实例

有 4 种产品,通过检验分成 3 级,要求评价员采用分类检验法,了解它们由于加工工艺的不同对产品质量所造成的影响。

由 30 位评价员进行鉴评分级,样品被划入各等级的次数统计填入表 6—17。

假设各样品的级别分布相同,则各级别的期待值为:

$$E = \frac{\text{该等级次数}}{120} \times 30 = \frac{\text{该等级次数}}{4}$$

即

$$E_1 = \frac{56}{4} = 14, E_2 = \frac{14}{4} = 12.5, E_3 = \frac{14}{4} = 3.5$$

表 6—17　4 种产品的分类检验结果统计表

样　品	次　　数			
	一级	二级	三级	合计
A	7	21	2	30
B	18	9	3	30
C	19	9	2	30
D	12	11	7	30
合计	56	50	14	120

而实际测定值 Q 与期待值之差 $Q_{ij} - E_{ij}$ 如表 6—18 所示。

表 6—18　各级别实际值与期待值之差

样品(j)	级别(i)			
	一级	二级	三级	合计
A	−7	8.5	−1.5	0
B	4	−3.5	−0.5	0
C	5	−3.5	−1.5	0
D	−2	−1.5	3.5	0
合计	0	0	0	0

$$\chi^2 = \sum_{i=1}^{t}\sum_{j=1}^{m}\frac{(Q_{ij}-E_{ij})^2}{E_{ij}} = \frac{(-7)^2}{14}+\frac{4^2}{14}+\frac{5^2}{14}+\cdots+\frac{(-1.5)^2}{3.5}+\frac{3.5^2}{3.5} = 19.49$$

误差自由度 f =样品自由度×级别自由度，即

$$f = (m-1)(t-1) = (4-1)(3-1) = 6$$

查 χ^2 表(见附表1)得：

$$\chi^2(6,0.05) = 12.592;\quad \chi^2(6,0.01) = 16.812$$

由于 $\chi^2 = 19.49 > 12.592$，同时 $\chi^2 = 19.49 > 16.812$，所以，这3个级别在1%显著性水平有显著差别，即这4个样品可划分为有显著差别的3个等级。其中样品C的品质最佳，该产品的生产工艺最优。

二、排序检验法

比较多个食品样品，将一系列被检样品按其某种特性或整体印象的顺序进行排列的感官分析方法称为排序检验法。

(一)排序检验法的适用范围和评价员数

排序检验法适用于评价样品间的差异，如样品某一种或多种感官特性的强度或者评价人员对样品的整体印象。该法还可用于辨别样品间是否存在差异，但不能确定样品间差异的程度。

排序检验法主要适用于以下情况：

(1)培训评价员以及测定评价员个人或小组的感官阈值；

(2)在描述性分析或偏爱检验前，对样品初步筛选；在描述性分析和偏爱检验时，确定由于原料、加工、包装、贮藏以及被检样品稀释顺序的不同，对产品一个或多个感官指标强度水平的影响；

(3)在偏爱检验时，确定偏好顺序。

排序检验法评价人数依据检验目的确定，见表6—19。

表6—19 排序检验法根据检验目的对应参数表

检验目的		评价员水平	评价人数	统计方法		
				同已知顺序比较 (评价员表现评估)	产品顺序未知 (产品比较)	
					两个产品	两个以上产品
评价员 表现 评估	个人表现评估	优选评价员或专家评价员	无限制	Spearman 检验	符号检验	Friedman 检验
	小组表现评估	优选评价员或专家评价员	无限制	Page 检验		
产品 评估	描述性检验	优选评价员或专家评价员	12~15 位为宜			
	偏好性检验	消费者	每组至少60位消费者类型的评价人员	—		

进行描述性分析时,按照可接受统计风险的水平以及标准 GB/T 16861 和 GB/T 16860 的要求,确定最少需要的评价员人数,宜为 12～15 位优选评价员。进行偏爱检验中确定偏好顺序时,同样依据可接受风险的水平,确定最少需要的评价员人数,一般每组至少 60 位消费者类型评价员。进行评价员工作检查、评价员培训以及测试评价员个人或小组的感官阈值时,评价员人数可不限定。

（二）排序检验法的检验步骤

检验前应向评价员说明检验的目的。必要时,可在检验前演示整个排序法的操作程序,确保所有评价员对检验的准则有统一的理解,如对哪些特性进行排列、排列的顺序是从强到弱还是从弱到强、检验时操作有何要求、评价气味时需不需要摇晃等。同时检验前的统一认识不应影响评价员的下一步评价。

提供样品时,不能使评价员从样品提供方式中对样品的性质做出结论。应避免使评价员看到样品准备的过程,要按同样的方式准备样品,如采用相同的仪器或容器、同等数量的样品、同一温度和同样的提供方式等。此外,还应尽量消除样品间与检验不相关的差异,减少对排序检验结果的影响,宜在样品平常使用的温度下提供。

盛放样品的容器用三位数字随机编码,同一次检验中每个样品编号不同（评价员之间也不相同更好）。提供样品时还应考虑检验时所采用的设计方案,尽量采用完全区组设计,将全部样品随机提供给评价员。但如果样品的数量和状态使其不能全部提供时,可采用平衡不完全区组设计,以待定子集将样品随机提供给评价员。无论采用何种设计,都应保证所有评价员能完成各自的检验任务,不遗漏任何样品。

每个评价员得到 p 个样品中的 k 个（$k<p$）。k 样品子集数目由平衡不完全区组设计决定。每个样品由 j 个评价员中的 n 个进行评定（$n<j$）,而每两个样品由 g 个评价员评定,在研究中,应重复进行整个平衡不完全区组设计实验,以保证实验有足够的灵敏度。重复的次数用 r 表示,则每个样品总计由 $r×n$ 个评价员评定,每两个样品总计由 $r×g$ 个评价员评价。

检验中可使用参比样,参比样放入系列样品中不单独标示。评价员应在相同的检验条件下,将随机提供的样品,依检验的特性排成一定顺序。评价员一般应避免将不同样品排在同一秩次。若无法区别两个或两个以上样品时,评价可将这几个样品视为同一秩次,并在回答表中注明。如不存在感官适应性的问题,且样品比较稳定时,评价员可将样品初步排序再进一步检验调整。评价员应将每个样品的秩次都记录在回答表中,可根据被检的样品和检验的目的对其作适当调整。排序检验回答表格如图 6—1 所示。

姓名:_____	日期:_____	检验号:_____

请按从左至右顺序品尝每个样品:

请在下面表格中以甜味增加的顺序写出样品编码:

编码	最不甜			最甜

注释:

图6—1　排序检验回答表格样式图

1.排序结果与秩和计算

表6—20举例说明了由7名评价员对4个样品的某一特性进行排序的结果,如果需要对不同的特性进行排序,则一个特性对应一个回答表。

表6—20　排序结果与秩和计算表

评价员	样　品				秩和
	A	B	C	D	
1	1	2	3	4	10
2	4	1.5	1.5	3	10
3	1	3	3	3	10
4	1	3	4	2	10
5	3	1	2	4	10
6	2	1	3	4	10
7	2	1	4	3	10
每个样品的秩和	14	12.5	20.5	23	70

注:每行秩和等于 $0.5p(p+1)$,其中 p 为样品的数量。

如果有相同秩次,则取平均秩次(如表6—20中,评价员2对样品B、C有相同秩次评价,评价员3对样品B、C、D有相同秩次评价)。

如无遗漏数据,且相同秩次能正确计算,则表中每行应有相同的秩和。将每一列的秩次相加,可得到每个样品的每列秩和。样品的每列秩和表示所有的评价员对样品排序结果的一致性。如果评价员的排序结果比较一致,则每列秩和的差异较大。反之,若评价员排序结果不一致时,则每列秩和差异不大。因此通过比较样品的秩和,可评估样品间的差异。

2.统计分析和解释

依据检验的目的选择统计检验方法。

(1)个人表现判定:Spearman 相关系数

在比较两个排序结果,如两位评价员所做出的评价结果之间或评价员排序的结果与样品的理论排序之间的一致性时,可由公式(6—10)计算 Spearman 相关系数,并参考表6—21列出的临界值 r_s 来判定相关性是否显著。

表6—21　Spearman 相关系数的临界值

样品数	显著性水平 α		样品数	显著性水平 α	
	$\alpha = 0.05$	$\alpha = 0.01$		$\alpha = 0.05$	$\alpha = 0.01$
6	0.886	—	12	0.587	0.727
7	0.786	0.929	13	0.560	0.703
8	0.738	0.881	14	0.538	0.675
9	0.700	0.833	15	0.521	0.654
10	0.648	0.794	16	0.503	0.635
11	0.618	0.755	17	0.485	0.615

样品数	显著性水平 α		样品数	显著性水平 α	
	$\alpha = 0.05$	$\alpha = 0.01$		$\alpha = 0.05$	$\alpha = 0.01$
18	0.472	0.600	25	0.398	0.511
19	0.460	0.584	26	0.390	0.501
20	0.447	0.570	27	0.382	0.491
21	0.435	0.556	28	0.375	0.483
22	0.425	0.544	29	0.368	0.475
23	0.415	0.532	30	0.362	0.467
24	0.406	0.521			

$$r_s = 1 - \frac{6 \sum\limits_i d_i^2}{p(p^2 - 1)} \qquad (6—10)$$

式中:d_i——样品 i 两个秩次的差;

p——参加排序的样品(产品)数。

若 Spearman 相关系数接近 +1,则两个排序结果非常一致;若接近 0,则两个排序结果不相关;若接近 -1,表明两个排序结果极不一致。此时应考虑是否存在评价员对评价指标理解错误或者进行了与要求相反的次序排序。

(2)小组表现判定:Page 检验

样品具有自然顺序或自然顺序已确认的情况下(例如样品成分的比例、温度、不同的贮藏时间等可测因素造成的自然顺序),该分析方法可用来判定评价小组能否对一系列已知或者预计具有某种特性排序的样品进行一致的排序。

如果 R_1,R_2,…,R_p 是以确定的顺序排列的 p 个样品的理论上的秩和,那么若样品间没有差异:

a. 原假设可写作:

$$H_0 : R_1 = R_2 = \cdots = R_p$$

备择假设则是:$H_1 : R_1 \leqslant R_2 \leqslant \cdots \leqslant R_p$,其中至少一个不等式是严格成立的。

b. 为了检验该假设,计算 Page 系数 L:

$$L = R_1 + 2R_2 + 3R_3 + \cdots + pR_p$$

其中 R_1 是已知样品顺序中排列为第一的样品的秩和,依次类推,R_p 就是排序为最后样品的秩和。

c. 得出统计结论:

表 6—22 给出了完全区组设计中 L 的临界值,其临界值与样品数、评价员人数以及选择的统计学水平有关($\alpha = 0.05$ 或者 $\alpha = 0.01$),当评价员的结果与理论值一致时,L 有最大值。

比较 L 与表 6—22 中的临界值:

如果 $L < L_\alpha$,产品间没有显著性差异。

如果 $L \geqslant L_\alpha$,则产品的秩和间存在显著性差异;拒绝原假设而接受备择假设(可以得出结论:评价员做出了与预知的次序相一致的排序)。

表6—22 完全区组设计中 Page 检验的临界值

评价员人数 j	样品(或产品)数 p											
	3	4	5	6	7	8	3	4	5	6	7	8
	显著性水平 $\alpha = 0.05$						显著性水平 $\alpha = 0.01$					
7	91	189	338	550	835	1204	93	193	346	563	855	1232
8	104	214	384	625	9501	1371	106	220	393	640	972	1401
9	116	240	431	701	1065	1537	119	246	441	717	1088	1569
10	128	266	477	777	1180	1703	131	272	487	793	1205	1736
11	141	292	523	852	1295	1868	144	298	534	869	1321	1905
12	153	317	570	928	1410	2035	156	324	584	946	1437	2072
13	165	343*	615*	1003*	1525*	2201*	169	350*	628*	1022*	1553*	2240*
14	178	368*	661*	1078*	1639*	2367*	181	376*	674*	1098*	1668*	2407*
15	190	394*	707*	1153*	1754*	2532*	194	402*	721*	1174*	1784*	2574*
16	202	420*	754*	1228*	1868*	2697*	206	427*	767*	1249*	1899*	2740*
17	215	445*	800*	1303*	1982*	2862*	218	453*	814*	1325*	2014*	2907*
18	227	471*	846*	1378*	2097*	3028*	231	427*	860*	1401*	2130*	3073*
19	239	496*	891*	1453*	2217*	3193*	243	505*	906*	1476*	2245*	3240*
20	251	522*	937*	1528*	2325*	3358*	256	531*	953*	1552*	2360*	3406*

注:标"*"的值是通过正态分布近似计算得到的临界值。

如果评价员的人数或样品未在表6—22中列出,按公式(6—11)计算 L' 统计量:

$$L' = \frac{12L - 3jp(p+1)^2}{p(p+1)\sqrt{j(p-1)}} \tag{6—11}$$

式中:j——评价员人数;

   p——参加排序的样品数。

L' 统计量近似服从标准正态分布。

当 $L' \geq 1.64(\alpha = 0.05)$ 或 $L' \geq 2.33(\alpha = 0.01)$ 时,拒绝原假设而接受备择假设(见表6—22)。

若试验设计为平衡不完全区组设计,则按公式(6—12)计算 L' 的统计量:

$$L' = \frac{12L - 3j \times k(k+1)(p+1)}{\sqrt{j \times k(k-1)(k+1)p(p+1)}} \tag{6—12}$$

式中:j——评价员人数;

   k——每个评价员排序的样品数;

   p——参加排序的样品数。

L' 统计量近似服从标准正态分布 $N(0,1)$。

同样,当 $L' \geq 1.64(\alpha = 0.05)$ 或 $L' \geq 2.33(\alpha = 0.01)$ 时,拒绝原假设而接受备择假设(见表6—22)。

因为原假设所有理论秩和都相等,所以即使统计的结果显示差异性显著,也并不表明样品间所有的差异都能区分。只能说明至少有一对样品的差异可以在预排序中被区分。

（3）产品理论顺序未知时的产品比较

Friedman 检验能最大限度地显示评价员对样品间差异的识别能力。

① 至少有两个产品存在显著性差异

该检验应用于 j 个评价员对相同的 p 个样品进行评价。

R_1，R_2，$\cdots$，R_p 分别是 j 个评价员给出的 $1 \sim p$ 个样品的秩和。

a. 原假设可写成：

$H_0 : R_1 = R_2 = \cdots = R_p$，即认为样品间无显著差异。

备择假设则是：$H_1 : R_1 = R_2 = \cdots = R_p$，其中至少一个不等式不成立。

b. 为了检验该假设，计算 F_{test} 值：

完全区组设计中按公式（6—13）计算 F_{test} 值。

$$F_{test} = \frac{12}{jp(p+1)}(R_1^2 + \cdots + R_p^2) - 3j(p+1) \qquad (6-13)$$

式中：R_i——第 i 个产品的秩和。

平衡不完全区组设计中按公式（6—14）计算 F_{test} 值。

$$F_{test} = \frac{12}{j \times p(k+1)}(R_1^2 + \cdots + R_p^2) - \frac{3r \times n^2(k+1)}{g} \qquad (6-14)$$

式中：k——每个评价员排序的样品数；

R_i——i 个产品的秩和；

r——重复次数；

n——每个样品被评价的次数；

g——每两个样品被评价的次数。

c. 得出统计结论：

如果 $F_{test} > F$，则根据表 6—23 中评价员人数、样品（产品）数和显著性水平（$\alpha = 0.05$ 或 $\alpha = 0.01$）拒绝原假设，认为产品的秩次间存在显著差异，即产品间存在显著差异。

表 6—23　Friedman 检验的临界值（显著性水平 0.05 和 0.01）

评价员人数 j	样品（或产品）数 p									
	3	4	5	6	7	3	4	5	6	7
	显著性水平 $\alpha = 0.05$					显著性水平 $\alpha = 0.01$				
7	7.14	7.80	9.11	10.62	12.07	8.86	10.37	11.97	13.69	15.35
8	6.25	7.65	9.19	10.68	12.14	9.00	10.35	12.14	13.87	15.53
9	6.22	7.66	9.22	10.73	12.19	9.67	10.44	12.27	14.01	15.68
10	6.20	7.67	9.25	10.76	12.23	9.60	10.53	12.38	14.12	15.79
11	6.55	7.68	9.27	10.79	12.27	9.46	10.60	12.46	14.21	15.89
12	6.17	7.70	9.29	10.81	12.29	9.50	10.68	12.53	14.28	15.96
13	6.00	7.70	9.30	10.83	12.37	9.39	10.72	12.58	14.34	16.03
14	6.14	7.71	9.32	10.85	12.34	9.00	10.76	12.64	14.40	16.09

续表

评价员	样品(或产品)数 p									
人数 j	3	4	5	6	7	3	4	5	6	7
	显著性水平 $\alpha = 0.05$					显著性水平 $\alpha = 0.01$				
15	6.40	7.72	9.33	10.87	12.35	8.93	10.80	12.68	14.44	16.14
16	5.99	7.73	9.34	10.88	12.37	8.79	10.84	12.72	14.48	16.18
17	5.99	7.73	9.34	10.89	12.38	8.81	10.87	12.74	14.52	16.22
18	5.99	7.73	9.36	10.90	12.39	8.84	10.90	12.78	14.56	16.25
19	5.99	7.74	9.36	10.91	12.40	8.86	10.92	12.81	14.58	16.27
20	5.99	7.74	9.37	10.92	12.41	8.87	10.94	12.83	14.60	16.30
∞	5.99	7.81	9.49	11.07	12.59	9.21	11.34	13.28	15.09	16.81

注:1. F 可能是不连续值,其不连续性是由于 j,p 值较小而造成的,故在 $\alpha = 0.05$ 或 $\alpha = 0.01$ 的情况下得不到临界值。

2. 使用 χ^2 分布的一个近似值得到临界值。

如果样品(或产品)数或评价人数未列在表中,可将 F_{test} 看作自由度为 $p-1$ 的 χ^2 分布,估算出临界值。χ^2 分布的临界值参照附表 1,p 为样品或产品数(即 $p = f - 1$)。

②检验哪些产品与其他产品存在显著差异

如果 Friedman 检验的结论是产品之间存在显著性差异时,则可通过在选定的风险 α 下计算最小显著差(LSD)来确定哪些产品与其他产品存在显著性差异($\alpha = 0.05$ 或 $\alpha = 0.01$)。

在考虑风险 α 水平(显著性水平,即实际不存在差异,而检验结果存在差异的概率)时,应选用以下两种方法之一:

a. 当风险水平是应用于某特定产品对时,实际风险即是 α。例如当 $\alpha = 0.05$,在计算 LSD 时的 z 值为 1.96(对应于双尾正概率为 α),此时的风险称为比较风险或个别风险。

b. 当风险水平 α 应用于整个实验,则与每个产品对有关的实际风险为 $\alpha' = 2\alpha/p(p-1)$。例如,当 $p = 8$,$\alpha = 0.05$ 时,$\alpha' = 0.0018$,$z = 2.91$(对应于双尾正概率为 α')。此时的风险称为实验风险或整体风险。

大多数情况下,往往选用实验风险去判定哪些产品与其他产品存在显著性差异。

在完全区组试验设计中,LSD 值由公式(6—15)得出。

$$LSD = z\sqrt{\frac{j \times p(p+1)}{6}} \qquad (6—15)$$

在平衡不完全区组试验设计中,LSD 值由公式(6—16)得出。

$$LSD = z\sqrt{\frac{r(k+1)(n \times k - n + g)}{6}} \qquad (6—16)$$

计算两两样品的秩和之差,并与 LSD 值比较。若秩和之差等于或大于 LSD 值,则这两个样品之间存在显著性差异,即排序检验时,已区分出这两个样品之间的差异。反之,若秩和之差小于 LSD 值,则这两个样品间不存在显著性差异,即排序检验时,未区分出两个样品之间的差异。

(4)同秩情况

若两个或多个样品同秩次,则完全区组设计中的 F 值应替换为 F',由公式(6—17)得出。

$$F' = \frac{F}{1 - \{E/[j \times p(p^2 - 1)]\}} \tag{6—17}$$

其中 E 值由公式(6—18)得出。

令 $n_1, n_2, \cdots, n_k$ 为每个同秩组里秩次相同的样品数,则

$$E = (n_1^3 - n_1) + (n_2^3 - n_2) + \cdots + (n_k^3 - n_k) \tag{6—18}$$

例如,表6—20中有两个组出现了同秩情况:

第2行中 B、C 样品同秩次(评价结果来源于二号评价员),则 $n_1 = 2$;

第3行中 B、C 和 D 样品同秩次(评价结果来源于三号评价员),则 $n_2 = 3$。

故:$E = (2^3 - 2) + (3^3 - 3) = 6 + 24 = 30$

因 $j = 7, p = 4$,先计算出 F,再按公式(6—17)计算 F' 的值:

$$F' = \frac{F}{1 - \{30/[7 \times 4(4^2 - 1)]\}} = 1.08F$$

然后将 F' 与表6—23和 χ^2 分布表中的临界值比较,从而得出统计结论。

(5)比较两个产品:符号检验

某些特殊情况用排序法进行两个产品之间的差异比较时,可使用符号检验。

如比较两个产品 A 和 B 的差异。k_A 是产品 A 排序在产品 B 之前的评价次数。k_B 表示产品 B 排序在产品 A 之前的评价次数。k 则是 k_A 和 k_B 之中较小的那个数,即 $k = \min\{k_A, k_B\}$。因此未区分出 A 和 B 差异的评价不在统计的评价次数之内。

原假设:$H_0 : k_A = k_B$。

备择假设:$H_1 : k_A \neq k_B$。

如果 k 小于表6—24中配对符号检验的临界值,则拒绝原假设而接受备择假设。表明 A 和 B 之间存在显著性差异。

表6—24   符号检验的临界值(双侧)

评价员人数 j	显著性水平		评价员人数 j	显著性水平	
	$\alpha = 0.01$	$\alpha = 0.05$		$\alpha = 0.01$	$\alpha = 0.05$
1			14	1	2
2			15	2	3
3			16	2	3
4			17	2	4
5			18	3	4
6		0	19	3	4
7		0	20	3	5
8	0	0	21	4	5
9	0	1	22	4	5
10	0	1	23	4	6
11	0	1	24	5	6
12	1	2	25	5	7
13	1	2	26	6	7

"十二五"高职高专院校规划教材(食品类)

续表

评价员人数 j	显著性水平		评价员人数 j	显著性水平	
	$\alpha = 0.01$	$\alpha = 0.05$		$\alpha = 0.01$	$\alpha = 0.05$
27	6	7	59	19	21
28	6	8	60	19	21
29	7	8	61	20	22
30	7	9	62	20	22
31	7	9	63	20	23
32	8	9	64	21	23
33	8	10	65	21	24
34	9	10	66	22	24
35	9	11	67	22	25
36	9	11	68	22	25
37	10	12	69	23	25
38	10	12	70	23	26
39	11	12	71	24	26
40	11	13	72	24	27
41	11	13	73	25	27
42	12	14	74	25	28
43	12	14	75	25	28
44	13	15	76	26	28
45	13	15	77	26	29
46	13	15	78	27	29
47	14	16	79	27	30
48	14	16	80	28	30
49	15	17	81	28	31
50	15	17	82	28	31
51	15	18	83	29	32
52	16	18	84	29	32
53	16	18	85	30	32
54	17	19	86	30	33
55	17	19	87	31	33
56	17	20	88	31	34
57	18	20	89	31	34
58	18	21	90	32	35

注:当 $j > 90$ 时,临界值由公式 $L = (j-1)/2 - k\sqrt{j+1}$ 计算,结果进行四舍五入取整。$\alpha = 0.05$ 时,k 值为 0.980;$\alpha = 0.01$ 时,k 值为 1.287 9。

（三）排序检验法的应用实例

例题　完全区组设计

14 名评价员评价 5 个样品,结果统计如表 6—25。

表 6—25　评价员评价结果统计表（完全区组设计）

评价员	样　品				
	A	B	C	D	E
1	2	4	5	3	1
2	4	5	3	1	2
3	1	4	5	3	2
4	1	2	5	3	4
5	1	5	2	3	4
6	2	3	4	5	1
7	4	5	3	1	2
8	2	3	5	4	1
9	1	3	4	5	2
10	1	2	5	3	2
11	4	5	2	3	1
12	2	4	3	5	1
13	5	3	4	2	1
14	3	5	2	4	1
秩和	33	53	52	45	27

（1）Friedman 检验

a. 计算统计量 F_{test}

$$j = 14, p = 5, R_1 = 33, R_2 = 53, R_3 = 52, R_4 = 45, R_5 = 27$$

根据公式（6—13）,得

$$F_{test} = \frac{12}{14 \times 5 \times (5+1)} \times (33^2 + 53^2 + 52^2 + 45^2 + 27^2) - 3 \times 14 \times (5+1) = 15.3$$

b. 统计结论

因为 $F_{test} = 15.3$ 大于表 6—23 中 $j = 14, p = 5, \alpha = 0.05$ 对应的临界值 9.32,故可认为,在显著性水平小于或等于 5% 时,5 个样品之间存在显著性差异。

（2）多重比较和分组

如果两个样品秩和之差的绝对值大于最小显著差 LSD,则可以认为二者有显著性差异。

a. 计算最小显著差 LSD

$$LSD = 1.96 \times \sqrt{\frac{14 \times 5 \times (5+1)}{6}} = 16.40 \quad (\alpha = 0.05)$$

b. 比较与分组

在显著性水平 0.05 下,A 和 B、A 和 C、C 和 B、E 和 C、E 和 D 的差异是显著的,它们秩和之差的绝对值分别为

A – B:$|33 - 53| = 20$ E – B:$|27 - 53| = 26$

A – C:$|33 - 52| = 19$ E – C:$|27 - 52| = 25$

                          E – D:$|27 - 45| = 18$

以上比较的结果表示如下:

$$\underline{\mathrm{E \quad A}} \qquad \underline{\mathrm{D \quad C \quad B}}$$

下划线的意义表示:

——未经连续的下划线连接的两个样品之间有显著性差异(在 5% 的显著性水平下);

——由连续的下划线连接的两个样品无显著性差异;

——无显著性差异的 A 和 E 排在无显著性差异的 D、C、B 前面。

因此,5 个样品可分为三组,一组包括 A 和 E,另一组包括 A 和 D,第三组包括 B、D、C。

(3)Page 检验

根据秩和顺序,可将样品初步排序为:E≤A≤D≤C≤B,Page 检验可检验该推论。

a. 计算 L 值

$$L = (1 \times 27) + (2 \times 33) + (3 \times 45) + (4 \times 52) + (5 \times 53) = 701$$

b. 统计结论

由表 6—22 可知,$p = 5$、$j = 14$、$\alpha = 0.05$ 时,Page 检验的临界值为 661。

因为 $L > 661$,所以当 $\alpha = 0.05$ 时,拒绝原假设,样品之间存在显著性差异。

(4)结论

a. 基于 Friedman 检验

在 5% 的显著水平下,E 和 A 无显著性差异;D 和 C、B 无显著性差异;A 和 D 无显著性差异,但 A 和 C、B 有显著性差异;E 和 D、C、B 有显著性差异。

b. 基于 Page 检验

在 5% 的显著性水平下,评价员辨别出了样品之间存在差异,并且给出的排序与预先设定的顺序一致。

三、评分检验法

要求评价员把样品的品质特性以数字标度形式来评价的检验称为评分检验法。即按预先设定的评价基准,对样品的特性和嗜好程度以数字标度进行评定,然后换算成得分的一种评价方法。在评分法中所使用的数字标度为等距标度或比率标度。它不同于其他方法所谓的绝对性判断,而是根据评价员各自的鉴评基准进行判断。它出现的粗糙评分现象也可由增加评价员人数来克服。

(一)评分检验法的适用范围和评价员数

由于此方法可同时鉴评一种或多种产品的一个或多个指标的强度及其差异,所以应用较为广泛,尤其用于评价新产品。

与其他标度和类别检验方法一样,评价员的数量要根据待评价的不同产品的特性之间的接近程度、评价员所接受的培训、评价结果所得结论的重要性、检验的目标等来确定。当缺乏明显可确定目标时,若评价小组属于分析和研究型时参照表6—26确定评价员人数。若为消费者评价小组,则消费者组的数量与检验类型所需的消费人群有关,其数目应与典型的消费者类型检验所需的数目相同,即至少50人,通常更多。

表6—26 评分检验法评价员小组的组成

评价员类型	评价员最少数量	推荐人数
有经验的评价员,在所研究的产品及特性评估方面经过高度专业培训	5	10
有经验的评价员,在所研究的产品及特性评估方面经过专业培训	15	20 ~ 25
新培训的评价员	20	≥20

（二）评分检验法的检验步骤

检验前,首先应确定所使用的标度类型,使评价员对每一个评分点所代表的意义有共同的认识。样品的出示顺序可利用拉丁法随机排列。

结果分析与统计,如:

非常不喜欢	很不喜欢	不喜欢	不太喜欢	一般	稍喜欢	喜欢	很喜欢	非常喜欢

评价结果可转换成数值,如非常喜欢 = 9、非常不喜欢 = 1 的 9 分制评分式;或非常不喜欢 = −4,很不喜欢 = −3,不喜欢 = −2,不太喜欢 = −1,一般为 0,稍喜欢 = 1,喜欢 = 2,很喜欢 = 3,非常喜欢 = 4;也可设无感觉 = 0,稍稍有感觉 = 1,稍有感觉 = 2,有感觉 = 3,感觉较强 = 4,感觉非常强 = 5;还可有 10 分制或百分制等方式,然后通过复合比较,来分析各个样品的各个特性间的差异情况。但当样品数只有两个时,可用较简单的 t 检验。

（三）评分检验法的应用实例

例题一

10 位评价员鉴评两种样品,以 9 分制鉴评,求两样品是否有差异。评价结果见表6—27。

表6—27 评分检验法评价结果表

评价员		1	2	3	4	5	6	7	8	9	10	合计	平均值
样品	A	8	7	7	8	6	7	7	8	6	7	71	7.1
	B	6	7	6	7	6	6	7	7	7	7	66	6.6
评分差	d	2	0	1	1	0	1	0	1	−1	0	5	0.5
	d^2	4	0	1	1	0	1	0	1	1	0	25	

用 t 检验进行分析：

$$t = \frac{\overline{d}}{\sigma_e / \sqrt{n}}$$

其中 $\overline{d} = 0.5, n = 10$。

$$\sigma_e = \sqrt{\frac{\sum(d - \overline{d})^2}{n - 1}} = \sqrt{\frac{\sum d^2 - (\sum d)^2/n}{n - 1}} = \sqrt{\frac{9 - \frac{5^2}{10}}{10 - 1}} = 0.85$$

所以

$$t = \frac{0.5}{0.85 / \sqrt{10}} = 1.86$$

以评价员自由度为9查 t 分布表(见附表2)，在5%显著水平相应的临界值为 $t_9(0.05) = 2.262$，由于 $2.262 > 1.86$，因此可推断A、B两样品没有显著差异(5%水平)。

例题二

为了调查人造奶油与天然奶油的嗜好情况，制备了3种样品：①用人造奶油制作的白色调味汁；②用天然奶油及人造奶油各50%制作的白色调味汁；③用天然奶油制作的白色调味汁。选用48名评价员进行评分检验。评分标准为：+2表示风味很好；+1表示风味好；0表示风味一般；−1表示风味不佳；−2表示风味很差。检验结果见表6—28。

表6—28　评分检验法检验结果统计表

样品号	不同评分标准对应的评价员数					总分 A	平均分数 $\overline{A}$
	+2	+1	0	−1	−2		
1	1	9	2	4	0	+7	0.44
2	0	6	6	4	0	+2	0.13
3	0	5	9	2	0	+3	0.19

其中，$A_1 = (+2) \times 1 + (+1) \times 9 + 0 \times 2 + (-1) \times 4 + (-2) \times 0 = +7$，

同理：$A_2 = 2, A_3 = 3$。

$\overline{A_1} = A_1/16 = \frac{7}{16} = 0.44, \overline{A_2} = 0.13, \overline{A_3} = 0.19$。

根据表6—29，用方差分析法进行以下计算：

$$T = +7 + 2 + 3 = 12$$

$$CF = \frac{T^2}{48} = \frac{12^2}{48} = 3$$

(1) 总平方和 $= \sum_{i=1}^{3} \sum_{j=1}^{16} \chi_{ij}^2 - CF$

$= (+2)^2 \times (1 + 0 + 0) + (+1)^2 \times (9 + 6 + 5) + 0^2 \times (2 + 6 + 9)$

$\quad + (-1)^2 \times (4 + 4 + 2) + (-2)^2 \times (0 + 0 + 0) - 3$

$= 31$

样品平方和 $= \frac{1}{16} \sum_{i=1}^{3} A_i^2 - CF = \frac{1}{16}(7^2 + 3^2 + 2^2) - 3 = 0.88$

因此，误差平方和 $= 31 - 0.88 = 30.12$

（2）总自由度 = 48 – 1 = 47

样品自由度 = 3 – 2 = 1

误差自由度 = 47 – 2 = 45

（3）均方差为变因平方和除以自由度：

$$样品方差 = \frac{0.88}{2} = 0.44$$

$$误差方差 = \frac{30.12}{45} = 0.67$$

两者方差比为 $F_0 = \frac{0.44}{0.67} = 0.66$

列出方差分析表，见表6—29。

表6—29　方差分析表

差异原因	自由度	平方和	方差	F 值
样品	2	0.88	0.44	0.66
误差	45	30.12	0.67	
总计	47	31		

（4）检定：

因 F 分布表（附表3）中自由度为2和45的5%误差水平时，有

$$F_{45}^{2}(0.05) \approx 3.2 > F_0$$

故可得出"这三种调味汁之间没有差别"的结论。

四、评估检验法

评估检验法是随机顺序提供一个或多个样品，要求评价员在一个或多个指标的基础上进行分类、排序，评价样品的一个或多个特征强度，或对产品的偏爱程度。进一步可根据各项特征指标对该产品质量的重要程度确定其加权数，并对各指标的评价结果加权平均，从而得出整个样品的评估结果。

（一）评估检验法的适用范围和评价员数

评估检验法可用于评价样品的一个或多个指标的强度及对产品的嗜好程度。

评估法的评价员数根据检验的目的和用途来确定。

（二）评估检验法的检验步骤

检验前，要清楚地定义所使用的类别，并被评价员所理解。标度可以是图示的、描述的或数字的形式；它可以是单极标度，也可以是双极标度。根据检验的样品、目的等的不同，特性评析的鉴评表可以多种多样。举例说明如下。

例如：有 A、B、C、D、E 5个样品，希望通过对其外观、组织结构、风味的鉴评把5个样品分列入应属的级别。

鉴评标准如下:

色泽:Ⅰ级:……	气味:Ⅰ级:……
Ⅱ级:……	Ⅱ级:……
Ⅲ级:……	Ⅲ级:……
滋味:Ⅰ级:……	形态:Ⅰ级:……
Ⅱ级:……	Ⅱ级:……
Ⅲ级:……	Ⅲ级:……

标度示例:

Ⅰ级 ① ⑤   Ⅱ级 ④   Ⅲ级 ② ③

好————————————————→差

结果统计与分析:

统计每一个样品落入每一级别的频数,然后比较各个样品落入不同级别的分布,从而得出每个样品应属的级别。具体的统计分析方法与分类法相同。

确定了样品的各个特征级别之后,可应用加权法确定各个应属的级别。例如,假设样品的色泽、气味、滋味、形态的权类分别为10%、20%、50%和20%,把鉴评表中的级别及标度转换成数值:

Ⅰ级	Ⅱ级	Ⅲ级
1 2 3 4	4 5 6 7	7 8 9 10

统计各样品各个特性数值的平均值,并与规定的权数相乘。

如:假设色泽的平均值为$\bar{x}_1$,气味的平均值为$\bar{x}_2$,滋味的平均值为$\bar{x}_3$,形态的平均值为$\bar{x}_4$。那么对于样品A,其综合结果就为

$$10\%\bar{x}_{1A} + 20\%\bar{x}_{2A} + 50\%\bar{x}_{3A} + 20\%\bar{x}_{4A}$$

样品B的综合结果为:

$$10\%\bar{x}_{1B} + 20\%\bar{x}_{2B} + 50\%\bar{x}_{3B} + 20\%\bar{x}_{4B}$$

若样品A的综合结果为2.5,则可以说明A样品为Ⅰ级品,以此类推,可得出B、C、D、E样品所属级别(而非分类)。

第四节 描述性分析检验

描述分析性试验是评价员对产品的所有品质特性进行定性、定量的分析及描述评价。它要求评价产品的所有感官特性,如外观、嗅闻的气味特征、口中的风味特性(味觉、嗅觉及口腔的冷、热、收敛等知觉和余味)及组织特性和几何特性。组织特性即质地,包括:机械特性——硬度、凝聚度、黏度、附着度和弹性5个基本特性及碎裂度、固体食物咀嚼度、半固体食物胶密度3个从属特性;几何特性——产品颗粒、形态及方向物性,有无平滑感、层状感、丝状感、粗粒感等,以及油、水含量感,如油感、湿润感等。因此它要求评价员除具备人体感知食品品质特性和次序的能力外,还要具备描述食品品质特性的专有名词的定义与其在食品中的实质含义的能力,以及总体印象或总体风味强度和总体差异分析的能力。描述法通常可依是否进行定量分析而分为简单描述法和定量描述法。

一、简单描述检验法

（一）方法描述

要求评价员对构成产品特征的各个指标进行定性描述，尽量完整地描述出样品品质的检验方法称为简单描述试验。此方法可用于识别或描述某一特殊样品或许多样品的特殊指标，或将感觉到的特性指标建立一个序列。该法常用于质量控制、产品在贮存期间的变化或描述已经确定的差异检测，也可用于培训评价员。

简单描述法一般有两种形式：一种是自由式描述，即由评价员选择自己认为合适的词汇，对样品的特性进行描述。这种形式往往会使评价员不知所措，所以应尽量由非常了解产品特性的或受过专门培训的评价员来回答。另一种是界定式描述，即首先提供指标检查表，或是评价某类产品时的一组专用术语，由评价员选用其中合适的指标或术语对产品的特性进行描述。

描述检验对评价员的要求较高，他们一般都是该领域的技术专家，或是该领域的优选评价员，并且具有较高的文学造诣，对语言的含义有正确的理解和恰当使用的能力。

要使感官评定人员能够用精确的语言对风味进行描述，经过一定的培训是非常必要的。培训的目的就是要使所有的感官评定人员都能使用相同的概念，并且能够与其他人进行准确的交流，并采用约定俗成的科学语言（即所谓的"行话"），把这种概念清楚地表达出来。而普通消费者用来描述感官特性的语言，大多采用日常用语或大众用语，并且带有较多的感情色彩，因而不太精确和特定。如：

表示香气程度的术语：无香气、似有香气、微有香气、香气不足、清雅、细腻、纯正、浓郁、暴香、放香、喷香、入口香、回香、余香、悠长、绵长、谐调、完满、浮香、陈酒香、异香、焦香、香韵、异气、刺激性气味、臭气等。

茅台酒的香气特点是香气优雅细致，香而不艳，低而不淡，略有焦香而不出头，柔和绵长。

表示滋味程度的术语：浓淡、醇和、醇厚、香醇甜净、绵软、清洌、粗糙、燥辣、粗暴、厚味、余味、回味、烩甜、甜净、甜绵、醇甜、甘洌、甘润、干爽、邪味、异味、尾子不净等。

表示外观的术语：一般、深、苍白、暗状、油斑、白斑、褪色、斑纹、波动（色泽有变化）、有杂色。

表示结构的术语：一般、黏性、油腻、厚重、薄弱、易碎、断面粗糙、裂缝、不规则、粉状感有孔、油脂析出、有线散现象。

（二）问答表设计

简单描述检验通常被用在对已知有差异的形状进行描写，对于培训评价员也很有用处。

鉴评小组：由 5 名或 5 名以上专家或优选评价员组成。

在进行问答表设计时，首先应了解产品的整体特征或该产品对人的感官属性有重要作用或贡献的某些特征，将这些特征列入评价表中，让评价员逐项进行品评，并用适当的词汇予以表达，或者用某一种标度进行评价。

实例:玉冰烧型米酒品评

(1)产品介绍

玉冰烧型米酒,原产于广东珠江三角洲地区,有五百多年的历史,是以大米为原料,以米饭、黄豆、酒饼叶所制成的小曲酒饼作糖化发酵剂,通过半固体发酵和甑式蒸馏方式制成白酒,再经陈化的猪脊肥肉浸泡,精心勾兑而成的低度白酒,该酒的特点是豉香突出、醇和干爽,代表产品为豉味玉冰烧米酒、石湾特醇米酒、九江双蒸米酒等。

(2)评分标准

表6—30 玉冰烧型米酒评分标准

项目	标 准	最高分	扣分
色泽	色清透明、晶亮	10	1~2
	色清透明,有微黄感		3分以上
	色清微浑浊,有悬浮物		
香气	豉香独特、协调、浓陈、柔和、有优雅感,杯底留香长	25	1~2
	豉香纯正、沉实,杯底留香而长,无异常		4~7
	豉香略淡薄,放香欠长、杯底留香短,无异杂味		
口味	入口醇和,绵甜细腻,酒体丰满,余口干爽,滋味协调,苦不留口	50	2~6
	入口醇净,绵甜干爽,略微涩		5~9
	入口醇甜,微涩,苦味不留口,尚爽净,后苦短		8~13
	入口尚醇甜,有微涩、微苦或有杂味		
风格	具有该酒的典型风格,色香味协调	15	1~2
	色香味尚协调,风格尚典型		2分以上
	风格典型性不足,色香味欠协调		

(3)评分表

表6—31 玉冰烧型米酒评分表

样品名称:　　　　　　评价员姓名:　　　　　　检验日期:

编号	样品号	色泽10%	香气25%	口味50%	风格15%	评语	备注
1							
2							
3							
4							
5							
6							

典型的优质玉冰烧型米酒为:玉洁冰清,豉香独特,醇和甘滑,余味爽净。

(三)结果分析

这种方法可以用于1个或多个样品。在操作过程中样品出示的顺序可以不同,通常将第一个样品作为对照是比较好的。每个评价员在品评样品时要独立进行,记录中要写清每个样品的特征。所有评价员的检验全部完成后,在组长的主持下进行必要的讨论,然后得出综合结论。该方法的结果通常不需要进行统计分析。为了避免试验结果不一致或重复性不好,可以加强对品评人员的培训,并要求每个品评人员都使用相同的评价方法和评价标准。

这种方法的不足之处包括:品评小组的意见可能被小组当中地位较高的人或具有"说了算"性格的人所左右,而其他人的意见不被重视或得不到体现。

二、定量描述和感官剖面检验法

(一)方法特点

定量描述法:要求评价员尽量完整地对形成样品感官特征的各个指标强度进行描述的检验方法。这种检验是使用以前由简单描述检验所确定的词汇中选择的词汇,描述样品整个感官印象的定量分析,可单独或结合地用于鉴评气味、风味、外观和质地。

此方法对质量控制、质量分析、确定产品之间差异的性质、新产品研制、产品品质的改良等最为有效,并且可以提供与仪器检验数据对比的感官数据,提供产品特征的持久记录。

通常,在正式小组成立之前需要有一个熟悉情况的阶段,以了解类似产品,建立描述的最好方法和统一评价识别的目标,同时应确定参比样品(纯化合物或具有独特性质的天然产品)和规定描述特性的词汇。具体进行时,还可根据目的的不同设计出不同的检验记录形式。

定量描述和感官剖面检验法依照检验方法的不同可分成两大类型:描述产品特性达到一致的称为一致方法,不需要一致的称为独立方法。

一致方法中的必要条件是评价小组负责人也参加评价,所有评价员都作为一个集体的成员,目的是对产品风味描述达到一致。评价小组负责人组织讨论,直至对每个结论都达到一致意见,从而可以对产品风味特征进行一致的描述。如果不能达到一致,可以引用参比样来帮助达到一致。为此,有时必须经过一次或多次讨论,最后由评价小组负责人报告和说明结果。

在独立方法中,小组组织者一般不参加评价,评价小组意见不需要一致,评价员在小组内讨论产品特性,然后单独记录他们的感觉,由评价小组负责人汇总和分析这些单一结果。

在一致方法中,开始评价员单独工作,按感性认识记录特性特征,感觉顺序、强度、余味和(或)滞留度,然后进行综合印象评估。当评价员测完剖面时,就开始讨论,由评价小组负责人收集各自的结果,讨论至小组意见达到一致为止。为了达到意见一致可推荐参比样或者评价小组多次开会讨论。

在独立方法中,当评价小组对规定特性特征的认识达到一致后,评价员就可以单独工作并记录感觉顺序,用同一标度去测定每种特性强度、余味或滞留度及综合印象。

最后由评价小组负责人收集并报告评价员提供的结果,计算出各特性特征强度(或喜好)平均值,用表或图表示。若有数个样品进行比较时,可利用综合印象的结果得出样品间的差别大小及方向,也可以利用各特性特征的评价结果,用一个适宜的分析方法分析(如评分分析法),确定样品之间差别的性质和大小。

无论一致方法或独立方法,检验报告均应包括以下内容:涉及的问题、使用的方法、制备样品的方法、检验条件(含评价员资格、特性特征的目录和定义、使用的参比物质目录、测定强度所使用的标度、分析结果所使用的方法等)、得到的结果及引用的标准。

定量描述和感官剖面检验法的检验内容通常有:

(1)特性特征的鉴定。即用叙词或相关的术语描述感觉到的特性特征。

(2)感觉顺序的确定。即记录显示和察觉到各特性特征所出现的顺序。

(3)强度评价。每种特性特征的强度(质量和持续时间),可由鉴评小组或独立工作的评价员测定。

(4)余味和滞留度的测定。样品被吞下后(或吐出后)出现的与原来不同的特性特征称为余味。样品已经被吞下(或吐出后),继续感觉到的特性特征称为滞留度。在一些情况下,可要求检查员评定余味,并测定其强度,或者测定滞留度的强度和持续时间。

(5)综合印象的评估。综合印象是对产品的总体评估,考虑到特性特征的适应性、强度、相一致的背景特征的混合等,综合印象通常在一个三点标度上评估:1 表示低,2 表示中,3 表示高。在一致方法中,鉴评小组赞同一个综合印象。在独立方法中,每个评价员分别评估综合印象,然后计算其平均值。

(6)强度变化的评估。有时,可能要求以曲线(有坐标)形式表现从接触样品刺激到脱离样品刺激的感觉强度变化(如食品中的甜、苦等)。

检验的结果可根据要求以表格或图的形式报告,也可利用各特性特征的评价结果做样品间适宜的差异分析(如评分法解析)。

(二)问答设计

定量描述和感官剖面检验法是属于说明食品质和量兼用的方法,多用于判断两种产品之间是否存在差异和差异存在的方面,以及差异的大小,产品质量控制,质量分析,新产品开发和产品质量改良等方面。因此,在进行描述时,都会面临下面几个问题:

(1)一个产品的什么品质在配方改变时会发生变化?

(2)工艺条件改变时对产品品质可能会产生什么样的变化?

(3)这种产品在储藏过程中会有什么变化?

(4)在不同地域生产的同类产品会有什么区别?

根据这些问题,这种方法的实施通常需要经过三个过程:

(1)决定要检验的产品的品质是什么;

(2)组织一个鉴评小组,开展必要的培训和预备检验,是评价员熟悉和习惯将要用于该项检验的尺度标准和有关术语;

(3)评价这种有区别的产品,在被检验的品质上有多大程度的差异。

(三)结果分析

定量描述法不同于简单描述法的最大特点是利用统计分对数据进行分析,统计分析的方法随所用对样品特性特征强度评价的方法而定。强度评价的方法主要有以下几种:

①数字评估法。

0 = 不存在　1 = 刚好可识别　2 = 弱　3 = 中等　4 = 强　5 = 很强

②标度点评估法。用标度点"○"评估。

弱○○○○○○○强

在每个标度的两端写上相应的叙词,其中间级数或点数根据特性特征而改变。

③直线评估法。

例如,在100mm长的直线上,距每个末端大约10mm处写上叙词,评价员在线上做一个记号表明强度。然后测量评价员做的记号与线左端之间的距离(mm),表示强度数值。

④评价人员在单独的品评室对样品进行评价,检验结束后,将标尺上的刻度转算为数值输入计算机。统计分析后得出平均值,然后用标度点评估法或直线评估法并作图。定量描述分析和感官剖面检验一般还附有一个图,图形有扇形图、棒形图、圆形图和蜘蛛网图等。

实例一:调味西红柿酱风味剖面检验报告(一致方法)

(1)表格式

表6—32 调味西红柿酱风味剖面检验报告

产 品		调味西红柿酱
日 期		年 月 日
特性特征	感觉顺序	强度(标度A)
	西红柿	4
	肉桂	1
	丁香	3
	甜度	2
	胡椒	1
	余味	无
	滞留度	相当长
	综合印象	2

(2)图式

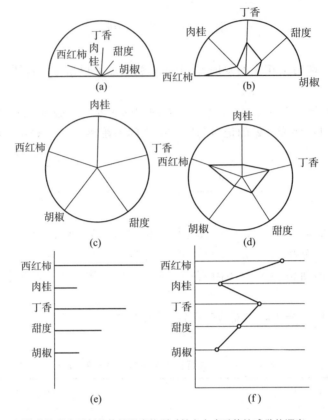

注:(a)用线的长度表示每种特性强度按顺时针方向表示特性感觉的顺序;

(b)每种特性强度记在轴上,连结各点,建立一个风味剖面的图示;

(c)、(d)圆形图示,原理同(a)和(b);

(e)按标度(c)绘制,连结各点给出风味剖面,如(f)所示。

图6—2　调味西红柿酱风味剖面检验图式报告

实例二:沙司酱风味剖面分析报告(独立方法)

样品:沙司酱　　　检验员:　　　检验日期:

特性特征		7	6	5	4	3	2	1	0
	鸡蛋	□	□	□	□	□	□	□	□
	胡椒	□	□	□	□	□	□	□	□
风味	柠檬	□	□	□	□	□	□	□	□
	盐	□	□	□	□	□	□	□	□
	黄油	□	□	□	□	□	□	□	□
余味		□	□	□	□	□	□	□	□
滞留度		□	□	□	□	□	□	□	□

综合印象:3

图6—3　沙司酱风味剖面分析报告

本 章 小 结

本章主要叙述了感官评定方法的分类及选择依据;差别类检验、标度和类别检验、描述性分析检验三大类感官评定方法的定义、适用范围、评价员人数要求、检验步骤、结果分析与统计;各种检验方法的主要应用对象与分析等内容。

复习思考题

1.简述食品感官评定方法的分类及选择依据。

2.叙述三大类食品感官评定方法的主要适用对象与目的。

3.试述"A"–"非 A"检验法的主要步骤。

4.评分检验法的检验程序及注意事项分别是什么?

5.试用描述性分析检验法分析描述一种食品。

 阅读小知识

近红外光谱技术在食品感官分析中的应用

食品的感官品质是决定食品可接受度的最直观的因素。无论对于食品企业还是消费者,都希望快速地了解到食品的感官评定值。对食品的感官评定目前主要有主观评价和客观评价两种方法。主观评价要靠经过培训且经验丰富有权威的专业评审人员,利用人自身的感觉器官对食品进行评价和判别。这种方法虽然简单实用,但是需要一大批优秀的感官评价员,而且不同的人具有不同的感觉敏感性、嗜好和评价标准,由于主观因素的干扰,往往误差较大。

客观评价目前主要借助仪器测量对样品进行感官品质的分析,虽然分析结果相对稳定,可靠性高,不受人为因素的影响,但是操作复杂,费时费力,而且一种仪器一般只能对一种感官性状进行分析,很难实现多种性状同时测定。而且,一般的机械或化学操作都会对食品造成一定程度的损伤,不适合在线检测。因此,利用近红外光谱分析作为无损伤检测技术,分析时间短,可同时进行多种感官指标的检测,在食品的感官评定领域内的应用已经越来越受到重视。

1.近红外光谱技术应用于食品感官分析的基础

食品感官品质中的许多指标虽然不能直接接收光线,但是,由于大多数食品的感官性状的变化实质上是由于其本身化学成分的改变而引起的,如水果的硬度大小与果胶成分的含量密切相关。肉制品的嫩度与其脂肪和水分的组成和含量密切相关。另外,近红外光在肉体中的穿透力,与肉的硬度和嫩度也可能有关系,它在硬肉块中的穿透路径比在嫩肉中的穿透路径要长,这可能也是导致硬度大的肉在近红外区域吸光度大的原因,尤其是在波长为 1150 ~ 1300nm 的波段。而酒的风味与酒体中有机风味物质的种类和含量密切相关,大米的黏度与淀粉的糊化程度密切相关等。因此,许多感官性状虽然不具备近红外吸收的信息,也可以与光谱间接地相关,从而建立相关的数学模型,对某些感官指标进行预测。

2. 近红外光谱技术在感官分析中的主要应用

由于近红外光谱与食品的感官指标之间建立的是间接关系,因此,必须首先确定感官指标和与决定其性质的化学特性的相关性,其分析的主要过程见图6—4。

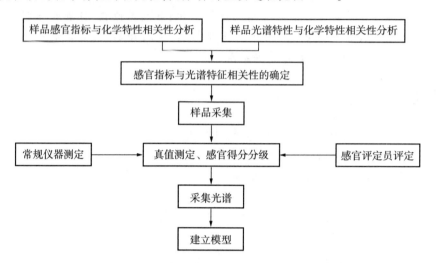

图6—4　红外光谱进行感官评定的主要过程

3. 近红外光谱技术在食品感官分析中的应用现状

(1)近红外光谱技术在水果感官分析中的应用

利用近红外技术可以分析水果的酸度、甜度、硬度、内部褐变状况、表面损伤程度等多种指标。傅霞萍等应用傅里叶漫反射近红外光谱技术探讨了"雪青"梨坚实度无损检测的方法。实验选择了800nm～2500nm的波长进行分析,利用偏最小二乘法(PLS)建立了坚实度与漫反射光谱的数学模型,同时对不同光谱预处理方法和不同建模波段范围对模型的预测性能进行了对比分析。McGlone等采用400nm～1000nm波长的透射法检测了不同硬度(硬63.5N,软8N),猕猴桃的吸收光谱。研究发现,两种猕猴桃吸收光谱变化趋势基本相同,但在520nm～680nm波长范围内,高硬度猕猴桃的吸光度高于低硬度猕猴桃,因此该波长范围的光谱可用于区别猕猴桃的硬度。其原因是随着成熟度的增加,与硬度密切相关的果胶发生了变化,即果胶组成变化引起的物性变化成分反应在光谱上。Lu探索利用近红外光谱检测苹果硬度的可能性。硬度的分析结果为:选用750nm～1060nm的波段建立模型,相关系数为0.87,标准预测误差为5.8,说明在这个波段对苹果的硬度进行预测是可行的。

(2)近红外光谱分析技术在肉制品感官评定中的应用

近红外光谱技术在肉制品的感官品质分析中的应用在发达国家越来越被重视。Byrne等用主成分分析法在750nm～1098nm光谱范围内研究了牛肉背最长肌的嫩度纹理以及风味与近红外光谱的相关性。

Andre等研究了近红外光谱预测小羊羔感官评定值的可能性,实验中对232个小羊羔肌肉样品的出汁率、风味、异常风味及整体嗜好与近红外光谱数据建立了预测模型。预测结果表明,虽然这些由感官评价员评定出的感官特性值与光谱数据间的相关系数都很低($r < 0.40$),但是却能预测出25个最好和最差的样品,即近红外光谱能区别出最极端的样品。同时他们也提出,这种只能区别极端样品的能力在实际应用中可能成为近红外的一个最重要的挑战,因为

当样品接近中间状态时,消费者就很难利用近红外光谱很准确地测出小羊羔肉感官评定的结果。

在我国,赵文杰等利用近红外光谱技术研究了牛肉嫩度的检测方法。在波数为 $4000cm^{-1}$ ~ $10000cm^{-1}$ 范围内测定牛肉样本近红外吸收光谱,然后用沃—布剪切仪测得牛肉样本(背长肌)的最大剪切力值并进行主观嫩度等级评价。用多元线性回归法对校正集建立模型,得到相关系数 r 为 0.806;用此模型对牛肉预测集 19 个样本进行预测,分级正确率为 84.21%。该研究说明利用近红外技术对牛肉嫩度进行预测是可行的。

(3)近红外光谱技术在饮料感官分析中的应用

Esteban – DIez 等利用近红外技术探讨了近红外光谱与咖啡感官值之间的相关性,并结合 PLS 方法对咖啡的感官性状分别建立了酸度、苦味、口感、回味的模型,其预测结果具有较高的准确性,其交互验证均方根偏差为 4.7% ~ 7.0%。Urban – Cuadrao 等对近红外光谱分析技术在葡萄酒中常规的一些感官指标的检测和甄别中的应用进行了研究。实验分析了不同品种和品名的 1800 瓶葡萄酒样品,并采用 PLS 对酸度、颜色、色调等建立了数序模型,分析结果中,R_2 都大于 0.8 且交互验证标准偏差与常规方法分析结果接近。Cozzolino 等建立了澳大利亚两个品种的白酒的近红外光谱与感官评定之间的关系。对白酒进行感官描述,采用 PLS 建立感官评定和近红外关谱之间的校正模型。其分析结果为:酯、蜜和柠檬—柑橘与光谱的相关性在 0.7 以上,而西番莲之果实、整体风味和甜味与光谱的相关性不到 0.5。分析认为,感官评定与近红外光谱分析存在一定的相关性,但相关系数不高,需要进行进一步实验。

(4)近红外光谱技术在谷类产品感官分析中的应用

水稻作物作为重要的粮食作物之一,近红外光谱较早地应用到其品质的分析中。稻米的品质除了与化学组成(淀粉、蛋白质、水分含量)有关,还受颜色、透明度、外官纹理、口感等的影响。Barton 等利用近红外技术评估了稻米的质量,发现其物理性质,包括颜色、透明度、粉碎程度等可以利用不同的波长区域建立相应的模型进行感官质量评估。

国外已经有许多利用近红外光谱法研制的大米食味计。大米的食味是人们对食用米饭的视觉、咀嚼、嗅觉、味觉的综合感觉。由于主观感觉,所以食味因人而异,没有绝对的尺度,主要从米的外官、味道、香味、黏度、硬度及综合指标来评价。这种方法缺少统一性,评价结果很不准确。长期研究的结果表明,米饭进入口的黏度和硬度等物理特征以及呈香气味和酯味等化学成分与大米的食味密切相关。通过对多个理化性质与食味的关系进行回归分析,根据蛋白质、水分、脂肪等成分来计算综合值,最后以百分数表示出来,即为大米的食味值。这种方法方便而容易操作,将整粒大米作为样品,立刻就可以得到数据。

小麦的硬度对小麦粉的加工粒度有影响,是磨粉和食用时的重要指标,它与含水量和蛋白质含量有关,Bronwn 等通过小麦粉的近红外光谱进行分析,表明在 168nm 和 2230nm 两个波长点,小麦的硬度分析具有很好的重复性和重现新,且发现硬质小麦品种的硬度与含水量呈直线关系。陈峰等通过对 533 个小麦样品进行近红外透射光谱定标分析,建立了相应的分析模型。原翠平等比较了近红外法和单籽粒谷物特性测定仪法(SKCS),测定了 54 个小麦籽粒的硬度,发现这两种方法测定的结果具有较高的相关性($r = 0.873$)。

(5)近红外光谱技术在其他食品感官分析中的应用

Karoui 研究了近红外光谱分析技术预测奶酪感官特性的能力。实验对来自于欧洲不同地区的 20 种瑞士奶酪中的一些感官特性进行分析,并采用 PLS 建立了感官评定与近红外光谱之间的关系。该分析包括奶酪的4个外部表型(黏性、脆性、弹性、硬度)以及6个味觉特征(芳香强度、气味强度、苦味、咸味、酸味、甜味)。同时研究也得出,采用典型相关分析(CCA)建立的模型,其感官特性与近红外光谱的相关性较好。结果表明,由于在感官数据和近红外光谱数据间存在相对较高的相关性,利用近红外光谱预测奶酪的感官品质具有可行性,但是还需要进一步研究以获得更多的数据从而进一步修正优化模型。

韩东海等考察了腐乳白坯硬度与水分含量和蛋白质含量的相关关系,证明了腐乳白坯的硬度可以通过对水分、蛋白质的间接检测而获得。他们利用 PLS 算法结合一阶求导、波长选择等预处理方法得到最优模型,其建模相关系数为 0.935,建模标准差为 0.019 3,预测标准差为 0.023 6,对预样品的分级正确率达到 94.74%。其利用主成分分析法结合判别分析法对样品的硬度进行了定性判别,所得判别模型的总分级正确率也达到了 90.12%;实验发现,硬度分析结果好于传统感官评定的方法,表明近红外技术可以实现食品白坯硬度的快速无损检测。

4. 近红外光谱技术在食品感官分析中的展望

近红外光谱分析技术在食品感官评定中的应用尚处于初级阶段,尤其是国内,很少有关于这方面的报道。这可能是由于在近红外光谱与食品感官指标之间的相关性还需进一步研究。尽管目前近红外光谱分析技术在食品感官评定方面还存在不足,特别是部分感官模型是建立在感官评价员对食品进行评定的基础上的,其主观因素较大,例如,在肉品的质地鉴定时,近红外扫描的肌肉组织样品,有可能并不完全是感官评价员所评定的那部分样品,因此在模型稳定性、适应性、预测能力、预测精度都不如其在食品成分分析中的效果好。但是近红外光谱技术在食品感官评定中的可能性和实用性已经得到了肯定。其分析过程中出现的问题也在进一步的研究中,这些问题会随着近红外技术与计算机技术等高科技的发展而逐步得到解决。并且,由于近红外光谱法具有快速、非破坏性、无试剂分析、安全、高效、低成本及同时测定多种性状等特点,随着研究的不断深入,它在食品感官分析中的应用将会更加广泛。

第七章 食品感官评定实例

教学目标

1.了解食品感官评定方法在各类食品中的应用。

2.掌握谷物类及其制品、蛋类及蛋制品、酒类、畜禽肉及肉制品、水产品及其制品、蜂蜜类产品、植物油料与油脂、乳类及乳制品、饮料类、果品类、罐头类、调味品类感官评定的一般程序与方法。

第一节 谷物类及其制品的感官评定

感官评定谷物质量的优劣时,一般依据色泽、外观、气味、滋味等项目进行综合评价。眼睛观察可感知谷类颗粒的饱满程度,是否完整均匀,质地的紧密与疏松程度及其本身固有的正常色泽,并且可以看到有无霉变、虫蛀、杂物、结块等异常现象;鼻嗅和口尝能体会到谷物的气味和滋味是否正常,有无异臭异味。其中注重观察其外观与色泽在对谷类作感官评定时有着尤其重要的意义。

一、谷物类感官评定

我国市场常见谷物种类有小麦、大豆、玉米、大米、小米、绿豆、蚕豆等数十种,消费量最大、应用范围最广的是小麦、大豆、玉米、大米四类,本节简要介绍其感官特性及检验方法。

1.稻谷

(1)色泽评定

进行稻谷色泽的感官评定时,将样品在黑纸上撒成一薄层,在散射光下仔细观察。然后将样品用小型出臼机或装入小帆布袋揉搓脱去米壳,看有无黄粒米,如有捡出称重。

良质稻谷——外壳呈黄色、浅黄色或金黄色,色泽鲜艳一致,具有光泽,无黄粒米。

次质稻谷——色泽灰暗无光泽,黄粒米超过 2%。

劣质稻谷——色泽变暗或外壳呈褐色、黑色,肉眼可见霉菌菌丝。

(2)外观评定

进行稻谷外观的感官评定时,可将样品在纸上撒一薄层,仔细观察各粒的外观,并观察有无杂质。

良质稻谷——颗粒饱满,完整,大小均匀,无虫害及霉变,无杂质。

次质稻谷——有未成熟颗粒,少量虫蚀粒、生芽粒及病斑粒等,大小不均,有杂质。

劣质稻谷——有大量虫蚀粒、芽粒、霉变颗粒、有结团、结块现象。

(3)气味评定

进行稻谷气味的感官评定时,取少量样品于手掌上,用嘴哈气使之稍热,立即嗅其气味。

良质稻谷——具有纯正的稻香味,无其他任何异味。

次质稻谷——稻香味微弱,稍有异味。

劣质稻谷——有霉味,酸臭味,腐败味等不良气味。

2. 小麦

(1)色泽评定

进行小麦色泽的感官评定时,可取样品在黑纸上撒成一薄层,在散射光下仔细观察。

良质小麦——去壳后小麦皮色呈白色、黄白色、金黄色、红色、深红色、红褐色,有光泽。

次质小麦——色泽变暗,无光泽。

劣质小麦——色泽灰暗或呈白色、胚芽发红,带红斑,无光泽。

(2)外观评定

进行小麦外观的感官评定时,可取样品在黑纸上或白纸上(根据品种,色浅的用黑纸,色深的用白纸)撒一薄层,仔细观察各粒的外观,并观察有无杂质。最后取样用手搓或牙咬,来感知其质地是否紧密。

良质小麦——颗粒饱满,完整,大小均匀,组织紧密,无虫害及霉变,无杂质。

次质小麦——颗粒饱满度差,有少量破损粒、生芽粒及虫蚀粒等,有杂质。

劣质小麦——有严重虫蚀粒、生芽,霉变结块,有多量赤霉病颗粒(被赤霉菌感染,麦粒皱缩,呆白,胚芽发红或带红斑,或有明显的粉红色霉状物,质地疏松),质地疏松。

(3)气味评定

进行小麦气味的感官评定时,取少量样品于手掌上,用嘴哈气,立即嗅其气味。

良质小麦——具有小麦正常的气味,无其他任何异味。

次质小麦——稍有异味。

劣质小麦——有霉味、酸臭味或其他不良气味。

(4)滋味评定

进行小麦滋味的感官评定时,可取少量样品进行咀嚼,品尝其滋味。

良质小麦——味佳微甜,无异味。

次质小麦——乏味或稍有异味。

劣质小麦——有苦味、酸味或其他不良滋味。

3. 玉米

(1)色泽评定

进行玉米色泽的感官评定时,可取样品在散射光下仔细观察。

良质玉米——具有各种玉米的正常颜色,色泽鲜艳,有光泽。

次质玉米——色泽变暗,无光泽。

劣质玉米——色泽灰暗无光泽,胚部有黄色或绿色,黑色的菌丝。

(2)外观评定

进行玉米外观的感官评定时,可取样品在纸上撒一层,在散射光下仔细观察,并观察有无杂质。最后取样用牙咬,来感知其质地是否紧密。

良质玉米——颗粒饱满、完整,大小均匀一致,组织紧密,无杂质。

次质玉米——颗粒饱满度差,有破损粒、生芽粒、虫蚀粒及未熟粒等,有杂质。

劣质玉米——有多量生芽粒、虫蚀粒,或发霉变质,质地疏松。

（3）气味评定

进行玉米气味的感官评定时，取少量样品于手掌上，用嘴哈气，立即嗅其气味。

良质玉米——具有玉米固有的气味，无其他任何异味。

次质玉米——稍有异味。

劣质玉米——有霉味、腐败变质味或其他不良气味。

（4）滋味评定

进行玉米滋味的感官评定时，可取少量样品进行咀嚼，品尝其滋味。

良质玉米——具有玉米固有的滋味，微甜，无异味。

次质玉米——稍有异味。

劣质玉米——有苦味、酸味、辛辣味及其他不良滋味。

4. 高粱

（1）色泽评定

进行高粱色泽的感官评定时，可取样品在黑纸上撒成一薄层，并与散射光下仔细观察。

良质高粱——具有各该品应有的色泽。

次质高粱——色泽暗淡，无光泽。

劣质高粱——色泽灰暗或呈棕褐色、黑色，胚部呈灰色、绿色或黑色。

（2）外观评定

进行高粱外观的感官评定时，可取样品在白纸上撒一层，在散射光下仔细观察，并观察有无杂质。最后取样用牙咬，来感知其质地是否紧密。

良质高粱——颗粒饱满，完整，大小均匀一致，质地紧密，无杂质，虫害和霉变。

次质高粱——颗粒皱缩不饱满，质地疏松，有破损粒、生芽粒、虫蚀粒，有杂质。

劣质高粱——有多量生芽粒、虫蚀粒，或发霉变质粒。

（3）气味评定

进行高粱气味的感官评定时，取少量样品于手掌上，用嘴哈气，立即嗅其气味。

良质高粱——具有高粱固有的气味，无任何其他任何异味。

次质高粱——稍有异味。

劣质高粱——有霉味，酒味，腐败变质味或其他不良气味。

（4）滋味评定

进行高粱滋味的感官评定时，可取少量样品进行咀嚼，品尝其滋味。

良质高粱——具有高粱特有的滋味，味微甜。

次质高粱——乏而无味稍有异味。

劣质高粱——有苦味、涩味、酸味、辛辣味及其他不良滋味。

5. 大米

（1）色泽评定

进行大米色泽的感官评定时，应将样品在黑纸上撒成一薄层，于散射光下仔细观察其外观并注意有无生虫及杂质。

良质大米——呈青白色或精白色，具有光泽，呈半透明状。

次质大米——呈白色或微淡黄色，透明度差或不透明。

劣质大米——霉变的米粒色泽差，表面呈绿色、黄色、灰褐色、黑色等。

（2）外观评定

进行大米外观的感官评定时，可取样品在白纸上撒一层，在散射光下仔细观察，并观察有无杂质。最后取样用牙咬，来感知其质地是否紧密。

良质大米——大小均匀坚实丰满，粒面光滑，完整，很少有碎米、爆腰（米粒上有裂纹）、腹白（米粒上乳白色不透明的部分，是由于稻谷未成熟、淀粉排列疏松，糊精较多而缺乏蛋白质），无虫，不含杂质。

次质大米——米粒大小不均，饱满度差，碎米较多，有爆腰和腹白粒，粒面发毛，生虫，有杂质。

劣质大米——有结块发霉现象，表面可见霉菌丝，组织疏松。

（3）气味评定

进行大米气味的感官评定时，取少量样品于手掌上，用嘴向其中哈一口热气，立即嗅其气味。

良质大米——具有正常的香气味，无其他任何异味。

次质大米——稍有异味。

劣质大米——有霉变气味，酸臭味，腐败味或其他不良气味。

（4）滋味评定

进行大米滋味的感官评定时，可取少量样品进行咀嚼，品尝其滋味。

良质大米——味佳微甜，无任何异味。

次质大米——乏味或稍有异味。

劣质大米——有苦味、酸味及其他不良滋味。

二、谷物制品的感官评定

所谓谷物制品是指以米、小麦、豆等为原料加工制成的产品，市场上最常见的销售量较大且生产管理比较正规的谷物制品主要包括面粉、方便面、面条（湿）、粽子、水饺等。

现将几种主要谷物制品的感官特性及感官评定方法介绍如下。

1. 面粉

（1）色泽评定

进行面粉色泽的感官评定时，应将样品在黑纸上撒成一薄层，然后与适当的标准颜色或标准样品做比较，仔细观察其色泽异同。

良质面粉——呈青白色或微黄色，不发暗，无杂质的颜色。

次质面粉——色泽暗淡。

劣质面粉——色泽呈灰白或深黄色，发暗，色泽不均。

（2）组织状态评定

进行面粉组织状态的感官评定时，将面粉样品在黑纸上撒一薄层，仔细观察有无发霉、结块及杂质等，然后用手捻捏，以试手感。

良质面粉——呈细粉末状，不含杂质，手指捻捏时无粗粒感，无虫子和结块，置手中紧捏后放开不成团。

次质面粉——手捏时有粗粒感，生虫或有杂质。

劣质面粉——面粉吸潮后霉变，有结块或手捏成团。

（3）气味评定

进行面粉气味的感官评定时,取少量样品于手掌中心,用嘴哈气使之稍热,为了增强气味,也可将样品置于有塞瓶中,浸入 60℃ 热水,紧塞片刻,然后将水倒出嗅其气味。

良质面粉——具有面粉正常的气味,无任何异味。

次质面粉——稍有异味。

劣质面粉——有霉臭味、酸味、煤油味或其他不良气味。

（4）滋味评定

进行面粉滋味的感官评定时,可取少量样品进行咀嚼,品尝其滋味。

良质面粉——味佳微甜,无任何异味。

次质面粉——乏味或稍有异味。

劣质面粉——有苦味、酸味及其他不良滋味。

2. 方便面

根据加工工艺不同分为油炸方便面(简称油炸面)、热风干燥方便面(简称风干面)等,主要原料有小麦粉、荞麦粉、绿豆粉、米粉等。

（1）感官特性

形状:外形整齐,花纹均匀,无异物、焦渣。

色泽:具有该品种特有的色泽,无焦、生现象,正反两面可略有深浅差别。

气味:气味正常,无霉味、哈喇味及其他异味。

烹调性:面条复水后应无明显断条、并条,口感不夹生、不粘牙。

（2）感官评定方法

①取两袋(碗)以上样品观察,应具有各种方便面正常的色泽,不得有霉变及其他外来的污染物。

②取一袋(碗)样品,放入盛有 500mL 沸水的锅中煮 3min～5min 后观察,应符合感官特性的要求。

3. 面条(湿)

（1）感官特性:呈白、乳白或奶黄色,有光亮;表面结构细密、光滑;适口性好;有咬劲、富有弹性;咀嚼时爽口、不粘牙;品尝时具有麦清香味。

（2）感官评定方法:取适量样品,按照表 7—1 湿面条感官评定评分表中评分标准逐项打分,进行综合评定。

表 7—1　湿面条感官评定评分表

项目	满分	评分标准
色泽	10	面条的颜色和色度 面条白、乳白、奶黄色、光亮为 8.5～10.0 分;亮度一般为 6.0～8.4 分;色发暗、发灰,亮度差为 1～6 分
表观状况	10	面条表面的光滑程度和膨胀程度 表面结构细密光滑为 8.5～10.0 分;中间为 6.0～8.4 分;表面粗糙、膨胀、变形严重为 1～6 分
适口性	20	用牙咬断 1 根面条所需力的大小 力适中得分为 17～20 分;稍偏硬或软为 12～17 分;太硬或太软为 1～12 分

项目	满分	评分标准
韧性	25	在面条咀嚼过程中咬劲和弹性的大小 有咬劲、富有弹性为 21～25 分;一般为 15～21 分;咬劲差、弹性不足为 1～15 分
黏性	25	在咀嚼过程中面条的粘牙程度 咀嚼时爽口、不粘牙为 21～25 分;较爽口、稍粘牙 15～21 分;不爽口、发黏为 1～15 分
光滑性	5	在品尝面条时口感的光滑程度 光滑为 4.3～5.0 分;中间为 4.3～5.0 分;光滑程度差为 1～3 分
食味	5	品尝时的味道 具麦清香味 4.3～5.0 分;基本无异味 3.0～4.3 分;有异味 1～3 分
总分	100	精制挂面评分≥85 分;普通挂面评分≥75 分

4. 粽子

(1)感官特性

①有馅类粽子感官特性

表面形态:粽角端正,扎线松紧适当,无明显露角,粽体无外露。

色泽:剥去粽叶,粽体米粒呈淡酱色(不放酱油的粽体呈所用物料应有的色泽),馅料具有所用物料相应的色泽,有光泽。

组织形态:粽体不过烂,内有馅料,粽子内外无杂质,无夹生,不得有霉变、生虫及其他外来污染物。

滋味与气味:糯而不烂,咸甜适中,具有粽叶、糯米及其他谷类食物固有的香味,不得有酸败、发霉、发馊等异味。

②无馅类粽子感官特性

表面形态:粽角端正,扎线松紧适当,无明显露角,粽体无外露。

色泽:剥去粽叶,外观粽体米粒呈本白色(或其他谷类食物相应的色泽),有光泽。

组织形态:粽体不过烂,粽子内外无杂质,无夹生,不得有霉变、生虫及其他外来污染物。

滋味与气味:糯而不烂,咸甜适中,具有粽叶、糯米固有的香味,不得有酸败、发霉、发馊等异味。

③混合类粽子感官特性

表面形态:粽角端正,扎线松紧适当,无明显露角,粽体无外露。

色泽:剥去粽叶,外观有光泽,呈该品种混合物料应有的色泽。

组织形态:粽体不过烂,各种物料应分布均匀,粽子内外无杂质,无夹生,不得有霉变、生虫及其他外来污染物。

滋味与气味:糯而不烂,咸甜适中,具有粽叶、糯米及其他物料固有的香味,不得有酸败、发霉、发馊等异味。

(2)感官评定方法

取以销售包装计的样品一件,先目测表面形态,再按包装上标明的食用方法进行复热后剥去粽叶将粽子置于清洁的白瓷盘中,目测色泽及表面杂质,然后以餐刀剖开分别用目测、鼻嗅和口尝检查其中组织形态、气味与滋味。

5. 水饺

（1）感官特性

色泽呈白色、奶白色或奶黄色，有光亮，皮馅透明；爽口、不粘牙，有咬劲；口感细腻；耐煮性好，饺子表皮完好无损；煮后饺子汤清晰，无沉淀物。

（2）感官评定方法

由五位有经验的或经过培训的人员组成评定小组。对水饺进行外观鉴定和品尝评比，对饺子汤进行浑浊程度和沉淀物目测，并根据水饺的质量评分标准分别打分。评分采用百分制（取算术平均值），取整数，平均数中若出现小数则采用四舍、六入、五留双的方法取舍。具体评分方法见表7—2。

表7—2　水饺感官评定评分表

项目	满分	评分标准
颜色	10	白色、奶白色、奶黄色（6～10分）；黄色、灰色或其他不正常色（0～5分）
光泽	10	光亮（7～10分）；一般（4～6分）；暗淡（0～3分）
透明度	10	透明（7～10分）；半透明（4～6分）；不透明（0～3分）
黏性	15	不粘牙（11～15分）；稍粘牙（6～10分）；发黏（0～5分）
韧性	15	柔软、有咬劲（11～15分）；一般（6～10分）；较烂（0～5分）
细腻度	10	细腻（7～10分）；较细腻（4～6分）；粗糙（0～3分）
耐煮性	15	饺子表皮完好无损（11～15分）；饺子表皮有损伤（6～10分）；饺子破肚（0～5分）
饺子汤特性	15	清晰，无沉淀物（11～15分）；较清晰，沉淀物不明显（6～10分）；浑浊，沉淀物明显（0～5分）

第二节　蛋类及蛋制品的感官评定

鲜蛋的感官评定分为蛋壳评定和打开评定。蛋壳评定包括眼看、手摸、耳听、鼻嗅等方法，也可借助于灯光透视进行评定。打开评定是将鲜蛋打开，观察其内容物的颜色、稠度、性状、有无血液、胚胎是否发育、有无异味和臭味等。

蛋制品的感官评定指标主要包括色泽、外观形态、气味和滋味等。同时应注意杂质、异味、霉变、生虫和包装等情况，以及是否具有蛋品本身固有的气味或滋味。

1. 鲜蛋

（1）蛋壳的感官评定

①眼看：即用眼睛观察蛋的外观形状、色泽、清洁程度等。

良质鲜蛋——蛋壳清洁、完整、无光泽，壳上有一层白霜，色泽鲜明。

次质鲜蛋——一类次质鲜蛋：蛋壳有裂纹，格窝现象，蛋壳破损、蛋清外溢或壳外有轻度霉斑等。二类次质鲜蛋：蛋壳发暗，壳表破碎且破口较大，蛋清大部分流出。

劣质鲜蛋——蛋壳表面的粉霜脱落，壳色油亮，呈乌灰色或暗黑色，有油样漫出，有较多或较大的霉斑。

②手摸:即用手摸素蛋的表面是否粗糙,掂量蛋的轻重,把蛋放在手掌心上翻转等。

良质鲜蛋——蛋壳粗糙,重量适当。

次质鲜蛋——一类次质鲜蛋:蛋壳有裂纹、格窝或破损,手摸有光滑感。二类次质鲜蛋:蛋壳破碎,蛋白流出。手掂重量轻,蛋拿在手掌上自转时总是一面向下(贴壳蛋)。

劣质鲜蛋——手摸有光滑感,掂量时过轻或过重。

③耳听:即把蛋拿在手上,轻轻抖动使蛋与蛋相互碰击,细听其声,或用手握蛋摇动,听其声音。

良质鲜蛋——蛋与蛋相互碰击声音清脆,手握蛋摇动无声。

次质鲜蛋——蛋与蛋碰击发出哑声(裂纹蛋),手摇动时内容物有流动感。

劣质鲜蛋——蛋与蛋相互碰击发出嘎嘎声(孵化蛋)、空空声(水花蛋)。手握蛋摇动时内容物有晃动声。

④鼻嗅:用嘴向蛋壳上轻轻哈一口热气,然后用鼻子嗅其气味。

良质鲜蛋——有轻微的生石灰味。

次质鲜蛋——有轻微的生石灰味或轻度霉味。

劣质鲜蛋——有霉味、酸味、臭味等不良气体。

(2)鲜蛋的灯光透视评定

灯光透视是指在暗室中用手握住蛋体紧贴在照蛋器的光线洞口上,前后上下左右来回轻轻转动,靠光线的帮助看蛋壳有无裂纹、气室大小、蛋黄移动的影子、内容物的澄明度、蛋内异物,以及蛋壳内表面的霉斑,胚的发育等情况。在市场上无暗室和照蛋设备时,可用手电筒围上暗色纸筒(照蛋端直径稍小于蛋)进行评定。如有阳光也可以用纸筒对着阳光直接观察。

良质鲜蛋——气室直径小于11mm,整个蛋呈微红色,蛋黄略见阴影或无阴影,且位于中央,不移动,蛋壳无裂纹。

次质鲜蛋——一类次质鲜蛋:蛋壳有裂纹,蛋黄部呈现鲜红色小血圈。二类次质鲜蛋:透视时可见蛋黄上呈现血环,环中及边缘呈现少许血丝,蛋黄透光度增强而蛋黄周围有阴影,气室大于11mm,蛋壳某一部位呈绿色或黑色;蛋黄部完整,散如云状,蛋壳膜内壁有霉点,蛋内有活动的阴影。

劣质鲜蛋——透视时黄、白混杂不清,呈均匀灰黄色,蛋全部或大部不透光,呈灰黑色,蛋壳及内部均有黑色或粉红色毫点,蛋壳某一部分呈黑色且占蛋黄面积的1/2以上,有圆形黑影(胚胎)。

(3)鲜蛋打开评定

将鲜蛋打开,将其内容物置于玻璃平皿或瓷碟上,观察蛋黄与蛋清的颜色、稠度、性状,有无血液,胚胎是否发育,有无异味等。

①颜色评定

良质鲜蛋——蛋黄、蛋清色泽分明,无异常颜色。

次质鲜蛋——一类次质鲜蛋:颜色正常,蛋黄有圆形或网状血红色,蛋清颜色发绿,其他部分正常。二类次质鲜蛋:蛋黄颜色变浅,色泽分布不均匀,有较大的环状或网状血红色,蛋壳内壁有黄中带黑的粘痕或霉点,蛋清与蛋黄混杂。

劣质鲜蛋——蛋内液态流体呈灰黄色、灰绿色或暗黄色,内杂有黑色霉斑。

②性状评定

良质鲜蛋——蛋黄呈圆形凸起而完整,并带有韧性,蛋清浓厚、稀稠分明,系带粗白而有韧性,并紧贴蛋黄的两端。

次质鲜蛋——一类次质鲜蛋:性状正常或蛋黄呈红色的小血圈或网状直丝。二类次质鲜蛋:蛋黄扩大,扁平,蛋黄膜增厚发白,蛋黄中呈现大血环,环中或周围可见少许血丝,蛋清变得稀薄,蛋壳内壁有蛋黄的粘连痕迹,蛋清与蛋黄相混杂(蛋无异味),蛋内有小的虫体。

劣质鲜蛋——蛋清和蛋黄全部变得稀薄浑浊,蛋膜和蛋液中都有霉斑或蛋清呈胶冻样霉变,胚胎形成长大。

③气味评定

良质鲜蛋——具有鲜蛋的正常气味,无异味。

次质鲜蛋——具有鲜蛋的正常气味,无异味。

劣质鲜蛋——有臭味、霉变味或其他不良气味。

2. 鲜蛋等级划分

鲜蛋按照下列规定分为三等三级。等别规定如下:

(1)一等蛋:每个蛋重在60g以上。

(2)二等蛋:每个蛋重在50g以上。

(3)三等蛋:每个蛋重在38g以上。

级别规定如下:

一级蛋:蛋壳清洁、坚硬、完整,气室深度0.5cm以上者不得超过10%,蛋白清明,质浓厚,胚胎无发育。

二级蛋:蛋壳尚清洁、坚硬、完整,气室深度0.6cm以上者不得超过10%,蛋白略显明而质尚浓厚,蛋黄略显清明,但仍固定,胚胎无发育。

三级蛋:蛋壳污壳者不得超过10%,气室深度0.8cm的不得超过25%,蛋白清明,质稍稀薄,蛋黄显明而移动,胚胎微有发育。

3. 皮蛋(松花蛋)质量的评定

(1)外观评定

皮蛋的外观评定主要是观察其外观是否完整,有无破损、霉斑等。也可用手掂动,感觉其弹性,或握蛋摇晃听其声音。

良质皮蛋——外表泥状包料完整、无霉斑,包料剥掉后蛋壳亦完整无损,去掉包料后用手抛起约30cm高自然落于手中有弹性感,摇晃时无动荡声。

次质皮蛋——外观无明显变化或裂纹,抛动试验弹动感差。

劣质皮蛋——包料破损不全或发霉,剥去包料后,蛋壳有斑点或破、漏现象,有的内容物已被污染,摇晃后有水荡声或感觉轻飘。

(2)灯光透照评定

皮蛋的灯光透照评定是将皮蛋去掉包料后按照鲜蛋的灯光透照法进行评定,观察蛋内颜色、凝固状态、气室大小等。

良质皮蛋——呈玳瑁色,蛋内容物凝固不动。

次质皮蛋——蛋内容物凝固不动,或有部分蛋清呈水样,或气室较大。

劣质皮蛋——蛋内容物不凝固,呈水样,气室很大。

（3）打开评定

皮蛋的打开评定是将皮蛋剥去包料和蛋壳,观察内容物性状及品尝其滋味。

①组织状态评定

良质皮蛋——整个蛋凝固、不粘壳、清洁而有弹性,呈半透明的棕黄色,有松花样纹理。将蛋纵剖可见蛋黄呈浅褐色或浅黄色,中心较稀。

次质皮蛋——内容物或凝固不完全,或少量液化贴壳,或僵硬收缩。蛋清色泽暗淡,蛋黄呈墨绿色。

劣质皮蛋——蛋清黏滑,蛋黄呈灰色糊状,严重者大部或全部液化呈黑色。

②气味与滋味评定

良质皮蛋——芳香,无辛辣气。

次质皮蛋——有辛辣气味或橡皮样味道。

劣质皮蛋——有刺鼻恶臭或有霉味。

4.咸蛋质量的评定

（1）外观评定

良质咸蛋——包料完整无损,剥掉包料后或直接用盐水腌制的可见蛋壳亦完整无损,无裂纹或霉斑,摇动时有轻度水荡漾感觉。

次质咸蛋——外观无显著变化或有轻微裂纹。

劣质咸蛋——隐约可见内容物呈黑色水样,蛋壳破损或有霉斑。

（2）灯光透视评定

咸蛋灯光透视评定方法同皮蛋。主要观察内容物的颜色、组织状态等。

良质咸蛋——蛋黄凝结、呈橙黄色且靠近蛋壳,蛋清呈白色水样透明。

次质咸蛋——蛋清尚清晰透明,蛋黄凝结呈现黑色。

劣质咸蛋——蛋清浑浊,蛋黄变黑,转动蛋时蛋黄黏滞,蛋质量更低劣者,蛋清蛋黄都发黑或全部溶解成水样。

（3）打开评定

良质咸蛋——生蛋打开可见蛋清稀薄透明,蛋黄呈红色或淡红色,浓缩粘度增强,但不硬固,煮熟后打开,可见蛋清白嫩,蛋黄口味有细沙感,富于油脂,品尝则有咸蛋固有的香味。

次质咸蛋——生蛋打开后蛋清清晰或为白色水样,蛋黄发黑黏固,略有异味,煮熟后打开蛋清略带灰色,蛋黄变黑,有轻度的异味。

劣质咸蛋——生蛋打开,蛋清浑浊,蛋黄已大部分融化,蛋清蛋黄全部呈黑色,有恶臭味,煮熟后打开,蛋清灰暗或黄色,蛋黄变黑或散成糊状,严重者全部呈黑色,有臭味。

5.糟蛋质量的评定

糟蛋是将鸭蛋放入优良糯米酒糟中,经2个月浸渍而制成的食品。其感官评定主要是观察蛋壳脱落情况,蛋清、蛋黄颜色和凝固状态以及嗅、尝其气味和滋味。

良质糟蛋——蛋壳完全脱落或部分脱落,薄膜完整,蛋大而丰满,蛋清呈乳白色的胶冻状,蛋黄呈桔红色半凝固状,香味浓厚,稍带甜味。

次质糟蛋——蛋壳不能完全脱落,蛋内容物凝固不良,蛋清为液体状态,香味不浓或有轻微异味。

劣质糟蛋——薄膜有裂缝或破损,膜外表有霉斑,蛋清呈灰色,蛋黄颜色发暗,蛋内容物呈稀薄流体状态或糊状,有酸臭味或霉变气味。

6. 评定蛋粉质量的方法

（1）色泽评定

良质蛋粉——色泽均匀，呈黄色或淡黄色。

次质蛋粉——色泽无改变或稍有加深。

劣质蛋粉——色泽不均匀，呈淡黄色到黄棕色不等。

（2）组织状态评定

良质蛋粉——呈粉末状或极易散开的块状，无杂质

次质蛋粉——淡粉稍有焦粒，熟粒，或有少量结块。

劣质蛋粉——蛋粉板结成硬块，霉变或生虫。

（3）气味评定

良质蛋粉——具有蛋粉的正常气味，无异味。

次质蛋粉——稍有异味，无臭味和霉味。

劣质蛋粉——有异味、霉味等不良气味。

7. 评定蛋白干质量的方法

蛋白干是用鲜蛋洗净消毒后打蛋，所得蛋白液过滤、发酵，加氨水中和、烘干、漂白等工序制成的晶状食品。蛋白干的感官评定主要是观察其色泽、组织状态和嗅其气味。

（1）色泽评定

良质蛋白干——色泽均匀，呈淡黄色。

次质蛋白干——色泽暗淡。

劣质蛋白干——色泽不匀，显得灰暗。

（2）组织状态评定

良质蛋白干——呈透明的晶片状，稍有碎屑，无杂质。

次质蛋白干——碎屑比例超过20％。

劣质蛋白干——呈不透明的片状、块状或碎屑状，有霉斑或霉变现象。

（3）气味评定

良质蛋白干——具有纯正的鸡蛋清味，无异味。

次质蛋白干——稍有异味，但无臭味、霉味。

劣质蛋白干——有霉变味或腐臭味。

8. 冰蛋质量的评定

冰蛋是蛋液经过滤、灭菌、装盘、速冻等工序制成的冷冻块状食品（冰蛋有冰全蛋、冰蛋白、冰蛋黄等）。冰蛋的感官评定主要是观察其冻结度和色泽，并在加温溶化后嗅其气味。

（1）冻结度及外观评定

良质冰蛋——冰蛋块坚结、呈均匀的淡黄色，中心温度低于－15℃，无异物、杂质。

次质冰蛋——颜色正常，有少量杂质。

劣质冰蛋——有霉变或部分霉变，生虫或有严重污染。

（2）气味评定

良质冰蛋——具有鸡蛋的纯正气味，无异味。

次质冰蛋——有轻度的异味，但无臭味。

劣质冰蛋——有浓重的异味或臭味。

第三节 酒类的感官评定

一、酒水的分类

1.按生产特点分类

(1)蒸馏酒:原料经发酵后,用蒸馏法制成的酒叫蒸馏酒,这类酒固形物含量极少,含酒精高、刺激性强,如白酒、白兰地酒等。

(2)发酵原酒(或称压榨酒):原料经发酵后,直接提取后用压榨法而取得的酒。这类酒的度数较低,而固形物的含量较多,刺激性小,如黄酒、啤酒、果酒等。

(3)配制酒:用白酒或食用酒精与一定比例的糖料、香料、药材等配制而成的。这类酒因品种不同,所含糖分、色素、固形物和酒精含量等各有不同,如橘子酒、竹叶青、五加皮及各种露酒和药酒。

2.按酒精含量分类

(1)高度酒:含酒精成分在40%(体积分数)以上者为高度酒,如白酒、曲酒等。

(2)中度酒:含酒精成分在20% ~ 40%(体积分数)者为中度酒,如多数的配制酒。

(3)低度酒:含酒精成分在20%(体积分数)以下者为低度酒,如黄酒、啤酒、果酒、葡萄酒等。它们一般都是原汁酒,酒液中保留营养成分。

3.根据商业上的传统分类

(1)白酒:又称蒸馏酒,它是以富含淀粉或糖类成分的谷物为原料,加入酒曲、酵母和其他辅料,经蒸煮、糖化、发酵、蒸馏(有的还需要经勾兑、加香)而制成的一种无色透明、酒精度较高的一种饮料。如茅台酒、五粮液等。

(2)黄酒:以糯米或粳米、黍米(黍米)等为原料,通过酒曲、麴的糖化发酵,最后再经压榨制成的低度发酵原酒。如绍兴黄酒、福建龙岩沉缸酒等。

(3)果酒:将各种水果汁直接发酵(或经勾兑)后酿成的低度酒。如杨梅酒、橘子酒等。

(4)啤酒:以大麦芽、酒花、水为主要原料,经酵母发酵作用酿制而成的饱含二氧化碳的低酒精度酒。

(5)配制酒:用白酒或食用酒精与一定比例的糖料、香料、药材等配制而成的。这类酒因品种不同,所含糖分、色素、固形物和酒精含量等各有不同。如雪莉酒、苦酒及各种露酒和药酒等。

二、酒品风格的形成和语言的描述

酒品的风格就是指酒品的色、香、味、体作用于人的感官,并给人留下的综合印象。

1.色

酒的颜色丰富多彩,酒液中的自然色泽主要来源于酿制酒品时的原料。酿制时应尽量保持原料的本色。自然的色彩会给人以新鲜纯美、朴实、自然的感觉。酒品色泽的形成,会由于温度、形态的改变等原因而发生变化,另外还可以用增色的方法来形成酒品的色泽。这种增色可以是人工使用调色剂来增加酒液的色泽,使酒色更加美丽,也可以是发生在生产过程中,比如陈酿的酒品浸润了容器颜色,使本身的色泽发生变化。再有酒品变质和酒病也会使酒的色泽发生变化,出现浑浊变色等情况。描绘酒品色泽常用的术语中,一般符合该酒的正常色调的酒品称为正色。如我国白酒一般无色透明,少数酒品微黄都属于白酒的正色。果酒的酒色与原料果实的真实色泽相同或相近似,也都属酒品正色。不符合该酒的正常色调称为色不正。有的酒品呈两个颜色,称真色,如红曲黄酒,以黄为主,黄中带红。

酒品一般在正常光线下观察带有光亮,称为有光泽。酒色发暗失去光泽称为失光或色暗。光泽不强或亮度不够,称为略失去光泽。好的酒液像水晶体一样高度透明。酒液清亮看不出纤细的微粒,称为透明度好。酒液乌暗光线不能通过则称为不透明。优良的酒品都具有澄清透明的液相。如发现酒液浑浊,说明原料、工艺、质量等出现了问题。观看酒液是否浑浊是品评酒品的一个重要指标。据程度不同应给予有荧光、乳状浑浊、雾状浑浊、土状浑浊、纤维状游浮物浑浊等评语。沉淀物具有不同形状,有黏状、絮状、片状、块状等。沉淀物颜色也各不相同,白酒的沉淀物是白色、棕色,啤酒的沉淀物是白色、褐色,葡萄酒的沉淀物是白色、棕褐色。

对于含气的酒类如香槟酒、汽酒、啤酒等,不论是酿酒时保留的,还是人工加入的,含气现象都是一个品评指标,常用平静、不平静、起泡、多泡等评语来说明酒液中的CO_2是否充足,用气泡如珠、细微连续、持久、时涌泡、泡不持久、形成晕圈等评语评价气泡升起的现象。含气酒装瓶后,在瓶中形成一定压力,开瓶时产生响声,响声在一定程度上说明酒液的含气状态。香槟酒的音响鉴定以清脆、响亮为好。泡沫是啤酒的一个质量指标,与啤酒酒液中的CO_2、麦芽汁等成分有关。优质的啤酒倒入洁净的杯中,立即产生泡沫,啤酒中的泡沫以洁白、细腻、持久挂杯为好,一般从斟酒时泡沫盖满酒面到消失的持续时间不少于3min。

对于含糖度较高的黄酒、果酒、葡萄酒等,应举杯旋转观察,用流动正常,酒液浓、稠、黏、黏滞、油状等评语评价酒液流动的情况。

2. 香

(1)酒香产生的主要成分

①有机酸类物质的作用:酒液中含有大量的有机酸物质,各种不同的有机酸物质具有不同的调香作用,如乙酸呈舒适的酸香,丁酸呈窖泥香,己酸呈窖泥香带辣味,丙酸呈辛酸,丁酸呈涩味等。酒液中酸度适中,可以起调节酒的香味,改善酒液口感等作用,使酒液香气清新优美。

②高级醇类物质的作用:醇是酒品的主要成分之一,除了醇外,醇类物质可以赋予酒品独特的香气,异戊醇呈杂醇油气味,异丁醇呈脂肪香气,正丁醇呈茉莉香气,正丙醇呈酒精香气等,适量的醇类可以使酒液香气厚实丰满。

③酯类是酒液香气的重要来源:乙酸乙酯呈果香,乳酸己酯呈草香,丁酸己酯呈菠萝香,己酸己酯呈窖香等,适量的酯类可以提高酒液的香气。

④羰基化合物类中的醛类物质:含量适中可以增加酒类香气的释放作用,但含量过多,则会加重酒的产辣味道和刺激性。

(2)表示香气程度的术语

酒品中的香气不能被嗅出,称为无香气。用无香气、微有香气、香气不足、浮香等语言描述酒香的微弱和不足。赞扬酒香则用清雅、细腻、纯正、浓郁协调、完满、芳香等词语。描述酒香释放情况的词语有暴香、放香、喷香、入口香、回香、余香、绵长等。描述独特香气的词语有陈酒香、固有酒香、焦香、香韵等。描述有不正常气味用臭气、煳焦气、金属气、腐败气、酸气、霉气等。

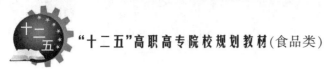

(3)表示各类酒品香气的术语

品评白酒常用醇香、曲香、糟香、果香、窖底香、芝麻香,郁而不猛,低而不淡,柔和绵长等。对不正常的香气则用香气不正、香气不纯、刺激性强烈、焦臭、醛臭、油膻味、杂醇酒味等。对清香型,用清香醇正、绵长爽净。对浓香型,用芳香浓郁、香气协调、喷香等。

黄酒的香气一般用香气芬芳、醇香浓郁等词语描述。啤酒的酒花香气要求没有老化气味,没有酒花气味,香气新鲜清爽,麦芽香气应是清香(淡色啤酒)、焦香(浓香啤酒)。

果酒和葡萄酒香气的主要品评指标必须保持原料的品种香气,即果香气味。对酒香的评语常用酒香浓郁,陈酒香,成熟酒香,新酒气味和酒香不足等。

3. 味

酒的味感是关系酒品优劣的最重要的品评标准,古今中外的名酒佳酿都具备优美的味道,令饮者赞叹不已,长饮不厌,甚至产生偏爱。

酒品中一般带有酸、甜、苦、辣、咸、涩、怪等味道。

酸味,是一些酒品风格的主要特点,酸味酒给人以醇厚、甘洌、清爽、干净的感觉。现代酒品中常以"干"字来表示酸味酒,酸味酒有不黏不挂、清肠沥胃、开胃佐餐的效果,很受消费者的喜爱。酸味酒以酸为主体,还有涩、辛等味,适量的酸味,形成酒品的芳香气味,增加酒味的醇厚和回味;酸味不足时,酸味会显得寡淡乏味、后味短;酸味过强酒味则会变得辛辣粗糙,失去回味。不同的酒品对酸味的要求也不相同,比如啤酒、白酒要求不得有酸味,黄酒则可以呈现轻微的酸味,而干葡萄酒则必须呈现明显的酸味。品评时可以用调和、微酸、含酸味、酸重等词语进行品评描述。

甜味,可以给饮者以舒适、滋润、圆正、纯美、丰满浓郁等感觉,酒品的甜味主要来源于酒液中含有的糖分、甘油和多元醇类等物质,如果酒、葡萄酒等原料中含有丰富的糖分,谷物酒中的淀粉在糖化作用下会转化成麦芽糖、葡萄糖。另外,还有的酒品在生产过程中加入了饴糖、糖、糖浆等来改善酒品的口味。品评时多以无甜味、微甜、甜、浓甜、甜得发腻、回甜、甜味突出等词语描述,还有用以下词语表示不是因糖分形成的甜味,如净甜、绵甜、醇甜、甘洌、甘润、甘爽等。

苦味,在酒品的品味中,并非都是劣味,有些酒味中必须含有微苦或苦味才是正味,如啤酒、味美思、比特酒等,适量的苦味给饮者以净口、开胃、生津、止渴等良好的作用。但有些酒品不允许有苦味,如白酒,苦味的产生多数因为原料中含有的单宁和生产中的高级醇引起的。苦味的品评术语有无苦味、微苦味、苦、极苦、微苦涩、苦涩、后味苦等。

涩味常与苦味同时发生,给人以收敛、不滑润等不愉快的感觉。原料处理不当,过量的单宁、乳酸等物质进入酒液,便会使酒品产生涩味。涩味一般是不受欢迎的,但在果酒和葡萄酒中适量的涩味却可以提高酒品的品质。

酒品中的辛辣味是不受欢迎的,酒液中含有的醛类、高级醇等物质都会引起酒液中的辛辣味,给人以冲头、刺鼻等不良感觉。

怪味也称异味,是酒品中不应出现的气味,产生的原因和描述也很复杂,一般表现为油味、糠味、糟味等。

对酒味总的品评术语有浓厚、平淡、醇厚、香醇、甜净、绵软、清洌、粗糙、燥辣及后味、余味、回味等不同的味觉感觉。酒类中的各种产品都含有不同比重的酒精,但各类酒品都要求消除酒精味道。只有各种味感相互配合、酒味协调、酒质肥硕、酒体柔美的酒才能称得上美味佳酿。

4.体

酒体是品评酒品的一个项目,是对酒品的色泽、香气、口味的综合评价。但不等于酒品的色、香、味溶解在水和酒精中,而是要求它们应和挥发物质、固态物质混合在一起构成酒品的整体。评价酒品的体常用精美醇良、酒体完满、酒体优雅、酒体娇嫩、酒体瘦弱、酒体粗劣等词语进行评述。

5.风格

酒品的风格是对包括酒品的色、香、味、体的全面品质的评价,同一类酒中的每个品种之间都存在差别。每种酒的独特风格是稳定的、定型的,各种名贵的酒品无一不是以上乘的质量和独特风格,受到广大饮者的喜爱。品评酒品风格使用突出、显著、明显、不突出、不明显、一般等词语进行评价。定型酒品的主要成分含量都有一定的范围,所以用分析酒品成分的方法评定酒品的优劣真伪。

三、酒类的感官评定方法

1.评酒的准备工作

评酒室的室温在 15℃ ~20℃ 为宜,相对湿度 50% ~60%,避免外界干扰,噪音应在 40dB 以下,无有气味物质的影响,室内保持空气新鲜,呈无风状态,光线充足柔和,照度以 500lx 为宜。墙壁色调适中单一,反射率在 40% ~50% 之间。

选定品评样品,每个评酒员每天的品评用量不得超过 24 个品种。准备好品酒用的各种酒杯,不得混用,注入酒杯的酒液量以酒杯的 3/5 为好,留有空间,便于旋转酒杯进行品评。含气酒品注入酒杯时,瓶口距杯口 3mm 缓慢注入,达到适当高度时,注意观察起泡情况,计算泡沫保持的时间。

2.各类酒品的最佳品评温度

各类酒品的最佳品评温度一般是:白酒 15℃ ~20℃,黄酒 30℃ 左右,啤酒在 15℃ 以下保持 1h 以上,葡萄酒、果酒 9℃ ~18℃ 之间,干白葡萄酒 10℃ ~11℃,干红葡萄酒、深甜葡萄酒 16℃ ~18℃,高级白葡萄酒 13℃ ~15℃,淡红葡萄酒 12℃ ~14℃,香槟酒 9℃ ~10℃。

3.同一类酒样的品评顺序

同一类酒样的品评顺序一般为:酒度先低后高,香气先淡后浓,滋味先干后甜,酒色先浅后深。

评酒时还要注意防止生理和心理上的顺效应、后效应等情况所引起的品评误差,影响结论的正确性。品评时可以采取反复品评,间隔时间休息,清水漱口等方法加以克服。

评外观时要在适宜的光线下直观或侧观,注意酒液的色泽,有无悬浮物,沉淀物等情况。

评气味时杯口应放置于鼻下约 6cm 处,略低头,转动酒杯,轻嗅酒气,经反复嗅过后作出判断。

评口味时入口要慢,使酒液先接触舌尖,后接触舌两侧,再到舌根,然后卷舌,把酒液扩展到整个舌面,进行味觉的全面判断,最后咽下,辨别后味,并进行反复品评,对酒品的杂味刺激性、协调、醇和等作出判断评价。品评时高度酒可少饮,一般 2mL 即可,低度酒可多饮,一般在 4mL ~12mL,酒液在口中停留的时间一般在 2s ~3s。品评程序是:一看,二嗅,三尝,四回味。

4.评酒的基本方法

(1)一杯评酒法也称直接品评法,评酒时采用暗评的方法,评酒人先品尝酒品,然后进行评述,可以一种酒样品尝后即进行评价,也可重复品尝几种酒样后,再逐一进行评述。

(2)两杯品评法也称对比品评法,评酒时采用暗评的方法,评酒人依次品尝两种酒样,然后评述两种酒的风格和风味等差异,以及各自的风格特点。

(3)三杯品评法也称三角品评法,评酒时采用暗评的方法,品评人员依次品尝三杯酒样,其中两杯是同样酒样,品评人应品出哪两杯是同样的酒,其与另外一种酒之间在风味、风格上存在哪些差异,并对各自的风味、风格进行评述。

四、各类酒的感官评定方法

1. 白酒质量感官评定

(1)色泽与透明度评定

白酒的正常色泽应是无色、透明、无悬浮物和沉淀物,这是说明酒质量是否纯净的一项重要指标;将白酒注入杯中,杯壁上不得出现环状不溶物;将酒瓶突然颠倒过来,在强光下观察酒体,不得有浑浊、悬浮物和沉淀物。冬季如白酒中有沉淀物,可用水浴加热到30℃~40℃,如沉淀消失则视为正常。发酵期较长和储存期较长的白酒,往往有极浅的淡黄色,如茅台酒,这是允许的。

(2)香气评定

白酒的香气有逸香、喷香、留香三种。当鼻腔靠近酒杯口,白酒中芳香成分逸散在杯口附近,很容易使人闻到香气,这就是逸香,也称闻香,用嗅觉即可直接辨别香气的浓度及特点。当酒液饮入口中,香气充满口腔,叫喷香。留香是酒已咽下,而口中仍持续留有酒香气。

在对白酒的香气进行感官评定时,最好使用大肚小口的玻璃杯,将白酒注入杯中稍加摇晃,即刻用鼻子在杯口附近短促呼吸仔细嗅闻其香气。如对某种酒要进行细致的评定或精细比较时,可以采用下列特殊的闻香方法。

①用一条吸水性强、无味的纸,浸入酒杯吸一定量的酒样,闻纸条上散发的气味,然后将纸条放置8~10min后再闻一次。这样可以评定酒液香气的浓度和时间长短。同样也易于辨别有无不快气味以及气味的大小。

②在手心中滴几滴酒样,再把手握成拳头,从大拇指和食指间的缝隙中,紧接用鼻子闻其气味。此法可以用以验证所判断香气是否正确有明显效果。

③在手心或手背上滴几滴酒样,然后两手相搓,使酒样迅速挥发,及时闻其气味。此法可以用于评定酒香的浓淡。

评香气时闻酒气味前要先呼气,再对酒杯吸气。还应注意酒杯和鼻子的距离,呼气时间的长短、间歇、呼气量尽可能相同。一般的白酒都应具有一定的逸香,而很少有喷香或留香。名酒中的五粮液,就是以喷香著称的,而茅台酒则是以留香而闻名。白酒不应该有异味,诸如焦煳味、腐臭味、泥土味、糖味、酒糟味等不良气味均不应存在。

(3)滋味评定

白酒的滋味应有浓厚和淡薄、绵软和辛辣、纯净和邪味之分;酒咽下后,又有回甜和苦辣之别。白酒滋味应要求醇厚无异味、无强烈的刺激性、不辛辣呛喉、各味协调。好的白酒还要求滋味醇香、浓厚、味长、甘甜,入口有愉快舒适的感觉。进行品尝时,饮入口中的白酒,应于舌头及喉部细品,以评定酒味的醇厚程度和滋味的优劣。

（4）酒花评定

用力摇晃瓶,瓶中酒顿时会出现酒花,一般都以酒花白晰、细碎、堆花时间长的为佳品。

（5）评风格品评酒的风格,是对酒的色、香、味全面评价的综合体现。

这主要靠鉴评人员平日广泛接触各种名酒积累下来的经验。没有对各类酒风格的记忆,风格是无法品评的。

白酒的感官要求:各类白酒,一般都要求具有本品种突出的风格,色泽为无色,清凉透明,无悬浮物,无沉淀。

不同香型的白酒其香气和口味要求如下:

- 酱香型:要求酱香突出、优雅细致、酒体醇厚、回味悠长,以茅台酒为代表。
- 浓香型:其特点是窖香浓郁、绵软甘洌、尾净余长,即有"香、甜、浓、净"四个字的特征,如泸州老窖、五粮液、剑南春、洋河大曲等。
- 清香型:其特点是清香纯正、口味协调、微甜绵长、余味爽净,如山西汾酒。
- 米香型:其特点是米香洁雅纯正、入口绵软、落口甘洌、回味怡畅,以桂林三花酒为代表。
- 兼香型:其特点是浓酱协调、香气浓郁、纯正柔和、后味回甜,如白沙液酒。

此外,还有混合香型或特殊香型的白酒,如西凤酒、董酒等。

（6）影响白酒品质的因素一般包括:

白酒的变色:用未经涂蜡的铁桶盛呈酸性的白酒,铁质桶壁容易被氧化,还原为高铁离子或低铁离子的化合物,从而使酒变成黄褐色。使用含锌的铝桶,也会使之与酒类中的酸类发生氧化作用而生成氧化锌,使酒变为乳白色。

白酒的变味:用铸铁（生铁）容器盛酒会使白酒产生硫的臭味。用腐败血料涂刷后的酒篓盛放酒,会产生血腥臭味。有的在流通转运过程中用新制的桶装酒,也会发生气味污染而使酒液带有木材的苦涩味。

不论是变色还是变味的白酒,都应查明原因,经过特殊处理后恢复原有品质的酒可继续饮用,否则不适于饮用或只能改作他用。

2.啤酒质量感官评定

啤酒是以大麦芽、啤酒花和水为主要原料,用不发芽谷物（如大米、玉米等）为辅料,经糖化发酵酿制成的富含多种营养成分的低度饮料酒。如按供给人体热能计算,1L啤酒相当于0.7L牛奶的营养。

（1）啤酒的分类

按啤酒的颜色深浅可将啤酒分为:淡色啤酒、浓色啤酒和黑啤酒。

按生产方法可将啤酒分为:熟啤酒（指经过了巴氏杀菌）和鲜啤酒（未经杀菌）;另外现在还有一种只经过过滤除菌的啤酒,称为"纯鲜啤酒"。

所谓啤酒的度数,是指啤酒中原麦汁的质量分数（%）,而不是指乙醇的体积分数（酒精含量）。如12度啤酒,其酒精含量仅有3%~4%。按麦汁浓度又将啤酒分为:低浓度啤酒（麦汁浓度7~8度,酒精含量2%以下）、中浓度啤酒（麦汁浓度在11~12度,酒精含量3.1%~3.5%）和高浓度啤酒（麦汁浓度14~20度,酒精含量在5%以上）3种。

（2）啤酒的感官评定

①色泽:啤酒的色泽可分为淡色、浓色和黑色3种。淡色啤酒的酒液呈浅黄色,也有微带绿色的;浓色啤酒酒液金黄;黑啤酒酒液紫黑色,稍稍泛红。优良品质的啤酒,不管其颜色深

浅,均应具有醒目的光泽;暗而无光的不是好啤酒。以淡色啤酒为例:

- 良质啤酒:酒液浅黄色或微带绿色,不呈暗色,有醒目光泽,清亮透明,无小颗粒、悬浮物和沉淀物。
- 次质啤酒:色淡黄或稍深些,透明,有光泽,有少许悬浮物或沉淀物。
- 劣质啤酒:色泽暗而无光或失光,有明显悬浮或沉淀,有可见小颗粒,严重者酒体浑浊。

②透明度:啤酒在规定的保持期内,必须能保持洁净透明的特点,无小颗粒和悬浮物,不应有任何浑浊或沉淀现象发生。

③泡沫:泡沫是啤酒的重要特征之一,啤酒也是唯一以泡沫体作为主要质量指标的酒精类饮料。

- 良质啤酒:注入杯中立即有泡沫窜起,起泡力强,泡沫厚实且盖满酒面,沫体洁白细腻,沫高占杯子的1/2～2/3;同时见到细小如珠的气泡自杯底成串上升,经久不失,泡沫挂杯持久,在4min以上。
- 次质啤酒:倒入杯中的泡沫升起较快,色较洁白,挂杯时间持续2min以上。
- 劣质啤酒:倒入杯中,稍有泡沫且消散很快,有的根本不起泡沫,起泡者泡沫粗黄,不挂杯,似一杯茶水状。

④风味和酒体:一般日常生活中常见的淡色啤酒应具有较显著的酒花香和麦芽清香以及细微的酒花苦味,入口苦味爽快而不长久,酒体爽而不淡,柔和适口。并且啤酒具有饱和充足的二氧化碳气,能赋予啤酒一定的杀口力,给人以合适的刺激感。

- 良质啤酒:口味纯正,酒香明显,无任何异杂滋味。酒质清冽,酒体协调柔和,杀口力强;苦味细腻、微弱、清爽而愉快,无后苦,有再饮欲。
- 次质啤酒:口味纯正,无明显的异味,但香味平淡、微弱,酒体尚属协调,具有一定杀口力。
- 劣质啤酒:味不正,淡而无味,或有明显的异杂味、怪味,如酸味、馊味、铁腥味、苦涩味、老熟味等,也有的甜味过于浓重;更有堪者苦涩得难以入口。

另外,啤酒的饮用温度很重要,在适宜的温度下,酒液中很多有益成分的作用就能协调互补,给人一种舒适爽快的感觉。啤酒宜在较低的温度下饮用,一般以12℃左右为好。

(3)影响啤酒质量的因素

啤酒是一种透明的胶体溶液,易受微生物和理化作用的影响,使胶体溶液受破坏而失去透明的特性,称之为啤酒的"失光"。失光后再进一步遭受严重破坏,啤酒就会浑浊并出现沉淀。常见的主要有以下几种情况:

①酵母浑浊:造成啤酒的酵母浑浊一般是由于野生酵母混入引起的或者是酵母再发酵引起的。酵母浑浊的主要表现是酒液失光、浑浊、有沉淀,启盖后气泡很足,常会伴有窜沫现象(啤酒自瓶口喷涌而出);倒酒入杯时酒瓶口处有"冒烟"现象。

②受寒浑浊:当啤酒在0℃左右贮存或运输一定的时间后,因为温度低酒液中常会出现一些较小的悬浮颗粒,使啤酒失光。如果在低温下贮运的时间再延长,酒液中就会出现较大凝聚物而造成沉淀。如在啤酒处于失光阶段时将贮运温度回升到10℃以上,酒液又会恢复到透明状态。这种因受寒冷而造成的浑浊,实际上是蛋白质的凝聚现象。

③淀粉浑浊:由于糖化不完全,酒液中还残留有一定量的淀粉而造成浑浊,并逐渐出现白色沉淀。

④氧化浑浊:啤酒在装瓶或装桶时,不可避免地要与空气中的氧接触而引起浑浊,空气越多,浑浊越快。因此,啤酒在贮存中应尽量减小摇晃、曝光,应在适宜的温度下存放。

第四节 畜禽肉及肉制品的感官评定

对禽肉进行感官评定时,一般按照如下顺序进行:首先是眼看其外观、色泽、组织状态,特别应注意肉表面和切口处的颜色与光泽,看有无色泽灰暗、是否存在淤血、水肿、囊肿和污染等情况。其次是嗅肉品的气味,不仅要了解肉表面的气味,还应感知其切开时和试煮后的气味,注意是否有腥臭味。最后用手指按压、触摸,以感知其弹性和黏度,结合脂肪及试煮后肉汤的情况,才能对肉进行综合性评定。

一、猪肉的评定方法

1. 鲜猪肉

(1)外观评定

新鲜猪肉——表面有一层微干或微湿的外膜,呈淡红色,有光泽,切断面稍湿、不黏手,肉汁透明。

次鲜猪肉——表面有一层风干或潮湿的外膜,呈暗灰色,无光泽,切断的色泽比新鲜的猪肉暗,有黏性,肉汁浑浊。

变质猪肉——表面外膜极度干燥或黏手,呈灰色或淡绿色,发黏并有霉变现象,切断面也呈暗灰或淡绿色、很黏,肉汁严重浑浊。

(2)气味评定

新鲜猪肉——具有鲜猪肉正常的气味。

次鲜猪肉——在肉的表层能嗅到轻微的氨味、酸味或酸霉味,但在肉的深层却没有这些气味。

变质猪肉——腐败变质的肉,不论在肉的表层还是深层均有腐臭气味。

(3)弹性评定

新鲜猪肉——新鲜猪肉质地紧密且富有弹性,用手指按压凹陷后会立即恢复原状。

次鲜猪肉——肉质比新鲜肉柔软、弹性小,用指头按压凹陷后不能完全复原。

变质猪肉——腐败变质的肉由于自身被分解严重,组织失去原有弹性而出现不同程度的腐烂,用手指按压后凹陷,不但不能复原,有时手指还可以把肉刺穿。

(4)脂肪评定

新鲜猪肉——脂肪呈白色,具有光泽,有时呈肌肉红色,柔软而富于弹性。

次鲜猪肉——脂肪呈灰色,无光泽,容易黏手,有时略带油脂酸败味和蛤喇味。

变质猪肉——脂肪表面污秽有黏液,常霉变呈淡绿色,脂肪组织很软,具有油脂酸败味。

(5)肉汤评定

新鲜猪肉——肉汤透明、芳香,汤表面聚集大量油滴,油脂的气味和滋味鲜美。

次鲜猪肉——肉汤浑浊,汤表面油滴较少,没有鲜香的滋味,常略有轻微的油脂酸败和霉变气味及味道。

变质猪肉——肉汤极浑浊,汤内漂浮着有如絮状的烂肉片,汤表面几乎无油滴,具有浓厚的油脂酸败味或显著的腐败臭味。

2. 冻猪肉

(1)色泽评定

良质冻猪肉——肌肉色红、均匀,具有光泽,脂肪洁白,无霉点。

次质冻猪肉——肌肉红色稍暗,缺乏光泽,脂肪微黄,可有少量霉点。

变质冻猪肉——肌肉色泽暗红,无光泽,脂肪呈污黄或灰绿色,有霉斑或霉点。

(2)气味评定

良质冻猪肉——无臭味,无异味。

次质冻猪肉——稍有氨味或酸味。

变质冻猪肉——具有严重的氨味、酸味或臭味。

(3)组织状态评定

良质冻猪肉——肉质紧密,有坚实感。

次质冻猪肉——肉质软化或松弛。

变质冻猪肉——肉质松弛。

(4)黏度评定

良质冻猪肉——外表及切面微湿润,不黏手。

次质冻猪肉——外表湿润,微黏手;切面有渗出液,但不黏手。

变质冻猪肉——外表湿润,黏手,切面有渗出液亦黏手。

发黏是肉质不新鲜的表现。猪肉的变质往往先在肉表发黏、发滑,并有一种陈腐的气味,严重时有臭味。肉质发黏的原因是由于将刚宰杀的猪肉(肉温高)放在湿度大的地方,或肉与肉接触处通风不良造成的。在发黏和发绿的鲜肉中,能检出有绿色黏液假单胞细菌。如果只是肉的表面轻度黏滑,则修刮洗净后,经高温烧煮,可以食用。如果黏滑严重、臭味大,表明肉已变质,不能食用。

3. 健康畜肉与病死、毒死畜肉的评定

(1)色泽评定

健康畜肉——肌肉色泽鲜红,脂洁白(牛肉为黄色),具有光泽。

死畜肉——肌肉色泽暗红或带有血迹,脂肪呈桃红色。

(2)组织状态评定

健康畜肉——肌肉坚实致密,不易撕开,肌肉有弹性,用手指按压后可立即复原。

死畜肉——肌肉松软,肌肉弹性差。

(3)血管状态评定

健康畜肉——全身血管中无凝结的血液,胸腹腔内无淤血,浆膜光亮。

死畜肉——全身血管充满了凝结的血液,尤其是毛细血管中更为明显,胸腹腔呈暗红色,无光泽。

4. 几种常见劣质猪肉的评定方法

(1)注水猪肉:猪肉注水过多时,水会从瘦肉上往下滴,割下一块瘦肉,放在盘子里,稍待片刻,就有水流出来。用卫生纸或吸水纸贴在肥瘦肉上,用手紧压,待纸湿后揭下来,用火柴点燃,若不能燃烧,则说明肉中注了水。

(2)有淋巴结的病死猪肉:病死猪肉的淋巴结是肿大的,其脂肪为浅玫瑰色或红色,肌肉为黑色,肉切面上的血管可挤出暗红色的淤血。而正常猪肉的淋巴结大小正常,肉切面呈鲜灰色或淡黄色。

（3）老母猪肉

一看猪皮。老母猪肉皮厚、多褶皱、毛囊粗。

二看瘦肉。老母猪肉肉色暗红,肉丝粗,用手按压无弹性,也无黏性。

三看膘。老母猪肉(脂肪)看上去非常松弛,呈灰白色,膘面没有油的光亮感。

5. 老畜肉与幼畜肉质量的评定方法

老畜肉肉体的皮肤粗老,多皱纹,肌肉干瘦,皮下脂肪少,肌纤维粗硬而色泽深暗,结缔组织发达,淋巴结萎缩或变为黑褐色,肉味不鲜。

幼畜肉含水量多,滋味淡薄,肉质松软,易于煮熟,脂肪含量少,皮肤细嫩柔软,骨髓发红。

6. 评定公、母猪肉质量的方法

看皮——公猪肉皮厚而硬,毛孔粗,皮肤与脂肪间无明显界限;母猪皮厚色黄,毛孔大而深,结合处疏松,皮下还有少量斑点。

辨肉——公猪的肉色苍白,去皮去骨后,皮下脂肪又厚又硬;母猪的肉呈深红色,纹路粗乱,结缔组织多脂肪少。

查骨——公猪的前五根肋骨比正常肥猪要宽而扁;母猪的骨头白中透黄,粗糙老化,奶头长而硬,乳腺孔特别明显。

闻味——公、母种猪都有臊味和毛腥味。

7. 评定注水猪肉质量的方法

（1）观察:正常的新鲜猪肉肌肉有光泽,红色均匀,脂肪洁白,表面微干;注水后的猪肉肌肉缺乏光泽,表面有水淋淋的亮光。

（2）手触:正常的新鲜猪肉手触有弹性,有黏手感;注水后的猪肉手触弹性差,亦无黏性。

（3）刀切:正常的新鲜猪肉,用刀切后切面无水流出,肌肉间无冰块残留;注水后的猪肉切面有水顺刀流出,如果是冻肉,肌肉间还有冰块残留,严重时瘦肉的肌纤维被冻结冰胀裂,营养流失。

（4）纸试:纸试有多种方法。第一种方法是用普通薄纸贴在肉面上,正常的新鲜猪肉有一定黏性,贴上的纸不易揭下;注了水的猪肉没有黏性,贴上的纸容易揭下。第二种方法是用卫生纸贴在刚切开的切面上,新鲜的猪肉,纸上没有明显的浸润;注水的猪肉则有明显的湿润。第三种方法是用卷烟纸贴在肌肉的切面上数分钟,揭下后用火柴点燃,如有明火的,说明纸上有油,是没有注水的肉;反之,点燃不着的则是注水的肉。

二、牛肉的评定方法

1. 评定鲜牛肉质量的方法

（1）色泽评定

良质鲜牛肉——肌肉有光泽,红色均匀,脂肪洁白或淡黄色。

次质鲜牛肉——肌肉色稍暗,用刀切开截面尚有光泽,脂肪缺乏光泽。

（2）气味评定

良质鲜牛肉——具有牛肉的正常气味。

次质鲜牛肉——牛肉稍有氨味或酸味。

(3)黏度评定

良质鲜牛肉——外表微干或有风干的膜,不黏手。

次质鲜牛肉—— 外表干燥或黏手,用刀切开的截面上有湿润现象。

(4)弹性评定

良质鲜牛肉——用手指按压后的凹陷能完全恢复。

次质鲜牛肉——用手指按压后的凹陷恢复慢,且不能完全恢复到原状。

(5)煮沸后的肉汤评定

良质鲜牛肉——牛肉汤,透明澄清,脂肪团聚于肉汤表面,具有牛肉特有的香味和鲜味。

次质鲜牛肉——肉汤,稍有浑浊,脂肪呈小滴状浮于肉汤表面,香味差或无鲜味。

2. 评定冻牛肉质量的方法

(1)色泽评定

良质冻牛肉(解冻后)——肌肉色红均匀,有光泽,脂肪白色或微黄色。

次质冻牛肉(解冻后)——肌肉色稍暗,肉与脂肪缺乏光泽,但切面尚有光泽。

(2)气味评定

良质冻牛肉(解冻后)——具有牛肉的正常气味。

次质冻牛肉(解冻后)——稍有氨味或酸味。

(3)黏度评定

良质冻牛肉(解冻后)——肌肉外表微干,或有风干的膜,或外表湿润,但不黏手。

次质冻牛肉(解冻后)——外表干燥或有轻微黏手,切面湿润黏手。

(4)组织状态评定

良质冻牛肉(解冻后)——肌肉结构紧密,手触有坚实感,肌纤维的韧性强。

次质冻牛肉(解冻后)——肌肉组织松弛,肌纤维有韧性。

(5)煮沸后的肉汤评定

良质冻牛肉(解冻后)——肉汤澄清透明,脂肪团聚于表面,具有鲜牛肉汤固有的香味和鲜味。

次质冻牛肉(解冻后)——肉汤稍有浑浊,脂肪呈小滴浮于表面,香味和鲜味较差。

3. 评定注水牛肉的方法

(1)观察:注水后的肌肉很湿润,肌肉表面有水淋淋的亮光,大血管和小血管周围出现半透明状的红色胶样浸湿,肌肉间结缔组织呈半透明红色胶冻状横切面可见到淡红色的肌肉;如果是冻结后的牛肉,切面上能见到大小不等的结晶冰粒,这些冰粒是注入的水被冻结的,严重时这种冰粒会使肌肉纤维断裂,造成肌肉中的浆液(营养物质)外流。

(2)手触:正常的牛肉,富有一定的弹性;注水后的牛肉,破坏了肌纤维的强力,使之失去了弹性,所以用手指按下的凹陷,很难恢复原状,手触也没有黏性。

(3)刀切:注水后的牛肉,用刀切开时,肌纤维间的水会顺刀口流出。如果是冻肉,刀切时可听到沙沙声,甚至有冰疙瘩落下。

(4)化冻:注水冻结后的牛肉,在化冻时盆中化冻后水是暗红色,原因是肌纤维被冻结冰胀裂,致使大量浆液外流。

注水后的牛肉,营养成分流失,不宜选购。

三、禽肉的评定方法

1. 鲜光鸡

（1）眼球评定

新鲜鸡肉——眼球饱满。

次鲜鸡肉——眼球皱缩凹陷,晶体稍显浑浊。

变质鸡肉——眼球干缩凹陷,晶体浑浊。

（2）色泽评定

新鲜鸡肉——皮肤有光泽,因品种不同可呈淡黄、淡红和灰白等颜色,肌肉切面具有光泽。

次鲜鸡肉——皮肤色泽转暗,但肌肉切面有光泽。

变质鸡肉——体表无光泽,头颈部常带有暗褐色。

（3）气味评定

新鲜鸡肉——具有鲜鸡肉的正常气味。

次鲜鸡肉——仅在腹腔内可嗅到轻度不快味,无其他异味。

变质鸡肉——体表和腹腔均有不快味甚至臭味。

（4）黏度评定

新鲜鸡肉——外表微干或微湿润,不黏手。

次鲜鸡肉——外表干燥或黏手,新切面湿润。

变质鸡肉——外表干燥或黏手腻滑,新切面发黏。

（5）弹性评定

新鲜鸡肉——指压后的凹陷能立即恢复。

次鲜鸡肉——指压后的凹陷恢复较慢,且不完全恢复。

变质鸡肉——指压后的凹陷不能恢复,且留有明显的痕迹。

（6）肉汤评定

新鲜鸡肉——肉汤澄清透明,脂肪团聚于表面,具有香味。

次鲜鸡肉——肉汤稍有浑浊,脂肪呈小滴浮于表面,香味差或无褐色。

变质鸡肉——肉汤浑浊,有白色或黄色絮状物,脂肪浮于表面者很少,甚至能嗅到腥臭味。

2. 冻光鸡

（1）眼球评定

良质冻鸡肉（解冻后）——眼球饱满或平坦。

次质冻鸡肉（解冻后）——眼球皱缩凹陷,晶状体稍有浑浊。

变质冻鸡肉（解冻后）—— 眼球干缩凹陷,晶状体浑浊。

（2）色泽评定

良质冻鸡肉（解冻后）——皮肤有光泽,因品种不同而呈黄、浅黄、淡红、灰白等色,肌肉切面有光泽。

次质冻鸡肉（解冻后）——皮肤色泽转暗,但肌肉切面有光泽。

变质冻鸡肉（解冻后）——体表无光泽,颜色暗淡,头颈部有暗褐色。

（3）黏度评定

良质冻鸡肉（解冻后）——外表微湿润,不黏手。

次质冻鸡肉(解冻后)——外表干燥或黏手,切面湿润。

变质冻鸡肉(解冻后)——外表干燥或黏腻,新切面湿润、黏手。

(4)弹性评定

良质冻鸡肉(解冻后)——指压后的凹陷能完全恢复。

次质冻鸡肉(解冻后)——指压后的凹陷恢复慢,且不能完全肌肉发软,指压后的凹陷几乎不能恢复。

变质冻鸡肉(解冻后)——肌肉软、散,指压后凹陷不但不能恢复,而且容易将鸡肉用指头戳破。

(5)气味评定

良质冻鸡肉(解冻后)——具有鸡的正常气味。

次质冻鸡肉(解冻后)——仅腹腔内能嗅到轻度不快味,无其他异味。

变质冻鸡肉(解冻后)——体表及腹腔内均有不快气味。

(6)肉汤评定

良质冻鸡肉(解冻后)——煮沸后的肉汤透明,澄清,脂肪团聚于表面,具备特有的香味。

次质冻鸡肉(解冻后)——煮沸后的肉汤稍有浑浊,油珠呈小滴浮于表面。香味差或无鲜味。

变质冻鸡肉(解冻后)——肉汤浑浊,有白色到黄色的絮状物悬浮,表面几乎无油滴悬浮,气味不佳。

3. 健康鸡与病鸡的评定方法

(1)动态评定

健康鸡——将鸡抓翅膀提起,其挣扎有力,双腿收起,鸣声长而响亮,有一定重量,表明鸡活力强。

病鸡——挣扎无力,鸣声短促而嘶哑,脚伸而不收,肉薄身轻,则是病鸡。

(2)静态评定

健康鸡——呼吸不张嘴,眼睛干净且灵活有神。

病鸡——不时张嘴,眼红或眼球浑浊不清,眼睑浮肿。

(3)体貌评定

健康鸡——鼻孔干净而无鼻水,冠脸朱红色,头羽紧贴,脚爪的鳞片有光泽,皮肤黄净有光泽,肛门黏膜呈肉色,鸡嗉囊无积水,口腔无白膜或红点,不流口水。

病鸡——鼻孔有水,鸡冠变色,肛门里有红点,流口水,嘴里有病变。

4. 烧鸡质量优劣的评定方法

(1)闻:如果有异臭味,说明烧鸡存放已久或是病死鸡加工制成的。

(2)看:看烧鸡的眼睛,如果眼睛是半睁半闭,说明是好鸡加工制成的;如果双跟紧闭,说明是病鸡或病死鸡加工制成的。

(3)动:用筷子或小刀挑开肉皮,肉呈血红色的,说明是病死鸡加工制成的,因病死鸡没有放血或放不出血。

此外,买烧鸡时,不要只看其色泽的新鲜光滑,因为有的烧鸡其色泽是用红糖或蜂蜜和油涂抹在表面形成的。

5. 鲜光鸭质量优劣的评定方法

(1)体表:鸭身表面干净光滑,无小毛。

（2）色泽:皮色淡黄。

（3）嘴筒:手感坚硬,呈灰色。

（4）气管:手摸气管是粗的,大于竹筷直径。

（5）质量:光鸭质量约为1kg。

嫩光鸭的特征有以下几个方面:

（1）体表:鸭身表面不光滑,有小毛存在。

（2）色泽:皮色雪白光润。

（3）嘴筒:手感较软,呈灰白色。

（4）气管:手摸气管是细的,即小于竹筷直径。

（5）质量:光鸭质量在1.5kg左右。

6. 板鸭质量优劣的评定方法

（1）外观评定

良质板鸭——体表光洁,呈白或乳白色。腹腔内壁干燥、有盐霜,肉切面呈玫瑰红色。

次质板鸭——体表呈淡红或淡黄色,有少量的油脂渗出。腹腔潮湿有霉点,肌肉切面呈暗红色。

劣质板鸭——体表发红或深黄色,有大量油脂渗出。腹腔潮湿发黏,有霉斑,肉切面带灰白、淡红或淡绿色。

（2）组织状态评定

良质板鸭——切面致密结实,有光泽。

次质板鸭——切面疏松,无光泽。

劣质板鸭——切面松散,发黏。

（3）气味评定

良质板鸭——具有板鸭特有的风味。

次质板鸭——皮下和腹部脂肪带有哈喇味,腹腔有霉味或腥气。

劣质板鸭——有严重的哈喇味和腐败的酸气,骨髓周围更为明显。

（4）肉汤评定

良质板鸭——汤面有大片的团聚脂肪,汤极鲜美芳香。

次质板鸭——鲜味较差,有轻度的哈喇味。

劣质板鸭——有腐败的臭味和严重的哈喇味、涩味。

7. 评定健康禽肉与死禽肉的方法

（1）放血切口评定

健康禽肉——切口不整齐,放血良好,切口周围组织有被血液浸润现象,呈鲜红色。

死禽肉——切口平整,放血不良,切口周围组织无被血液浸润现象,呈暗红色。

（2）皮肤评定

健康禽肉——表皮色泽微红,具有光泽,皮肤微干而紧缩。

死禽肉——表皮呈暗红色或微青紫色,有死斑,无光泽。

（3）脂肪评定

健康禽肉——脂肪呈白色或淡黄色。

死禽肉——脂肪呈暗红色,血管中淤存有暗紫红色血液。

(4)胸肌、腿肌评定

健康禽肉——切面光洁,肌肉呈淡红色,有光泽、弹性好。

死禽肉——切面呈暗红色或暗灰色,光泽较差或无光泽,手按在肌肉上会有少量暗红色血液渗出。

四、其他畜肉的评定方法

(一)羊肉

1.鲜羊肉质量评定的方法

(1)色泽评定

良质鲜羊肉——肌肉有光泽,红色均匀,脂肪洁白或淡黄色,质坚硬而脆。

次质鲜羊肉——肌肉色稍暗淡,用刀切开的截面尚有光泽,脂肪缺乏光泽。

(2)气味评定

良质鲜羊肉——有明显的羊肉膻味。

次质鲜羊肉——羊肉稍有氨味或酸味。

(3)弹性评定

良质鲜羊肉——用手指按压后的凹陷,能立即恢复原状。

次质鲜羊肉——用手指按压后凹陷恢复慢,且不能完全恢复到原状。

(4)黏度评定

良质鲜羊肉——外表微干或有风干的膜,不黏手。

次质鲜羊肉——外表干燥或黏手,用刀切开的截面上有湿润现象。

(5)煮沸的肉汤评定

良质鲜羊肉——肉汤透明澄清,脂肪团聚于肉汤表面,具有羊肉特有的香味和鲜味。

次质鲜羊肉——肉汤稍有浑浊,脂肪呈小滴状浮于肉汤表面,香味差或无鲜味。

2.评定冻羊肉质量的方法

(1)色泽评定

良质冻羊肉(解冻后)——肌肉颜色鲜艳,有光泽,脂肪呈白色。

次质冻羊肉(解冻后)——肉色稍暗,肉与脂肪缺乏光泽,但切面尚有光泽,脂肪稍微发黄。

变质冻羊肉(解冻后)——肉色发暗,肉与脂肪均无光泽,切面亦无光泽,脂肪微黄或淡污黄色。

(2)黏度评定

良质冻羊肉(解冻后)——外表微干或有风干膜或湿润但不黏手。

变质冻羊肉(解冻后)——外表极度干燥或黏手,切面湿润发黏。

(3)组织状态评定

良质冻羊肉(解冻后)——肌肉结构紧密,有坚实感,肌纤维韧性强。

次质冻羊肉(解冻后)——肌肉组织松弛,但肌纤维尚有韧性。

变质冻羊肉(解冻后)——肌肉组织软化、松弛,肌纤维无韧性。

(4)气味评定

良质冻羊肉(解冻后)——具有羊肉正常的气味(如膻味等),无异味。

次质冻羊肉(解冻后)——稍有氨味或酸味。

变质冻羊肉(解冻后)——有氨味、酸味或腐臭味。

（5）肉汤评定

良质冻羊肉(解冻后)——澄清透明,脂肪团聚于表面,具有鲜羊肉汤固有的香味或鲜味。

次质冻羊肉(解冻后)——稍有浑浊,脂肪呈小滴浮于表面,香味、鲜味均差。

变质冻羊肉(解冻后)——浑浊,脂肪很少浮于表面,有污灰色絮状物悬浮,有异味甚至臭味。

（二）兔肉

1.评定鲜兔肉质量的方法

（1）色泽评定

良质鲜兔肉——肌肉有光泽,红色均匀,脂肪洁白或黄色。

次质鲜兔肉——肌肉稍暗色,用刀切开的截面尚有光泽,脂肪缺乏光泽。

（2）气味评定

良质鲜兔肉——具有正常的气味。

次质鲜兔肉——稍有氨味或酸味。

（3）弹性评定

良质鲜兔肉——用手指按下后的凹陷,能立即恢复原状。

次质鲜兔肉——用手指按压后的凹陷恢复慢,且不能完全恢复。

（4）黏度评定

良质鲜兔肉——外表微干或有风干的膜,不黏手。

次质鲜兔肉——外表干燥或黏手,用刀切开的截面上有湿润现象。

（5）煮沸的肉汤评定

良质鲜兔肉——透明澄清,脂肪团聚在肉汤表面,具有兔肉特有的香味和鲜味。

次质鲜兔肉——稍有浑浊,脂肪呈小滴状浮于表面,香味差或无鲜味。

2.评定冻兔肉质量的方法

（1）色泽评定

良质冻兔肉(解冻后)——肌肉呈均匀红色、有光泽,脂肪白色或淡黄色。

次质冻兔肉(解冻后)——肌肉稍暗,肉与脂肪均缺乏光泽,但切面尚有光泽。

变质冻兔肉(解冻后)——肌肉色暗,无光泽,脂肪黄绿色。

（2）黏度评定

良质冻兔肉(解冻后)——外表微干或有风干的膜或湿润,但不黏手。

次质冻兔肉(解冻后)——外表干燥或轻度黏手,切面湿润且黏手。

变质冻兔肉(解冻后)——外表极度干燥或黏手,新切面发黏。

（3）组织状态评定

良质冻兔肉(解冻后)——肌肉结构紧密,有坚实感,肌纤维韧性强。

次质冻兔肉(解冻后)——肌肉组织松弛,但肌纤维有韧性。

冻兔肉变质(解冻后)——肌肉组织松弛,肌纤维失去韧性。

（4）气味评定

良质冻兔肉(解冻后)——具有兔肉的正常气味。

次质冻兔肉(解冻后)——稍有氨味或酸味。

变质冻兔肉(解冻后)——有腐臭味。

(5)肉汤评定

良质冻兔肉(解冻后)——澄清透明,脂肪团聚于表面,具有鲜兔肉固有的香味和鲜味。

次质冻兔肉(解冻后)——稍显浑浊,脂肪呈小滴浮于表面,香味和鲜味较差。

变质冻兔肉(解冻后)——浑浊,有白色或黄色絮状物悬浮,脂肪极少浮于表面,有臭味。

第五节 水产品及其制品的感官评定

目前国内外常用的鉴定鱼类鲜度的主要方法仍为感官法和生物化学法。感官评定法由于简便易行又能及时得出结论,所以至今仍被广泛采用。

感官评定水产品及其制品的质量优劣时,主要通过体表形态、鲜活程度、色泽、气味、肉质的弹性和洁净程度等感官指标来进行综合评价。首先是观察其鲜活程度如何,是否具有一定的生命活力;其次是看外观形态的完整性,注意有无伤痕、磷爪脱落、骨肉分离等现象;再次是观察其体表卫生洁净程度,即有无污秽物和杂质等。然后看其色泽,嗅其气味,有必要的话还要品尝其滋味。综上所述再进行综合感官评定。

对于水产品而言,感官评定也主要是外观、色泽、气味和滋味几项内容。其中是否具有该类制品的特有的正常气味与风味,对于做出正确判断有着重要意义。

各种水产类常用的感官评定指标介绍如下。

一、鱼类的感官评定指标

1. 眼球饱满、角膜透明

眼球下部原有结缔组织支撑,使眼球向外凸出。当鱼体内蛋白质开始分解后,结缔组织就逐渐变软而失去支撑力,于是眼球就逐渐下陷。另一方面眼球内含有黏蛋白,当其结构完整时角膜是透明的,而当黏蛋白分解后,角膜就变浑浊。所以这一指标能确切地反映出鱼体鲜度。

2. 鳃色鲜红、鳃丝清晰

鳃丝内含有血红蛋白,当其结构完整时,鳃色鲜红。当血红蛋白开始分解后,鳃色就发生变化。另一方面,鳃丝上覆盖着的黏液,也含有蛋白质成分,当蛋白质结构完整时,黏液是润滑而透明的,当蛋白质分解后,黏液就变浑浊并使鳃丝粘结。所以这一指标也能确切地反映鲜度。

3. 体表色泽

各种鱼类的体表都有其固有的色彩,当鱼体变质时,存于鱼体皮肤的真皮层内的色素细胞所含的各种色素(主要是类胡萝卜素和虾红素,也有脂色素性的色素和黑色系的色素)就会被氧化,或溶于水,或遇酸性沉淀,而使鱼体变色和失去光泽。如能熟悉各种鱼类固有的色彩,以体色作为评定鲜度的指标是有意义的,但因鱼类品种繁多,非专业人员不易熟辨,故还以观察鱼体体表有无光泽较为实用。

4. 鱼鳞紧贴完整

当鱼鳞所附着的组织细胞层处于完整状态时,鱼鳞是紧贴在鱼体上的,剥之亦不易脱落。在鱼体开始自溶以后,组织逐渐变软,鱼鳞也较易剥落。到鱼体腐败变质时,鱼鳞所附着的组织细胞层已被破坏,鱼鳞就很易脱落而呈现残缺不全的状态。但鱼鳞是否完整也与捕捞作业方式和运输操作有关,例如张网作业所捕捞的鱼,由于鱼在网内挣扎冲撞,鱼体虽未变质而鱼鳞也会残缺。因此,以鱼鳞是否紧贴或是否易于剥落作为指标比较确切,而鱼鳞的完整与否只能作为辅助性的参考指标。

5. 肌肉弹性

鱼体在僵期内,体内细胞吸水膨胀具有弹性。自溶作用开始后,因细胞失去水分而使鱼体变软,弹性逐渐减退。到腐败变质时细胞晶体组织已被破坏,弹性就完全消失。所以这一指标能确切反映鱼体鲜度。

6. 鱼腹是否膨胀

生前饱腹的鱼体在死亡后经一段时间,肠中内容物会发酵产生气体而呈现膨胀现象,但如生前空腹,就无此反应,所以这一指标缺乏普遍意义,亦不够确切。

7. 黏液腔

石首鱼科的鱼类(如大黄鱼)的头背连接处皮肤下有蜂窝状的格形结构称为黏液腔,当鱼体新鲜时,腔格内充盈着血液,随着鲜度下降,自下而上(即从背向头)渐次消失。当鱼体变质时,最前面的腔格内也见不到血液。这一指标能很灵敏确切地反映出鲜度,但应指出石首鱼科以外的鱼类,则无此组织结构。

一般鱼类鲜度感官等级指标,见表7—3至表7—5。

表7—3 一般鱼类鲜度的感官评定

项目	新 鲜	较新鲜	不新鲜
眼球	眼球饱满,透明清亮,有弹性	眼角膜起皱,稍变浑浊,有时有内溢血发红	眼球塌陷,角膜浑浊,虹膜和眼腔被血红素浸红
腮部	腮色鲜红,黏液透明,无异味或海水味(淡水鱼可带土腥味)	腮色变暗呈淡红色、深色或紫红,黏液带有发酸气味或稍有腥味	腮色呈褐色、灰白色,有浑浊的黏液,带有酸臭、腥臭或陈腐味
肌肉	坚实有弹性,手指压后凹陷立即消失,无异味,肌肉切面有光泽	稍松软,手指压后凹陷不能立即消失,稍有腥酸味,肌肉切面无光泽	松软,手指压后凹陷不易消失,有霉味和酸臭味,肌肉易与骨骼分离
体表	有透明黏液,鳞片完整有光泽,紧贴鱼体,不易脱落	黏液多不透明,并有酸味,鳞片光泽较差,易脱落	鳞片暗淡无光泽,易脱落,表面黏液污秽,并有腐败味
腹部	正常不膨胀,肛门紧缩	轻微膨胀,肛门稍突出	膨胀或变软,表面发暗色或淡绿色斑点,肛门突出

表7—4 部分海水鱼的感官评定

品种	新 鲜	不新鲜
海鳗	眼球凸出明亮,肉质有弹性,黏液多	眼球下陷,肉质松软
梭鱼	鳃盖紧闭,肉质紧实,肛门处污泥黏液不多	体软,肛门凸出有较重的泥臭味
鲈鱼	体色鲜艳,肉质紧实	体色发乌,头部发糊呈黄色

品种	新 鲜	不新鲜
大黄鱼	色泽金黄,腮鲜红,肌肉紧实有弹性	眼球下陷,头发糊,体表色泽减退,渐至白色。腹部发软,肉易离刺
黄花鱼	眼凸出,腮红,体表干净,色泽呈金黄色而有光泽。肌肉僵直而富有弹性	秃头,眼塌,鳃部有很浓的腥臭味,鳞片脱落很多,色泽渐退至灰白色。腹部发软甚至破裂
黄姑鱼	色泽鲜艳,鱼体坚硬	色泽灰白,腹部塌软
带鱼	眼凸出,银鳞多而有光泽	眼塌陷,鳃黑,表皮有绉纹,失去光泽变成香灰色,破肚、掉头,胆破裂,有胆汁渗出
鲳鱼	鲜明有光泽,鳃色红色,肉质坚实	体表发暗,鳃色发灰,肉质稍松
加吉鱼	体色鲜艳有光泽,肉质紧实,肛门凹陷	色泽无光,鳞片易脱落,肉质弹性差,有异味

表7—5 部分淡水鱼的感官评定

品种	新 鲜	不新鲜
青鱼	体色有光泽,鳃色鲜红	体表有多量黏液,腹部很软且开始膨胀
草鱼	鳃肉稍有青草气味,肌肉富有弹性	鳃肉有较重的饲草酸味,腹部甚软,肛门处有溢出物
鲢鱼	体表黏液较少,有光泽,鳞片紧贴鱼体	眼带白蒙,腹部发软,肌肉无弹性。肛门处有浑浊的肠内容物流出
鳙鱼	鳃色鲜红,鳞片紧密不易脱落	鳃有酸臭味,体表失去光泽,肉质特别松弛
鲫鱼	眼球透明,鳃鲜红,体质结实	鳃有异臭味,腹部发软呈污黄色,肛门处有黑水
鲤鱼	鳃鲜红,鳞片贴体牢固不易脱落	鳃内充满很多黏液,并有酸臭味,腹部稍膨胀

二、虾类的感官评定指标

1.头胸节和腹节的连接程度

在虾体头胸节末端存在着被称为"虾脑"的胃脏和肝脏。虾体死亡后,"虾脑"易腐败分解,并影响头胸节与腹节连接处的组织,使节间的连接变得松弛。这一指标能灵敏而确切地反映鲜度。

2.体表色泽

在虾体甲壳下的真皮层内散布着各种色素细胞,含有以胡萝卜素为主的色素质,常以各种方式与蛋白质结合在一起。当虾体变质分解时,即色素质与蛋白质脱离而产生虾红素,使虾体泛红。这一指标能确切地反映鲜度,但不如前一指标灵敏,到虾体接近变质时才能反映。

3.伸曲力

虾体处在尸僵阶段时,体内组织完好,细胞充盈着水分,膨胀而有弹力,故能保持死亡时伸张或卷曲的固有状态,即使用外力使之改变,待等外力移去,仍能恢复原有姿态。当虾体发生自溶以后,组织变软,就失去这种伸曲力。这一指标能确切地反映鲜度。

4.体表是否干燥

鲜活的虾体外表洁净,触之有干燥感。但当虾体将近变质时,甲壳下一层分泌黏液的颗粒细胞崩解,大量黏液渗到体表,触之就有滑腻感。这一指标也能确切地反映出鲜度。

三、蟹类的感官评定指标

1.肢与体连接程度

蟹体甲壳较厚,当蟹体自溶作用而变软以后,由于有甲壳包被而见不到变形现象,但在肢、体相接的转动处,就会明显地呈现松弛现象,以手提起蟹体,可见肢体(步足)向下松垂。这一指标能灵敏而确切地反映鲜度。

2.腹脐上方的"胃印"

蟹类多以腐殖质为食饵,死后经一段时间,胃中食物就会腐败而蟹体腹面脐部上方泛出黑印。这一指标能确切地反映鲜度。

3.蟹"黄"是否凝固

蟹体内被称为"蟹黄"的物质,是多种内脏和生殖器官所在。当蟹体在尸僵阶段时,"蟹黄"是呈凝固状的,但当蟹体自溶作用以后,它即呈半流动状,到蟹体变质时更变得稀薄,手持蟹体翻转时,可感到壳内"蟹黄"的流动。这一指标能确切地反映鲜度。

4.鳃色洁净、鳃丝清晰

海蟹在水中用鳃呼吸时,大量吞水吐水,鳃上会沾有许多污粒和微生物,当蟹体活着时,鳃能自净,死亡后则无自净能力,鳃丝就开始腐败而粘结。这一指标也能确切地反映鲜度,但需剥开甲壳后才能观察。

四、贝类的感官评定指标

贝类应以死活作为可否食用的界限,凡死亡的贝类两壳常分开,但也有个别闭合的。对于这种情况的贝体只能采用放手掌上探重和相互敲击听音等法来检验。凡死亡但未张壳的贝体一般都较轻,相互敲击时发出咯咯的空音(但如内部积有泥沙反会较重)。活的贝体在相互敲击时发出笃笃的实音。对大批贝类的检验,可先进行大样抽验,即先以一个包件(箩筐或袋)为对象,静置一些时间后,用脚或其他重物突然触动,如包件内活贝多,即发出较响的嘶嘶声(受惊后两壳合闭之声),否则发出声音就较轻。遇后一种情况时,应进一步从包件内抽取一定数量的贝体做上述探重和相互敲击检验,逐一检查。如死亡率较高,整个包件须逐只进行检验或改作饲料等利用。

虾、蟹及贝壳类的感官评定方法见表7—6。

表7—6　虾、蟹及贝壳类的感官评定

品种	感官标准	
	一级鲜度	二级鲜度
青虾	青灰色,外壳清晰透明,头体连接紧密,肌肉青白色,致密,尾节伸屈性强	灰白色,透明度较差,头体稍易脱离,肌肉青白色,致密,尾节伸屈性稍差

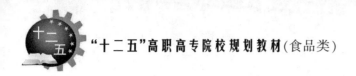

品种	感官标准	
	一级鲜度	二级鲜度
对虾	虾体完整,允许有黑箍一个,黑斑四处,虾体清洁,允许串清水及局部串血水,肌肉紧密,有弹性	虾体基本完整,允许有黑箍三个和不严重影响外观的黑斑,虾体清洁,允许串血水,肌肉弹性稍差
梭子蟹	贝壳青褐色,纹理清晰,有光泽,脐上无胃印,螯足内壁洁白,鳃丝清晰,白色或稍带微褐色,蟹黄凝固不流动,步足和躯体连接紧密,提起蟹体时,步足不松弛下垂	
缢蛏	外壳紧闭或微张,足及触管灵活,具固有气味	
花蛤	外壳具固有色泽,平时微张口,受惊闭合,斧足与触管伸缩灵活,具固有气味	
牡蛎	牡蛎饱满或稍软,呈乳白色,体液澄清,有牡蛎固有气味	

五、干制水产品的感官评定

干制水产品是以鲜、冻动物性水产品、海水藻类等为原料经相应工艺加工而成的产品,主要包括干海参、烤鱼片、调味鱼干、虾米、虾皮、烤虾、虾片、干贝、鱿鱼丝、鱿鱼干、干燥裙带菜叶、干海带、紫菜等。

1. 干海参

干海参是以新鲜海参为原料经水煮、盐渍、拌灰、干燥等工序制成的产品。

(1)感官特性

产品规格按个体大小分为四个等级:大规格≥15.1g/个,中规格 10.1g/个～15.0g/个,小规格 7.6g/个～10.0g/个,特小规格≤7.5g/个。

产品感官特性根据组织形态的不同分为三级:一级品体形肥满,肉质厚实,刺挺直无残缺,嘴部石灰质露出少,切口较整齐;二级品体形细长,肉质较厚,个别刺有残缺,嘴部石灰质露出较多;三级品体形不正,刺有残缺,嘴部石灰质露出较多。

产品色泽均呈黑灰色或灰色;体内洁净,基本无盐结晶,体表无盐霜,附着的木炭粉或草木灰少,无杂质,无异味。

(2)感官评定方法

在目测规格的基础上,随机取 10 个海参,用感量不大于 0.1g 的天平逐个称量。

将样品平摊于白瓷盘内,于光线充足无异味的环境中,按感官特性的要求逐项检验,肉质及内部杂质应剖开后进行检验。必要时,水发后检验。

2. 烤鱼片

烤鱼片是以冰鲜或冷冻的马面钝鱼、鳕鱼等原料鱼制成的调味鱼干,经烤熟、轧松等工序制成的产品。

(1)感官特性

产品规格按色泽、形态、组织、滋味及气味分成两级:一级品肉质呈黄白色,色泽均匀;鱼片平整,片形完好;肉质疏松,有嚼劲,无僵片;滋味鲜美,咸甜适宜,具有烤鱼特有香味,无异味。

二级品肉质呈黄白色,边沿允许略带焦黄色,鳕鱼片允许一面有棕红色;鱼片平整,片形基本完好;肉质较疏松,有嚼劲,无僵片;滋味鲜美,气味正常,无异味。

(2)感官评定方法

将试样平摊于白搪瓷盘内,于光线充足、无异味的环境中,按感官特性的要求逐项检验。

3. 调味鱼干

(1)感官特性

产品色泽呈玉黄色,稍带灰白色,表面有光泽、半透明,允许局部有轻微淤血呈现的淡紫红色;形态、片形基本完好、平整,鱼片拼接良好,无明显缝隙和破裂片;组织紧密,软硬适度,肉厚部分无软湿感,无干耗片;滋味鲜美,咸甜适宜,具有干制鱼干的特有香味,无异味,无外来杂质。

(2)感官评定方法

将试样平摊于白搪瓷盘内,于光线充足、无异味的环境中,按感官特性的要求逐项检验。

4. 虾米

(1)感官特性

产品规格按色泽、形态、组织、滋味及气味分成三级:一级品具有虾米的固有色泽,光泽好;肉质坚实,大小均匀,个体肥满光滑,虾体基本无黏壳、附肢,基本无虾糠;鲜香,细嚼有鲜甜味。二级品具有虾米固有色泽,光泽较好;肉质较坚实,大小较均匀,虾体允许有少量黏壳、附肢,虾糠少;较鲜无异味。三级品具有虾米固有色泽,光泽较差;肉质较坚实,虾体黏壳、附肢和虾糠稍多;无异味。三个等级的产品均无外来杂质,无霉变现象。

(2)感官评定方法

将样品平摊于白搪瓷盘内,于光线充足、无异味的环境中,按感官特性的要求逐项检验。

5. 虾皮

(1)感官特性

产品感官特性根据组织形态及色泽的不同分为三级:一级品色泽好,肉质厚实,壳软,片大且均匀,完整,基本无碎末和水产夹杂物。二级品光泽较好,壳软,片大较均匀,破碎较少,无明显碎末。

(2)感官评定方法

将试样摊于白搪瓷盘内,于光线充足、无异味的环境中,按感官特性的要求逐项检验。

6. 烤虾

(1)感官特性

产品感官特性根据肠腺、色泽、光泽、形态、组织、滋味及气味、杂质的不同分为三级:一级品无肠腺,肉质呈烤制熟虾固有红色,色泽均匀;光泽度好;形状完整(完整率≥95%),大小均匀,虾体之间无黏结现象;肉质柔韧,有嚼劲;滋味鲜美,咸甜适宜,具有浓厚的烤虾香味,无异味。二级品无肠腺;肉质呈烤制熟虾固有红色,色泽基本均匀;光泽度较好;形状基本完整(完整率≥85%),大小均匀,虾体之间无粘结现象;肉质基本柔韧,有嚼劲;滋味鲜美,具有烤虾的香味,无异味。三级品允许有肠腺;肉质呈烤制熟虾固有红色,色泽基本均匀,有偏黄现象;光泽度一般;形状较完整(完整率≥75%),大小均匀,虾体之间无黏结现象;肉质偏硬,基本有嚼劲;滋味鲜美,气味正常,无异味。各级产品均无杂质。

(2)感官评定方法

将试样平摊于白搪瓷盘内,于光线充足、无异味的环境中,按感官特性的要求逐项检验。

7. 虾片

(1)感官特性

产品呈本品应有的色泽,半透明,表面略有光泽,洁净,无霉变、污染等迹象,无夹生片;干燥坚脆的薄片,大小、厚薄基本一致,片形大体平整;经油炸后,口感酥脆,具本品应有的虾鲜味,无硬心、无异味、无硬块;无肉眼可见杂质。

(2)感官评定方法

口味与气味的检验:随机抽取适量样品,放入180℃～200℃的精炼食用植物油中膨化,起浮后捞出,即时品尝鉴定口味与气味。

其余感官项目:将样品平摊于白搪瓷盘中,在光线充足的环境中按感官特性的要求逐项检验。

8. 干贝

(1)感官特性

产品感官特性根据色泽、组织形态、滋味气味的不同分为三级:一级品光泽好,半透明;颗粒坚实,饱满;味鲜美,具浓厚特有的香味。二级品光泽较好;颗粒坚实较饱满;味较鲜美,具特有的香味。三级品光泽暗淡;颗粒不整齐;味较鲜,无异味。各级产品体表均洁净,无杂质,无污染,无虫害,无霉变。

(2)感官评定方法

将样品平摊于白搪瓷盘内,于光线充足、无异味的环境中,按感官特性的要求逐项检查。

9. 鱿鱼丝

(1)感官特性

脱皮鱿鱼丝呈淡黄色,带皮鱿鱼丝呈棕褐色,色泽均匀;形态呈丝条状,每条丝的两边带有丝纤维,形状完好;肉质疏松,有嚼劲,无僵丝;滋味鲜美,口味适宜,具有鱿鱼丝特有香味,无异味;无杂质。

(2)感官评定方法

将试样平摊于白搪瓷盘内,于光线充足、无异味的环境中,按感官特性的要求逐项检验。

10. 鱿鱼干

(1)感官特性

产品感官特性根据形态、色泽、肉质分为三级:一级品体形完整、匀称呈扁平片状,肉腕无残缺,肉体洁净、无损伤;色泽呈黄白色或粉红色,半透明略有白霜;肉质结实、肥厚。二级品体形基本完整、匀称呈扁平片状,肉腕允许有残缺,肉体洁净允许略有损伤;色泽呈粉红色或肉红色,半透明,霜薄;肉质稍松软、较薄。三级品体形不够完整匀称,肉腕有残缺,肉体有损伤,有部分断头;色泽呈暗红色或暗灰色,不透明,霜多;肉质松软、较薄。各级产品气味呈鱿鱼特有香味,无霉味或异味;体表无尘沙等杂质附着,无霉斑、虫蛀现象。

(2)感官评定方法

将样品平摊于白搪瓷盘中,按感官特性的要求逐项检验。

11. 干燥裙带菜叶

(1)感官特性

产品感官特性根据外观和色泽分为两级:一级品呈墨绿色;无枯叶、暗斑、花斑、盐屑、明显毛刺;二级品呈绿色、绿褐色或绿黄色或三种颜色同时存在;无盐屑,有轻微毛刺,花斑、暗斑、枯叶。

各级产品均无泥沙、铁屑、塑料丝、杂藻等外来杂质;具有干裙带菜叶固有的气味,无异味。

（2）感官评定方法

在光线充足、无异味的环境中,将样品摊于白搪瓷盘中,查看干裙带菜叶的色泽及有无杂质和盐屑;以正常嗅觉检查产品气味;用适量水浸泡菜体,待叶片展开后,查看枯叶、花斑、暗斑、毛刺情况。

12. 干海带

（1）感官特性

产品感官特性根据外观、叶体长度、叶体最大宽度、黄白边、黄白梢的不同分为三级:一级品叶体清洁平展,平直部为深褐色至浅褐色;两棵间无粘贴,无霉变,无花斑,无海带根;叶体长100cm以上（包括从叶基部起,够70cm无黄白边的折断海带）;叶体最大宽度13cm以上（北方:辽宁省、山东省产）或10cm以上（南方:江苏省、浙江省、福建省产）;无黄白边,无黄白梢。二级品叶体清洁平展,平直部为褐色至黄褐色,两棵间无粘贴、无霉变,允许有花斑,其面积之和不超过叶体面积的5%,无海带根;叶体长80cm以上（包括从叶基部起,够50cm无黄白边的折断海带）;叶体最大宽度10cm以上（北方:辽宁省、山东省产）或7cm以上（南方:江苏省、浙江省、福建省产）;黄白边允许叶体一侧或两侧长度之和不超过10cm,无黄白梢。三级品平直部为浅褐色至绿褐色,两棵叶体无粘贴,允许有花斑,其面积之和不超过叶体面积的8%,无海带根;叶体长60cm以上（包括从叶基部起,够40cm无黄白边的折断海带）;叶体最大宽度7cm以上（北方:辽宁省、山东省产）或5cm以上（南方:江苏省、浙江省、福建省产）;黄白边允许叶体一侧或两侧长度之和不超过15cm,黄白梢允许有10cm的长度（但不计算在叶体长度内）。

（2）感官评定方法

将抽取的干海带样品剪开扎绳,在每捆中随机抽取5棵海带,翻看海带是否发霉,是否粘贴,展开海带叶体察看其外观。以分度值为0.5cm以下的直尺或卷尺测其叶体长度、叶体最大宽度、黄白边和黄白梢长度。

13. 紫菜

（1）感官特性

产品感官特性根据外观、色泽、张数、口感的不同分为三级:一级品厚薄均匀,平整;无缺损;在250g质量内所规定张数的1/10中,允许每张有1~2个小于7cm的孔洞（3mm小洞不限）;无草竹屑、绳头、贝壳及绿藻等杂质;条斑紫菜呈黑紫色,两面有光泽,坛紫菜呈黑紫色,两面有光泽;条斑紫菜250g,不少于65张,坛紫菜250g,不少于45张;口感鲜香、细嫩、无咸味、无泥沙;二级品厚薄均匀,平整,允许有小缺角;在250g质量内所规定张数的1/3中,允许每张有3~4个小于1cm的孔洞（5mm小洞不限）;无草竹屑、绳头、贝壳及绿藻等杂质;条斑紫菜呈黑紫色,两面有光泽,坛紫菜呈深紫色,一面有光泽;条斑紫菜质量250g,不少于55张,坛紫菜质量250g,不少于35张;口感较鲜香、细嫩、无咸味、无泥沙。三级品厚薄较均匀;在250g质量内所规定张数的1/2中,允许每张有1/5的缺损或3~4个小于1.5cm的孔洞（5mm小洞不限）;允许有少量绿藻,无草竹屑、绳头、贝壳等杂质;条斑紫菜呈黑紫色或深紫色,有光泽,坛紫菜呈深紫色带微绿色,略有光泽;条斑紫菜250g,不少于45张,坛紫菜250g,不少于30张;口感较鲜嫩、无咸味、无泥沙。

（2）感官评定方法

感官评定应在光线充足、无异味、清洁卫生的场所进行,按感官特性逐项检查。

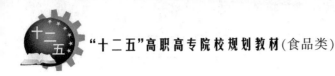

六、盐渍水产品的感官评定

盐渍水产品是以新鲜海藻、水母、鲜(冻)鱼为原料,经相应工艺加工而成的产品,主要包括盐渍海带、盐渍裙带菜、盐渍海蜇皮和盐渍海蜇头等。

1. 盐渍海带

盐渍海带是指以新鲜海带为原料,经漂烫、冷却、盐渍、脱水、切割工序加工而成的海带制品。

(1)感官特性

产品感官特性根据色泽、组织形态不同分为两级:一级品色泽均匀,绿色;藻体表面光洁,无黏液,无孢子囊斑。二级品呈绿色,褐绿色;藻体表面光洁,无黏液,允许有少量孢子囊斑。各级产品的组织形态均要求形状整齐,基本一致,口感脆嫩;具有盐渍海带固有的气味,无异味;无肉眼可见杂物,咀嚼时无牙碜感。

(2)感官评定方法

将试样平摊于白搪瓷盘内,在光线充足、无任何气味的环境下,检查藻体的组织形态、气味、色泽、杂质。

2. 盐渍裙带菜

盐渍裙带菜是指以新鲜裙带菜为原料,经漂烫、冷却、盐渍、脱水等工序加工而成的裙带菜产品。

(1)感官特性

产品感官特性根据采集部位不同分为:盐渍裙带菜叶和盐渍裙带菜茎。盐渍裙带菜叶根据外观、菜体规格、杂质、气味、叶质的不同又分为两级:一级品叶面平整,无病虫蚀叶,无枯叶、暗斑、明显毛刺、红叶、花斑(允许带有剪除花斑孔洞的选修菜);菜体规格半叶基本完整(包括边茎长10cm,裂叶长20cm以上的选修折断菜),边茎宽≤0.2cm;色泽呈均匀绿色;无明显泥沙等外来杂质;呈海藻固有气味,无异味;叶质有弹性;盐渍裙带菜中选修折断菜的比例≤5%。二级品无枯叶、红叶;菜体长度≥2.5cm,边茎宽≤0.2cm;呈绿色或绿褐色或黄绿色或三种颜色同时存在;无明显泥沙等外来杂质;无异味;叶质有弹性。盐渍裙带菜茎感官根据外观、菜体规格、杂质、气味、叶质的不同又分为两级:一级品茎条整齐,无边叶、茎叶;菜体长度≥40cm;色泽呈均匀绿色;无明显泥沙等外来杂质;无异味;叶质脆嫩。二级品茎条宽度不限,不允许带边叶;菜体长度≥20cm;色泽呈绿色或绿褐色或黄绿色或三种颜色同时存在;无明显泥沙等外来杂质;无异味;叶质轻脆嫩,无硬纤维质。

(2)感官评定方法

在光线充足、无异味的环境中,将样品摊于白搪瓷盘中,查看菜体的规格、色泽、边茎宽度、有无花斑、枯叶、红叶、暗斑、明显毛刺、杂质等;用两手轻拉裂叶检查叶片的弹性;以正常嗅觉检查产品气味。

3. 盐渍海蜇头和盐渍海蜇皮

(1)感官特性

盐渍海蜇头产品感官特性根据外观分为四级:一级品自然圆形,完整,片张平整,允许有3cm以内破洞,允许有不影响外观的小缺角;无红衣,无泥沙。二级品基本完整,片张平整,允许有3cm以内破洞两处或裂缝的总长度不得超过长径1/3;不允许沾染"头血";允许带少量红衣,无泥沙。三级品形状不定,允许有破洞和裂缝;允许沾染少量"头血";允许带少量红衣,无泥沙。四级品形状不定,允许有破张和碎张;允许沾染"头血";允许带少量红衣,无泥沙。各级产品均为白色或浅黄色(自然色泽),有光泽,无蜇须;肉质厚实均匀,有韧性;无异味;口感松脆。

盐渍海蜇皮产品感官特性根据外观分为三级:一级品只形完整,无蜇须。二级品只形基本完整,允许有残缺,无蜇须。三级品单瓣或两瓣以上相连接。各级产品均呈白色、黄褐色或红琥珀色(自然光泽);肉质厚实,有韧性;无异味;口感松脆;无泥沙。

(2)感官评定方法

开箱后应从上下层均匀取10张样品,将试样平摊于白搪瓷盘内,于光线充足、无异味的环境中,按感官特性的规定,测量尺寸,观察其外形、颜色、气味、有无杂质及变质现象,并采取品尝方法来确定口感。

七、鱼糜制品的感官评定

鱼糜制品是以鲜(冻)鱼、虾、贝类、甲壳类、头足类等动物性水产品肉糜为主要原料,添加辅料,经相应工艺加工而成的产品,代表品种有冻鱼丸、鱼糕、虾丸、虾饼、墨鱼丸、贝肉丸、模拟扇贝柱和模拟蟹肉等,并根据是否熟化分为即食类和非即食类。

1.感官特性

冻品外观:包装袋完整无破损、不漏气,袋内产品形状良好,个体大小基本均匀、完整、较饱满,排列整齐,丸类有丸子的形状,模拟制品应具有特定的形状。

色泽:鱼丸、鱼糕、墨鱼丸、墨鱼饼、贝肉丸和模拟扇贝柱白度较好,虾丸和虾饼要有虾红色,模拟蟹肉正面和侧面要有蟹红色、肉体和背面色泽白度较好。

肉质:口感爽,肉滑,弹性较好,10分法评定不少于6分。

滋味:鱼丸和鱼糕要有鱼鲜味,虾丸和虾饼要有虾鲜味,贝肉丸和模拟扇贝柱要有扇贝柱鲜味,模拟蟹肉要有蟹肉特有的鲜味。味道较好,10分法评定不少于6分。

杂质:允许有少量2mm以下小鱼刺或鱼皮,但不允许有鱼骨鱼皮以外的夹杂物。

2.感官评定方法

感官评定应在光线充足、无异味、清洁卫生的场所进行,按感官特性逐项检查。

冻品外观和色泽:先检查包装袋是否完整、有无破损,再剪开包装袋检查袋内产品形状、个体大小、是否完整和饱满,模拟蟹肉排列是否整齐;再检查样品色泽、风干程度。

肉质和滋味:将解冻后的样品水煮,品尝检验其肉质和滋味。水煮方法如下:

将1L饮用水倒入洁净的容器中煮沸,放入解冻后的试样100g～200g,盖严,煮沸1min～2min,停止加热,开盖即嗅气味,取出后品尝。用10分法评定肉质和滋味,以综合分数评定其质量。评分方法见表7—7。

表7—7　滋味和肉质弹性评分标准

评分	10	9	8	7	6	5	4	3	2	1
弹性强度	极强	非常强	强	稍强	一般	稍弱	弱	非常弱	极弱	一触即溃
滋味	极好	非常好	好	稍好	一般	稍差	差	非常差	极差	有异味

第六节 蜂蜜类产品的感官评定

在对蜂蜜进行感官评定时,主要是凭借以下几方面的依据:首先是观察其颜色深浅,是否有光泽以及其组织状态是否呈胶体状,黏稠程度如何,同时注意有无沉淀、杂质、气泡等,然后是嗅其气味是否清香宜人,有没有发酵酸味、酒味等异味。最后是品尝其滋味,感知味道是否清甜纯正,有无苦涩、酸和金属味等不良滋味以及麻舌感等。

一、蜂蜜的感官评定

1. 色泽评定

进行蜂蜜色泽的感官评定时,可取样品于比色管内在白色背景下借散射光线进行观察。

良质蜂蜜——一般呈白色、淡黄色到琥珀色。不同的蜜源性植物有不同的颜色。油菜花蜜色淡黄,紫云英蜜白色带淡黄,柑橘蜜浅黄色,荔枝蜜浅黄色,龙眼蜜琥珀色,枇杷蜜浅白色,棉花蜜浅琥珀色。蜜质亮而有光泽。

次质鲜蜜——色泽变深、变暗。

劣质蜂蜜——色泽暗黑、无光泽。

2. 组织状态评定

进行蜂蜜组织状态的感官评定时,可取样品置于白色背景下借散射光线进行观察,并注意有无沉淀物及杂质。也可将蜂蜜加 5 倍蒸馏水稀释,溶解后静置 12h ~ 24h 成离心后观察,看有无沉淀及沉淀物的性质。另外,可用木筷挑起蜂蜜观察其黏稠度。

良质蜂蜜——在常温下是黏稠、透明或半透明的胶状流体,温度较低时可发生结晶现象,无沉淀和杂质,用木筷挑起蜜后可拉起柔韧的长丝,断后断头回缩并形成下粗上细的叠塔状,并慢慢消失。

次质蜂蜜——在常温下较稀薄,有沉淀物及杂质(死蜂、残肢、幼虫、蜡屑等),不透明,用木筷将蜜挑起后呈糊状并自然下沉,不会形成塔状物。

劣质蜂蜜——表面出现泡沫,蜜液浑浊不透明。

3. 气味评定

进行蜂蜜气味的感官评定时,可在室温下打开包装嗅其气味。必要时可取样品于水浴中加热 5min,然后再嗅其气味。

良质蜂蜜——具有纯正的清香味和各种本类蜜源植物花香味。无任何其他异味。

次质蜂蜜——香气淡薄。

劣质蜂蜜——香气很薄或无香气,有发醇味,酒味及其他不良气味。

4. 滋味评定

在进行蜂蜜滋味的感官评定时,可取少许样品放在舌头上,用舌头与上腭反复摩擦,细品其味道。

良质蜂蜜——具有纯正的香甜味。

次质蜂蜜——味甜并有涩味。

劣质蜂蜜——除甜味外还有苦味、涩味、酸味,金属味等不良滋味及其他外来滋味,有麻舌感。

二、不同品种蜂蜜的感官评定

由于蜂蜜采集的蜜源不同,酿制出的蜂蜜品名不一样。不同品种的蜂蜜,其色、香、味、结晶形态也不同。市场上常见的蜂蜜有:

(1)紫云英蜜:色泽淡白、特浅琥珀色,有清香气,滋味鲜洁,甜而不腻,不易结晶,偶有结晶乳白、细腻。

(2)油菜蜜:色泽浅白黄、琥珀色,有油菜花般的清香味,味甜润,略有辛辣味或草青味,稍有浑浊,极易结晶,其晶粒特别细腻,呈油状乳白色结晶。

(3)苕子蜜:色泽淡白微现青色,有清香气,滋味没有紫云英蜜鲜洁,甜味也稍差。

(4)棉花蜜:色泽淡黄、浅琥珀色或琥珀色,无香味,味甜而稍涩(随成熟程度增加而逐渐消失,结晶颗粒较粗)。

(5)乌桕蜜:色泽浅黄呈琥珀色,具有轻微的醇酸甜味,回味较重,润喉较差,容易结晶,结晶微黄呈粗粒状。

(6)芝麻蜜:色泽浅黄呈琥珀色或浅琥珀色,滋味甜略带酸味,有一般的清香气,结晶呈乳白色。

(7)枣花蜜:色泽呈中等的琥珀色至深色,深于乌桕蜜,蜜汁透明,滋味甜,具有特殊的浓烈气味,不易结晶,结晶粒粗。

(8)荞麦蜜:色泽金黄呈深琥珀色,滋味甜腻,吃口重,有强烈的荞麦气味,颇有刺激性,易结晶,结晶琥珀色呈粗粒状。

(9)柑橘蜜:品种繁多,色泽不一,一般呈浅黄色,具有柑橘般香甜味,食之微有酸味,易结晶,呈油脂状乳白细腻结晶。

(10)枇杷蜜:色泽淡白,香气浓部,带有杏仁味,甜味香洁,结晶后呈乳白色细粒状。

(11)槐花蜜:色泽淡白,有淡香气,滋味鲜洁,甜而不腻,不易结晶,结晶后呈乳白色油脂状细粒。

(12)荔枝蜜:色泽微黄或淡黄,具有荔枝香气,稍有刺喉的感觉,滋味甜润,易结晶,结晶乳白细腻。

(13)龙眼蜜:色泽淡黄,具有龙眼花的香气,滋味纯甜而蜜,不易结晶,偶有结晶呈琥珀色,颗粒略粗。

(14)百花蜜:色泽深,是多种花蜜的混合蜂蜜,味甜,具有天然蜜的香气,花粉组成复杂,一般有5~6种以上花粉。

(15)椴树蜜:色泽浅黄或金黄,具有令人悦口的特殊香味。蜂巢椴树蜜带有薄荷般的清香滋味,滋味甜润,易结晶,结晶呈乳白色,颗粒细腻。

(16)葵花蜜:色泽呈浅琥珀色,气味芳香,滋味甜润,容易结晶,结晶微黄。

(17)桉树蜜:色泽呈琥珀或深棕色,滋味甜,有桉醇味,微涩,有刺激味,易结晶,结晶暗黄色,粒粗。

三、评定蜂蜜的真假

假蜂蜜是用蔗糖(白糖或红糖)加碱水熬制而成,其中没有蜜的成分,或是蜜的成分很少。其品质特点是,没有自然的蜂蜜花香气味,而有一股熬糖浆的气味,品尝时无润口感,有白糖水的滋味。

为了进一步确认假蜂蜜,可用一根烧红的粗铁丝,插入蜂蜜内,冒气的是真品,冒烟的是假货。也可采用荧光检查。取可疑蜂蜜1份与2.5份水混合均匀,在不透光的载玻片上涂2mm~3mm厚层,或放在不透荧光的试管中,在暗室中进行荧光观察。颜色呈黄色略带绿色的,是优质蜂蜜,如果色泽草绿、蓝绿,则是劣质蜂蜜,若色泽呈灰色的,则是用蔗糖调制成的假蜂蜜。

四、评定蜂王浆质量的方法

蜂王浆又名蜂乳,它是青年工蜂咽腺分泌的乳白色胶状物,含有丰富的维生素和20多种氨基酸,以及多种酶,对人体有增进食欲,促进代谢,促进毛发生长,增加体重,促使衰弱器官功能恢复正常,预防衰老,抑制癌细胞发育,扩张血管,降低血压等作用。

表7—8 蜂王浆产品等级和感官要求

项目	优等品	合格品
色泽	乳白色	乳白、浅黄至黄红色
状态	乳浆状或浆状朵块形,微黏,光泽明显;无蜡屑等杂质;无气泡	乳浆状,微黏有光泽感;无蜡屑等杂质;无气泡
气味	蜂王浆香气浓;气味纯正	有蜂王浆香气,气味纯正
滋味	有明显的酸、涩味,带辛辣味,回味略甜;不得有发酵、发臭等异味	有酸、涩味,带辛辣味,回味略甜;不得有发酵、发臭等异味

注:蜂王浆香气,即略带花蜜香和辛辣味。

蜂王浆的真假评定有以下方面:

1. 气味

真蜂王浆,微带花香味。无香味者是假货。如有发酵味并有气泡,说明蜂王浆已发酵变质,如蜂王浆有哈喇味,说明酸败。如加入奶粉、玉米粉、麦乳精等,则有奶味或无味。如加入淀粉,用碘试验会呈蓝色。

2. 色泽

真蜂王浆,呈乳白色或淡黄色,有光泽感,无幼虫,蜡屑、气泡等,如果色泽苍白或特别光亮,说明蜂王浆中掺有牛奶、蜂蜜等。如果色泽变深,有小气泡,主要是由于储存不善,久置空气中,产生质量腐败变质现象。无光泽的蜂王浆,则为次品。

3. 稠度

真蜂王浆,稠度适中,呈稀奶油状。如果稠度稀,说明其中水分多,或掺有假;如果稠度浓,说明采浆时间太晚或储藏不当。

为防止蜂王浆变质,一般在冷藏温度4℃左右,可保存1~2月,在2℃左右,可保存1年。

五、蜂蜡

蜂蜡又叫黄蜡、蜜蜡,是工蜂蜡腺分泌的一种有机混合物。

蜂蜡的感官和组织状态等级划分的质量要求见表7—9。

表7—9 蜂蜡的等级标准

项目	等 级		
	优等品	一等品	合格品
颜色	乳白、浅黄、鲜黄(中蜂蜡一般比西峰蜡鲜艳)	黄色	棕黄、灰黄、黄褐
表面	无光泽,有波纹,中间有一般突起		
组织状态	结构紧密,颗粒细腻,上下颜色一致	结构紧密,颗粒较细,下部颜色略暗	结构紧密,颗粒较粗,下部颜色较暗,但不得超过1/3
气味	有蜂蜡香气味		

纯蜂蜡的感官评定方法包括:色鲜艳,有韧性,无光泽,有波纹,一般中间突起,断面结构紧密,结晶粒细腻;有蜂蜡香气味;用牙能咬成透明的薄片,不穿孔,咬不碎,不松散,不粘牙;用手指推蜡面发涩;用指甲推起不出蜡花,手捏不散;用指甲掐粘指甲,无白印,用锤棒敲打或从空中丢在硬地面上,声闷(哑);将蜡块软化捻成细条,一拉就断,断头整齐,将两段重合,容易捻在一起。

六、蜂胶

蜂胶是工蜂从植物体上采集的树脂与其上颚分泌物和蜂蜡等形成的具有黏性的固体胶状物。

蜂胶的感官和组织状态等级划分的质量要求见表7—10。

表7—10 蜂胶的等级标准

项目	等 级		
	优等品	一等品	合格品
状态	呈不透明固体团块状或碎渣状		
颜色	棕黄、棕红,有光泽	棕褐带青绿色,光泽较差	灰褐色,无光泽
气味	有芳香气味,燃烧时有树脂乳香气,口尝味苦,略带辛辣味		
结构	断面结构紧密,呈黑大理石花纹状	断面结构密实不一,呈砂粒状	断面结构粗糙,有明显的杂质
硬度	20℃~40℃时,胶块变软,20℃以下较快变硬、脆		

第七节 植物油料与油脂的感官评定

植物油料即压榨油脂的农产品原材料,主要包括大豆、油菜籽、花生、芝麻和葵花籽等种类。植物油料的质量优劣直接影响产油率和油脂的品质。植物油料的感官评定主要是依据其色泽、组织状态、水分、气味和滋味几项指标进行。评定方式是通过眼观籽粒饱满程度、颜色、光泽、杂质、霉变、虫蛀、成熟度等情况,借助牙齿咬合、手指按捏、声响和感觉来判断其水分大小,此外就是鼻嗅其气味,口尝其滋味,以感知是否有异臭异味。其中尤以外观、色泽、气味三项为感官评定的重要依据。

植物油脂的质量优劣,在感官评定上也可大致归纳为色泽、气味、滋味等几项,再结合透明度、水分含量、杂质沉淀物等情况进行综合判断。其中眼观油脂色泽是否正常,有无杂质或沉淀物,鼻嗅是否有霉、焦、哈喇味,口尝是否有苦、辣、酸及其他异味,是评定植物油脂好坏的主要指标。

一、植物油料质量的感官评定

1. 植物油料含油量的感官评定

植物油料的含油量受气候、环境和品种的影响较大。不同地区同一品种的含油量可能不同,同一地区同一品种、不同品质的油料出油率也可能不同。一般来说,通过感官评定可以确定植物油料的含油量水平。具体内容如下:

(1)看品质好坏确定出油率

①好货:籽粒饱满,皮薄,大小适中,品种一致,整齐均匀,鲜亮圆滑,体质老性,一次晒干者,含油量高。

②次货:籽粒大小不一,成熟度不同,并逐次晒干者,含油率次之。

③差货:有杂籽,籽粒不齐或粒大皮缩,或皮厚肉小,或粒小皮硬的出油率低。

④坏货:一般色泽气味不正常,有霉变现象,皱瘪萎缩粒多,这样的油料出油率更低、甚至不适宜再加工油脂。

(2)手指捻确定出油率

用食、拇两指捏起一定数量的植物油料,反复碾压,碾后用指头使劲挤压,两指头边缘会有一线粗的油分。将此油拭去,再行回碾挤压,两指头边缘会出现油分。根据回碾时两指头边缘的油迹大小和残渣状态判断该植物油料的出油率相对大小。

2. 油料中水分的感官评定

(1)碾压法

把油料放在桌面上用手指或竹片用力碾压,根据碾压后的表现,如皮与仁的分离度、残渣状态来判别水分的相对含量。以油菜籽为例,皮与仁完全分离,并有碎粉,仁呈黄白色,水分约为8%~9%;皮仁能部分分离,但无碎粉,仁呈微黄色,水分约为9%~10%;皮仁能部分分离,并有个别的被压成了片状,仁呈嫩黄色,水分约为10%~11%;皮仁不能分开,被整个压成片,仁为黄色,水分约为12%~13%。

(2)手感法

抓满一把油菜籽,紧紧握住,水分小的菜籽会发出"嚓嚓"的响声,并从拳眼和指缝间向外射出,将手张开时,手上剩余的籽粒自然散开,不成团,否则即为水分含量高者。另外,用手插入菜籽堆深处时,有发热的感觉,且堆内的菜籽呈灰白色,可断定水分过大,有发霉现象。

3. 油料中杂质的感官评定

检查油料的杂质是用手插入油料堆深处,抓起一把,掌心向上,手指伸直,使粮粒或油料籽平摊于手上,将手倾斜轻轻抖动,让其徐徐下落,最后视手掌中留存泥沙、茎叶残体等杂质多少,确定杂质的含量。其杂质含量常用油料中杂质的百分比来表示。

二、食用植物油脂的感官评定

植物油脂的质量优劣,在感官评定上也大致归纳为色泽、气味、滋味等几项,再结合透明度、含水量、杂质沉淀物等情况进行综合判断。具体检验内容和方式如下。

1. 气味

每种食用油脂均有其特有的气味,这是油料作物所固有的,如豆油有豆味,菜油有菜籽味等。油脂的气味正常与否,可以说明其质量、加工技术及保管条件等的好坏情况。国家油品质量标准要求食用油不应有焦臭、酸败或其他异味。检验方法是将油脂加热至50℃,用鼻子闻其挥发出来的气味,来判别食用油脂的质量。

2. 滋味

滋味是指通过嘴尝而得到的味感。除芝麻油带有特有的芝麻香味外,一般食用油多无任何滋味。油脂滋味有异,说明油料质量、加工方法、包装或保管条件等出现异常。

3. 色泽

各种食用油由于加工方法、消费习惯和标准要求的不同,其色泽有深有浅。如油料加工中,色素溶入油脂中,则油的色泽加深;油料经蒸炒或热压生产出的油,常比冷压生产出的油色泽深。检验方法是,取少量油放在50mL比色管中,在白色背景前借反射光观察试样的颜色。

4. 透明度

质量好的液体状态油脂,温度在20℃静置24h后,应呈透明状。如果油质浑浊,透明度低,说明油中水分、黏蛋白和磷脂等杂质多,加工精炼程度差。有时油脂变质后,形成的高熔点物质,也能引起油脂的浑浊,透明度低,掺了假的油脂,也有浑浊和透明度差的现象。

5. 沉淀物

食用植物油在20℃以下,静置20h以后所能下沉的物质,称为沉淀物。油脂的质量越高,沉淀物越少。沉淀物少,说明油脂加工精炼程度高,包装质量好。

三、常见植物油脂质量的感官评定

植物油脂的原料、质量、加工工艺和储藏等方面都会在感官效果上体现出来。因而感官评定是评定植物油脂质量优劣的一个重要方法。在本节中,以大豆油为例详细介绍感官评定的方法、方式等,其他油种的感官评定方法、方式,以其为参照。

1. 大豆油质量的感官评定

大豆油取自大豆种子,大豆油是目前世界上产量最多的植物油脂。大豆油中含有大量的亚油酸。亚油酸是人体必需的脂肪酸,具有重要的生理功能。

(1)色泽评定

纯净油脂是无色、透明,略带黏性的液体。但因油料本身带有各种色素,在加工过程这些色素溶解在油脂中而使油脂具有颜色。油脂色泽的深浅,主要决定于油料所含脂溶性色素的种类及含量、油料籽品质的好坏、加工方法,精炼程度及油质脂储藏过程中的变化等。

进行大豆油色泽的感官评定时,将样品混匀并过滤,然后倒入直径50mm、高100mm的烧杯中,油层高度不得小于5mm。在室温下先对着自然光线观察。然后再置于白色背景前借助反射光线观察。冬季油脂变稠或凝固时,取油样250g左右,加热至35℃～40℃,使之呈液态,并冷却至20℃左右按上述方法进行评定。

良质大豆油——呈黄色至橙黄色。

次质大豆油——油色呈棕色至棕褐色。

（2）透明度评定

晶质正常的油质应该是完全透明的,如果油脂中含有磷脂、固体脂肪、蜡质以及含量过多或含水量较大时,就会出现浑浊,使透明度降低。

进行大豆油透明度的感官评定时,将100mL充分混合均匀的样品置于比色管中,然后置于白色背景前借助反射光线进行观察。

良质大豆油——完全清晰透明。

次质大豆油——稍浑浊,有少量悬浮物。

劣质大豆油——油液浑浊,有大量悬浮物和沉淀物。

（3）水分含量评定

油脂是一种疏水性物质,一般情况下不易和水混合。但是油脂中常含有少量的磷脂、固醇和其他杂质等能吸收水分,而形成胶体物质悬浮于油脂中,所以油脂中仍有少量水分,同时还混入一些杂质,会促使油脂水解和酸败,影响油脂储存时的稳定性。

进行大豆油水分的感官评定时,可用以下3种方法进行。

①取样观察法:取干燥洁净的玻璃扦油管,斜插入装油容器内至底部,吸取油脂,在常温和直射光下进行观察。如油脂清晰透明,水分杂质含量在0.3%以下;若出现浑浊,水分杂质在0.4%以上;油脂出现明显浑浊并有悬浮物,则水分杂质在0.5%以上;把扦油管的油放回原容器,观察扦油管内壁油迹,若有乳浊现象,观察模糊,则油中水分在0.3%~0.4%。

②烧纸验水法:取干燥洁净的扦油管,插入静置的油容器里,直到底部,抽取油样少许涂在易燃烧的纸片上点燃,听其发出声音,观察其燃烧现象。如果纸片燃烧正常,水分约在0.2%以内;燃烧时纸面出现气泡,并发出"滋滋"的响声,水分约在0.2%~0.25%;如果燃烧时油星四溅,并发出"叭叭"的爆炸声,水分约在0.4%以上。

③钢精勺加热法:取有代表性的油约250g,放入普通的钢精勺内,在炉火或酒精灯上加热到150℃~160℃,看其泡沫,听其声音和观察其沉淀情况(霉坏、冻伤的油料榨得的油例外),如出现大量泡沫,又发出"吱吱"响声,说明水分较大,约在0.5%以上,如有泡沫但很稳定,也不发出任何声音,表示水分较小,一般在0.25%左右。

良质大豆油——水分不超过0.2%。

次质大豆油——水分超过0.2%。

（4）杂质和沉淀评定

油脂在加工过程中混入机械性杂质(泥砂、料坯粉末、纤维等)和磷脂、蛋白、脂肪酸、粘液、树脂、固醇等非油脂性物质,在一定条件下沉入油脂的下层或悬浮于油脂中。

进行大豆油脂杂质和沉淀物的感官评定时,可用以下3种方法:

①取样观察法:用洁净的玻璃扦油管,插入到盛油容器的底部,吸取油脂,直接观察有无沉淀物、悬浮物及其量的多少。

②加热观察法:取油样于钢精勺内加热不超过160℃,拨去油沫,观察油的颜色。若油色没有变化,也没有沉淀,说明杂质少,一般在0.2%以下;如油色变深,杂质约在0.49%左右;如勺底有沉淀,说明杂质多,约在1%以上。

③高温加热观察法:取油于钢精勺内加热到280℃,如油色不变,无析出物,说明油中无

磷脂;如油色变深,有微量析出物,说明磷脂含量超标;如加热到 280℃,油色变黑,有较多量的析出物,说明磷脂含量较高,超过国家标准;如油脂变成绿色,可能是油脂中铜含量过多之故。

　　良质大豆油——可以有微量沉淀物,其杂质含量不超过 0.2%,磷脂含量不超标。

　　次质大豆油——有悬浮物及沉淀物,其杂质含量不超过 0.2%,磷脂含量超过标准。

　　劣质大豆油——有大量的悬浮物及沉淀物,有机械性杂质。将油加热到 280℃ 时,油色变黑,有较多沉淀物析出。

　　(5)气味评定

　　可以用三种方法评定大豆油的气味:一是盛装油脂的容器打开封口的瞬间,用鼻子挨近容器口,闻其气味。二是取 1～2 滴油样放在手掌或手背上,双手合拢快速摩擦至发热,闻其气味。三是用钢精勺取油样 25g 左右,加热到 50℃ 左右,用鼻子接近油面,闻其气味。

　　良质大豆油——具有大豆油固有的气味。

　　次质大豆油——大豆油固有的气味平淡,微有异味,如青草等味。

　　劣质大豆油——有霉味、焦味、哈喇味等不良气味。

　　(6)滋味评定

　　进行大豆油滋味的感官评定时,应先漱口,然后用玻璃棒取少量油样,涂在舌头上,品尝其滋味。

　　良质大豆油——具有大豆固有的滋味,无异味。

　　次质大豆油——滋味平淡或稍有异味。

　　劣质大豆油——有苦味、酸味、辣味及其他刺激味或不良滋味。

2. 花生油质量的感官评定

　　花生油含不饱和脂肪酸 80% 以上,另外还含有软脂酸、硬脂酸和花生酸等饱和脂肪酸约 19.9%。花生油的脂肪酸构成比较好,易于人体消化吸收。另外花生油中还含有甾醇、麦胚酚、磷脂、维生素 E、胆碱等对人体有益的物质。精制花生油是人们最欢迎的品种。

　　(1)色泽评定

　　花生油色泽的感官评定,参照大豆油色泽的感官评定方法。

　　良质花生油——一般呈淡黄至棕黄色。

　　次质花生油——呈棕黄色至棕色。

　　劣质花生油——呈棕红色至棕褐色,并且油色暗淡,在日光照射下有蓝色荧光。

　　(2)透明度评定

　　花生油透明度的感官评定,参照大豆油透明度的感官评定方法。

　　良质花生油——清晰透明。

　　次质花生油——微浑浊,有少量悬浮物。

　　劣质花生油——油液浑浊。

　　(3)水分含量评定

　　花生油水分含量的感官评定,参照大豆油水分含量的感官评定方法。

　　良质花生油——水分含量在 0.2% 以下。

　　次质花生油——水分含量在 0.2% 以上。

(4)杂质和沉淀物评定

花生油杂质和沉淀物的感官评定,参照大豆油杂质和沉淀物的感官评定方法。

良质花生油——有微量沉淀物,杂质含量不超过 0.2% ,加热至 280℃时,油色不变深。

劣质花生油——有大量悬浮物及沉淀物,加热至 280℃时,油色变黑,并有大量沉淀析出。

(5)气味评定

花生油气味的感官评定,参照大豆油气味的感官评定方法。

良质花生油——具有花生油固有的香味(未经蒸炒直接榨取的油香味较淡),无任何异味。

次质花生油——花生油固有的香气平淡,微有异味,如青豆味,青草味等。

劣质花生油——有霉味、焦味、哈喇味等不良气味。

(6)滋味评定

花生油滋味的感官评定,参照大豆油滋味的感官评定方法进行。

良质花生油——具有花生油固有的滋味,无任何异味。

次质花生油——花生油固有的滋味平淡,微有异味。

劣质花生油——具有苦味、酸味、辛辣味以及其他刺激性或不良滋味。

3. 菜籽油质量的感官评定

菜籽油是以十字花科植物油菜的种子榨制所得的透明或半透明状的液体,一般呈深黄色或棕色。菜籽油中含花生酸 0.4% ~1.0% ,油酸 14% ~19% ,亚油酸 12% ~24% ,芥酸 31% ~55% ,亚麻酸 1% ~10% 。菜籽油中缺少亚油酸等人体必需脂肪酸,且脂肪酸构成不平衡,所以营养价值比一般植物油低。另外,菜籽油中含有大量芥酸和芥子甙等物质,故在食用时多与富含有亚油酸的优良食用油配合成调和油食用,使其营养价值得到提高。

(1)色泽评定

良质菜籽油——呈黄色至棕色。

次质菜籽油——呈棕红色至棕褐色。

劣质菜籽油——呈褐色。

(2)透明度评定

良质菜籽油——清澈透明。

次质菜籽油——微浑浊,有微量悬浮物。

劣质菜籽油——液体极浑浊。

(3)水分含量评定

良质菜籽油——水分(体积分数)不超过 0.2% 。

次质菜籽油——水分(体积分数)超过 0.2% 。

(4)杂质和沉淀物评定

良质菜籽油——无沉淀物或有微量沉淀物,杂质含量不超过 0.2% ,加热至 280℃油色不变。

次质菜籽油——有沉淀物及悬浮物,其杂质含量超过 0.2% ,加热至 280℃油色变深且有沉淀物析出。

劣质菜籽油——有大量的悬浮物及沉淀物,加热至 280℃时油色变黑,并有多量沉淀析出。

(5)气味评定

良质菜籽油——具有菜籽油固有的气味。

次质菜籽油——菜籽油固有的气味平淡或微有异味。

劣质菜籽油——有霉味、焦味、干草味或哈喇味等不良气味。

(6)滋味评定

良质菜籽油——具有菜籽油特有的辛辣滋味,无任何异味。

次质菜籽油——菜籽油滋味平淡或略有异味。

劣质菜籽油——有苦味、焦味、酸味等不良滋味。

4.芝麻油质量的感官评定

芝麻油又叫香油,为我国三大油料之一,是一种普遍受到消费者欢迎的食用油,它不仅具有浓郁的香气,而且含有丰富的维生素 E。芝麻油的耐藏性较其他植物油强。

(1)色泽评定

进行芝麻油色泽的感官评定时,可取混合搅拌得很均匀的油样置于直径 50mm、高 100mm 的烧杯内,油层高度不低于 5mm,放在自然光线下进行观察,随后置白色背景下借反射光线再观察。

良质芝麻油——呈棕红色至棕褐色。

次质芝麻油——色泽较浅(掺有其他油脂)或偏深。

劣质芝麻油——呈褐色或黑褐色。

(2)透明度评定

良质芝麻油——清澈透明。

次质芝麻油——有少量悬浮物,略浑浊。

劣质芝麻油——油液浑浊。

(3)水分含量评定

良质芝麻油——水分(体积分数)不超过 0.2%。

次质芝麻油——水分(体积分数)超过 0.2%。

(4)杂质和沉淀物评定

良质芝麻油——有微量沉淀物,其杂质含量不超过 0.2%;将油加热到 280℃时,油色无变化且无沉淀物析出。

次质芝麻油——有较少量沉淀物及悬浮物,其杂质含量超过 0.2%;将油加热到 280℃时,油色变深,有沉淀物析出。

劣质芝麻油——有大量的悬浮物及沉淀物存在,油被加热到 280℃时,油色变黑且有较多沉淀物析出。

(5)气味评定

良质芝麻油——具有芝麻油特有的浓郁香味,无任何异味。

次质芝麻油——芝麻油特有的香味平淡,稍有异味。

劣质芝麻油——除芝麻油微弱的香气外,还有霉味、焦味、油脂酸败味等不良气味。

(6)滋味评定

良质芝麻油——具有芝麻固有的滋味,口感滑爽,无任何异味。

次质芝麻油——具有芝麻固有的滋味,但是显得淡薄,微有异味。

劣质芝麻油——有较浓重的苦味、焦味、酸味、刺激性辛辣味等不良滋味。

5. 棉籽油质量的感官评定

棉籽油有两种,一种是棉籽经过压榨或萃取法制得的毛棉籽油;另一种是将毛棉籽油再经过精炼加工制得的精炼棉籽油。毛棉籽油中杂质多,含有有毒物质(棉酚),不适合人们食用。在此,我们主要介绍精炼棉籽油的品质特征和评定标准。

(1)色泽:一般呈黄或棕色的棉籽油,符合国家标准。如果棉酚和其他杂质混在油中,则油质乌黑浑浊,这种油有毒,不得选购食用。

(2)水分:水分不超过 0.2%、油色透明、不浑浊的为好油。

(3)杂质:油色澄清、悬浮物少、含杂量在 0.1% 以下的是质量好的精制棉籽油,反之,质量差。

(4)气味:取少量油样放入烧杯中,加热至 50℃,搅拌后嗅其气味,具有棉籽香气味且无异味,质量为好。

6. 玉米油质量的感官评定

玉米油是从玉米胚芽中提炼出来的油,是一个新品种的高级食用油,营养成分很丰富,不饱和脂肪酸含量高达 58%,油酸含量在 40% 左右,胆固醇含量最少,人们食用这种油非常有益。玉米油的质量评定,有以下几个方面:

(1)色泽:质量好的玉米油,色泽淡黄,质地透明莹亮。如以诺维明比色计试验,不深于黄色 35 单位与红色 3.5 单位之间组合的,质量最好。

(2)水分:水分不超过 0.2%、油色透明澄清,质量最好;反之质量差。

(3)气味:具有玉米的芳香风味,无其他异味的,质量最好。有酸败气味的质量差。

(4)杂质:油色澄清明亮、无悬浮物、杂质在 0.1% 以下的,质量最好,反之质量差。

7. 米糠油质量的感官评定

米糠油是从米糠中提取出来的油。一般新鲜米糠含油量在 18% ~ 22%,与大豆、棉籽相近,由于米糠油营养价值高,已是当今发达国家的食用油之一。我国是盛产稻米之国,为扩大食用油源,我国已将米糠已列为油料之一。米糠油的质量评定有以下几个方面:

(1)色泽:质量好的米糠油,色泽微黄,质地透明澄清。如比色计检测,不深于黄色 35 单位与红色 10 单位之组合的,质量最好。

(2)水分:水分不超过 0.2%、油色透明澄清、不浑浊的,质量最好;反之质量差。

(3)气味:稍具有米糠般的气味,无不良气味的,符合规格标准。反之质量差。

(4)杂质:油色澄清明亮,无悬浮物,杂质在 0.1% 以下的,符合规格标准;反之质量差。

(5)纯度:取油样放在干燥的 100mL 试管内,如果澄清,则质量好。置于 0℃ 容器内 15min,观察澄清度,如果澄清,则质量好。

四、植物油脂质量的理化检验

(一)植物油脂理化检验项目

1. 相对密度的测定

油脂的相对密度与其脂肪酸组成有关,不饱和脂肪酸含量越高,脂肪酸不饱和程度越高,脂肪的相对密度越高。游离脂肪酸含量越高,相对密度越低。油脂酸败,相对密度增高。

2. 折光指数

液体油脂因掺杂、浓度改变或品种改变等原因而引起油脂的品质发生变化时,折光指数也会随之发生变化。测定液态油脂的折光指数,可以评定油脂的组成、浓度,确定油脂的质量。具体参照 GB/T 5527—2010《动植物油脂 折光指数的测定》。

3. 皂化值的测定

皂化值指规定条件下皂化 1g 油脂所需的氢氧化钾毫克数。皂化值是测定油和脂肪酸中游离脂肪酸和甘油酯的含量。一般植物油的皂化值为:棉籽油 189~198,花生油 188~195,大豆油 190~195,菜籽油 170~180,芝麻油 188~195。据此可对油脂的种类和纯度进行鉴定。具体测定参照 GB/T 5534—2008《动植物油脂 皂化值的测定》。

4. 不皂化物的测定

不皂化物是指油脂中所含的不能与苛性碱起皂化反应而又不溶于水的物质,例如甾醇、高分子醇类、树脂、蛋白质、蜡、色素、维生素 E 以及混入油脂中的矿物油和矿物蜡等物质。天然油脂中常含有不皂化物,但一般不超过 2%。因此,测定油脂的不皂化物,可以了解油脂的纯度。不皂化物含量高的油脂不宜食用。具体测定参照 GB/T 5535.1—2008 和 GB/T 5535.2—2008。

5. 酸价的测定

酸价是中和 1.0g 油脂中含游离脂肪酸所需氢氧化钾的质量(毫克数)。新鲜油脂的酸价很小,随着储存期的延长和油脂的酸败,其酸价随之增大,油脂中游离脂肪酸含量增加。可根据酸价直接说明油脂新鲜度和质量的下降程度。具体测定参照 GB/T 5530—2005《动植物油脂 酸值和酸度测定》及 ISO 660:1996。

6. 碘值的测定

碘值是指一定质量样品在标准 GB 5532—2008 规定的操作条件下吸收卤素的质量,用每 100g 油脂所吸收碘的质量(g)表示。碘值表示油脂的不饱和程度。油脂的不饱和程度取决于油脂中不饱和脂肪酸的性质与含量。各种油脂中脂肪酸的含量都有一定范围,通过碘值的测定,有利于了解油脂的组分是否正常。具体测定参照 GB/T 5532—2008《动植物油脂 碘值的测定》。

7. 过氧化值的测定

过氧化物是油脂在氧化过程中的中间产物。过氧化值是指滴定 1g 油脂所需用 (0.002mol/L) $Na_2S_2O_3$ 标准溶液的体积(mL)。过氧化值的大小反映油脂是否新鲜及酸败的程度。所以,通常以过氧化物的反应作为油脂酸败的定量测定。

8. 羰基价的测定

油脂受环境(空气、温度、微生物、热、光等)影响,使油脂氧化生成过氧化物,进一步分解为含羰基的化合物,这些二次产物中的羰基化合物(醛、酮类化合物),其聚积量就是羰基价。羰基价用来评价油脂中氧化物的含量和酸败程度。

(二)植物油脂理化检验思路

植物油脂的理化检验通常分为三个步骤。

第一步为油的经典理化特性分析。每种油脂都有特定的理化性质,通过这些特性分析,一般可以得出初步的判断结果即油脂有无质量问题或掺伪的信息。

油脂的经典理化特性分析包括:

- 油脂的气味、滋味。

- 折光指数。
- 相对密度(比重)。
- 皂化值。
- 碘值以及个别油品定性分析。

特殊情况下还包括:

- 熔点。
- 膨胀性等测定。

由于每种油的经典理化特性数值范围很宽,很难用一种方法确定掺伪油脂的种类和数量,往往需要用几种经典方法结合在一起进行评价。

第二步为油脂的脂肪酸组成分析。在一定的背景下,油脂的脂肪酸组成是相当稳定的,这个背景指油脂的品种、产地和加工程度。如果油脂的品种相对稳定,产地相对集中,油脂的脂肪酸组成一般变化很小。通过分析脂肪酸组成变化,可以测定出掺伪油脂的种类和数量。

第三步为特殊组成分析。个别油脂中含有很少量的特殊结构或特殊成分,常见的有叶绿素、红二醇、谷甾醇、豆菌醇、生育酚、生育三烯酚等,不同油脂的特殊成分或特殊结构有很大的差异。因此,可利用这些差异性对油脂进行掺伪评定,此检验方法可认为是既具有普遍性又具有特殊性的一种分析技术。

五、常见植物油脂掺伪检验方法

1.掺伪芝麻油的评定

近年来市场上的掺伪芝麻油是一个比较严重的问题。掺假的物质主要有三大类:水、淀粉和低于芝麻油价格的植物油脂。感官评定掺伪芝麻油的方法如下:

(1)看色泽:不同的植物油,有不同的色泽,可倒点油在手心上或白纸上观察,大磨芝麻油淡黄色,小磨芝麻油红褐色。目前集市上出售的芝麻油,掺入多是毛麻籽油、菜籽油等,掺入毛麻籽油后的油色发黑,掺入菜籽后的油色呈棕黄色。

(2)闻气味:每种植物油都具有本身种子的气味,如芝麻油有芝麻香味,豆油有豆腥味,菜油有菜籽味等。如果芝麻油中掺入了某一种植物油,则芝麻油的香气消失,而含有掺入油的气味。

(3)看亮度:在阳光下观察油质,纯质芝麻油澄清透明,没有杂质;掺假的芝麻油油液浑浊,杂质明显。

(4)看泡沫:将油倒入透明的白色玻璃瓶内,用劲摇晃,如果不起泡沫或有少量泡沫,并能很快消失的,说明是真芝麻油;如果泡沫多,成白色,消失慢,说明油中掺入了花生油;如泡沫成黑色,且不易消失,闻之有豆腥味的,则掺入了豆油。

(5)尝滋味:纯质芝麻油,入口浓郁芳香,掺入菜油、豆油、棉籽油的芝麻油,入口发涩。

2.掺伪大豆油的评定

豆油的真假评定,首先要知道豆油的品质特征,豆油的正常品质特征改变了,说明豆油的质量有了改变。评定掺假方法如下:

(1)看亮度:质量好的豆油,质地澄清透明,无浑浊现象。如果油质浑浊,说明其中掺了假。

(2)闻气味:豆油具有豆腥味,无豆腥味的油,说明其中掺了假。

(3)看沉淀:质量好的豆油,经过多道程序加工,其中的杂质已被分离出,瓶底不会有杂质沉淀现象,如果有沉淀,说明豆油粗糙或掺有淀粉类物质。

(4)试水分:将油倒入锅中少许,加热时,如果油中发出叭叭声,说明油中有水。亦可在废纸上滴数滴油,点火燃烧时,如果发出叭叭声,说明油中掺了水。

为了准确地评定植物油中掺入其他油的存在,可以用化学检验法来鉴定。取油样 5mL 于试管中,加三氧甲烷 2mL 和体积分数为 2% 的硝酸钾溶液 3mL,用劲摇动试管,使溶液成为乳状。如果乳状体呈柠檬黄色,说明有豆油存在,如果呈微黄色,说明有花生油,芝麻油存在。

3.食用油中掺入棉籽油的评定

在产棉区的农贸市场上,曾发现有用粗制棉籽油掺入食油中出售,人们吃了这种油,会发生食物中毒。

植物油中掺入棉籽油的感官评定方法:油花泡沫呈绿色或棕黄色,将油加热后抹在手心上,可嗅出棉籽油味。

化学评定方法:取油样 5mL 置于试管中,加入 1% 硫磺粉二氧化碳溶液,使油溶解后,再加入吡啶 1~2 滴,将试管置于饱和食盐水中,慢慢加热,待盐水沸腾 30min 或 40min 后,取出观察,如果油样呈红色或橘红色,说明油中掺入了棉籽油。一般油色的深浅与掺入棉籽油的多少有关,掺入棉籽油多,色泽深。食油中掺入 0.2% 以上的棉籽油,采用此法就可以检出。

4.食用油中掺入矿物油的评定

(1)感官评定方法

①看色泽:食油中掺入矿物油后,色泽比纯食油深。

②闻气味:用鼻子闻时,能闻到矿物油的特有气味,即使食油中掺入矿物油较少,也可使原食油的气味淡薄或消失。

③口试:掺入矿物油的食油,入嘴有苦涩味。

(2)化学评定方法

取油样 1mL,置于锥形瓶中,加氢氧化钾溶液 1mL 和乙醇 25mL,再将锥形瓶接上空气冷凝管回流皂化,约经 5min(在皂化时应加振荡使加热均匀)后,加沸水 25mL,摇匀观察,如果油样浑浊,说明食油中掺入了矿物油或松香。

此外,亦可用荧光法检出矿物油,因为矿物油具有荧光反应,而食用油无荧光反应。检出方法是,取油和已知的矿物油各一滴,分别滴在滤纸上,然后在荧光灯下照射,如果油样中反射出矿物油一样的荧光,说明食油中含有矿物油。

5.食用油中掺入盐水的评定

(1)感官评定方法

①看色泽:兑入盐水的食油,失去了纯油质的色泽,使色泽变淡。

②看透明度:由于盐水比较明亮,兑入食油中以后使食油的浓度降低,油液更为淡薄明亮。

③口试:兑入盐水的食油,入嘴有咸味感。

④热试:兑入盐水的食油,入锅加热后,会发出叭叭声。

(2)化学评定方法

取油样 100mL,置于分液漏斗中,用蒸馏水 30mL,20mL、10mL 萃取,合并水相,再用少量石

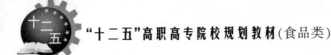

油醚洗水相,将水相移入瓷蒸发器中,加入质量分数为5%的铬酸钾溶液1mL,用0.1mol/L硝酸银溶液滴定,求出氧化钠的含量。同时取同种未掺盐水的食油作空白对照,以确定兑入盐水是多少。

6. 食用油中掺入米汤的评定

食用油中掺入米汤是较为常见的掺伪方式,掺入米汤的食油,虽然对人体无害,但能使油质变坏,不利于炒菜的使用。

(1)感官评定方法

①看色泽:不论何种植物油,兑入白色的米汤,则油质失去了原有色泽,使其色泽变浅。夏季观察时,油和米汤分成两层。

②看透明度:米汤是一种淀粉质的糊状体,缺乏透明度,一旦兑入食油中,使油的纯度降低,折光率增大,透明度差。

③闻气味:每一种纯质食用油都具有该油料本身的气味,如芝麻油有芝麻香味,豆油有豆腥味。兑入米汤的食油,闻之油的气味淡薄或消失。

④热试:兑入米汤的食用油,入锅加热后,会发出叭叭声。

(2)化学评定方法

取油样5mL,置于试管中,加入碘试剂1~2滴,油样呈蓝色反应的,说明油中掺入了米汤。

7. 食用油中掺入蓖麻油的评定

食用油中掺入蓖麻油,感官基本方法是将油样静置一定时间,使植物油与蓖麻油自动分离成两层,植物油在上层,蓖麻油在下层。

化学评定方法,有以下两种:

(1)颜色反应法

①取数滴油样置于瓷制的比色盘中,滴上数滴硫酸,如果呈现淡褐色,说明油中掺入了蓖麻油。

②取数滴油样置于瓷制的比色盘中,滴上数滴硝酸,如果呈现褐色,说明油中掺入了蓖麻油。

(2)无水乙醇试验法

根据蓖麻油能与无水乙醇呈任何比例混合,而其他常见的植物油不易溶于乙醇的性质。

取油样5mL,置于带塞的刻度离心管中,再加无水乙醇5mL,塞上塞子,剧烈振荡2min,取下塞子,离心5min,取出离心管静置30min。观察离心管下部油层,如果油层少于5mL,说明食油中掺有蓖麻油。本试验法能检出5%的蓖麻油掺入,如果食油中掺入的蓖麻油越多,离心管下部的油层体积就越少。

8. 食用油中掺入桐油的评定

植物油中掺入桐油的化学评定,有以下几种方法:

(1)亚硝酸法:用于大豆油、棉籽油或深色食用植物油脂混入桐油的检验。取油样5~10滴,置于试管中,加热石油醚2mL,使之溶解,再加1g亚硝酸钠结晶和1mL 5mol硫酸,将试管摇晃,使混合液充分混和,置放片刻,观察颜色,如果油中掺入1%的桐油,则油样成白色浑浊状,如掺入2.5%的桐油,则油样出现白色絮状物。

(2)硫酸法:取油样2滴置于白瓷板上,加上1滴硫酸,如果油中掺有桐油,则出现血红色凝块,表面皱缩,色泽逐渐加深。

（3）三氯化锑—三氯甲烷界面法：该法用于花生油、菜籽油中混入桐油的检验。取油样 lmL 注入试管中，沿壁加入 1% 的 $Sb_3Cl_3 - H_3CCl_3$ 溶液 1mL，使试管内分为两层，然后在 40℃ 水浴中加热约 10min，如有桐油存在，则存两层溶液分界面上出现紫红色至咖啡色环。

（4）苦味酸法：取油样 1mL 置有试管中，加入饱和苦味酸的冰醋酸 3mL，混合摇均，如果油样呈红色，说明掺有桐油。

9. 掺入地沟油的评定

餐饮业废油脂是多种植物油脂的混合物，同时又通过食物带入许多动物油脂。动物脂肪中普遍含有大量胆固醇，而在植物油中一般不含胆固醇。动物油脂在地沟油炼制过程中不会被损耗，故根据胆固醇含量可辨别食用油中是否混有地沟油。

操作方法：通过绘制胆固醇含量标准曲线，利用气相色谱、高效液相色谱等可测定餐饮业废油脂中胆固醇含量。大豆油、菜籽油中胆固醇的质量分数均为 0.031mg/g，而地沟油中胆固醇质量分数为 0.429mg/g，当食用植物油中掺有 10%（质量分数）以上的地沟油时，使用此方法即可检出。

六、植物油料与油脂评定后的食用原则

植物油料与油脂是日常生活中不可缺少的食品原料和必备消费品。植物油料与油脂的主要利用成分是脂肪酸等有机物质，它极易氧化酸败而变质，从而导致质量上的不良改变。因此，为保证食用安全性，对植物油料与油脂进行感官评定后，一经评定出品级便可按下述原则食用或做出处理。

（1）经感官评定确认为良质的植物油料与油脂，可供食用或销售，植物油料也可以用于榨取食用油。

（2）对于感官评定为次质的植物油料与油脂，必须进行理化检验。对于理化指标检定合格的，可以销售或食用，油料也可以用来榨取食用油，但必须限期迅速售完或用完，不可长期贮存。对于理化检验后不合格的植物油料与油脂，不得供食用，应改作非食品工业用料（如生产肥皂等）。

（3）对于经感官评定为劣质的植物油料与油脂，不得供人食用，可做非食品工业原料或予以销毁。

第八节　乳类及乳制品的感官评定

乳与乳制品的感官品评技术是近几年随着乳制品行业的快速发展而发展起来的，与使用各种物理化学仪器进行分析相比，应用感官品评技术具有简便易行、灵敏度高、直观而实用等很多优点。应用感官品评手段来分析、评价乳与乳制品的质量具有非常重要的意义，因此被乳制品行业广泛接受，同时也是从事乳制品的研发、质量管理等所必须掌握的一门技能。即使是从事生产、销售等的工作人员，掌握适当的这方面知识，也是大有裨益的。

一、乳与乳制品的感官特性评定

（一）乳与乳制品的外包装评定

乳制品包装的质量直接影响了产品的质量，同时为进一步确保乳制品的安全性，国家对食

品的预包装标签标识内容也有明确的要求。所以在评定乳品外包装时,首先通过眼睛观察包装的完整性、清洁度、密封状况;接下来评定产品标签内容,观察乳制品包装袋标签是否按照国家规定,标注了要求应显示的全部内容,如食品名称、配料表、净含量和规格、生产者和(或)经销者的名称、地址和联系方式、生产日期和保质期、储存条件、食品生产许可证编号、产品标准代号及其他需要标示的内容等;对不能直接观察的包装材料的密封性、渗漏性,则需要借助于一些专用工具和物理化学分析手段进行检查。

(二)乳与乳制品的色泽评定

1. 鲜牛乳

正常、新鲜的全脂牛乳应该呈现不透明、均匀一致的乳白色或稍带微黄色,具有较好的亮度。

牛乳的不透明和乳白色是由于牛乳中含有的多种成分物质,对光的吸收和不规则反射和折射引起的。牛乳呈现的微黄色是由于含有少量黄色的核黄素、叶黄素和胡萝卜素所形成,这些物质主要来自于饲料。一般由于春、夏季节青草饲料较多,所产牛乳呈黄色较显著,冬季则淡一些。由于胡萝卜素和叶黄素主要存在于乳脂肪中,脱脂乳中几乎不含胡萝卜素和叶黄素,故呈现乳白色,同时略带青色,分离出酪蛋白后的乳清则呈黄绿色。

根据牛乳的色泽可以初步判定牛乳的质量情况。如当牛乳的色泽呈现为明显的红色时,可以判定可能是由于掺入了乳房炎乳或是奶牛乳头内出血,或者是牛乳污染了某种产红色素的细菌大量繁殖引起的;牛乳呈现深黄色,多数是因为掺入了较多的牛初乳的缘故;牛乳呈现明显的青色、黄绿色、黄色斑点或灰白发暗,则极有可能是牛乳已经被细菌严重污染或掺有其他杂质。

所以通过色泽判定牛乳的质量既快速又方便,在实际的工作中尤其对原料乳的收购具有重要意义。

2. 液体乳制品

除了牛乳中的成分物质直接影响牛乳及其制品的色泽,生产过程中的加工工艺也对乳制品的色泽具有重要影响。

以均质工艺为例,牛乳经过高压均质后,脂肪球颗粒的变小和数量的增多大大增强了光的漫反射现象,从而使牛乳的颜色变白。

此外,加热处理也能使牛乳的颜色发生改变。加热刚开始时,牛乳稍微有点变白,随着加热程度的增强,牛乳中的乳糖和氨基酸发生美拉德反应,反应产生的褐色素将明显改变光的反射情况,从而使牛乳的颜色变深。在实践中,我们通常采用与标准色泽比较的方法,通过感官(色觉)来评价加热产生的褐变程度。比如由于 UHT 处理强度高于巴氏杀菌处理,所以 UHT 乳的色泽明显比巴氏杀菌乳的色泽偏深,在光照条件下,根据色泽特性可以明显地区分 UHT 乳和巴氏杀菌乳产品。

巴氏杀菌调味乳和 UHT 调味乳的色泽决定于添加的色素和其他添加剂,尤其对于添加果料和色素的特定风味的乳制品,在评价这些乳制品的色泽指标时应根据该产品的类型进行具体评价。

3. 乳粉类

乳粉是指以新鲜牛乳(或羊乳)为主要原料并配以其他辅料,经杀菌、浓缩、干燥等工艺过程制得的粉末状产品,俗称奶粉。

乳粉依加工方法及原料处理等的不同,可分为全脂乳粉、脱脂乳粉、全脂加糖乳粉、婴幼儿配方乳粉、牛初乳粉和特殊配方乳粉几类。不同类型的乳粉由于其添加的成分不同,加工工艺也不同,所以产品的色泽存在一些差异。

全脂乳粉是以牛乳或羊乳为原料,不添加任何添加物,经浓缩干燥后的产品,所以优质的全脂乳粉呈乳黄色,色泽均一,有光泽。

脱脂乳粉在加工中去除了乳脂肪,因此脱脂乳粉的色泽会呈现乳白色,均一,有光泽。

婴幼儿配方乳粉由于加工中添加了植物油、乳清粉、维生素等多种成分物质,因此颜色呈现乳黄色、深黄色,色泽均一,有光泽。

牛初乳粉应呈现乳黄色或浅黄色。特殊配方乳粉由于受添加的营养素和生产工艺的影响,颜色一般为乳黄色、浅黄色、深黄色,色泽均一,有光泽。

除直接观察乳粉色泽评定外,还要以乳粉还原成复原乳的形式再次进行评价。乳粉还原的浓度根据不同产品建议的冲调方式进行复原,一般乳粉:水为 1:12~1:16,再在光线明亮处评价该复原乳液的色泽。优质的产品其色泽为牛(或羊)乳的正常色泽,即乳白色或稍带淡黄色,有光泽。

当乳粉出现异常的红色、黄褐色、白色,光泽度差或无光泽,则可以判定该乳粉的质量已经发生改变。可以根据乳粉出现的异常色泽判断乳粉的质量和形成原因,如当原料乳酸度过高而加入碱中和后,所制得的乳粉色泽较深,呈褐色;牛乳中脂肪含量较高,则乳粉色泽较深;乳粉颗粒较大时色泽较黄,乳粉颗粒较小时呈灰黄色;空气过滤器过滤效果不好,或布袋过滤器长期不更换,会导致乳粉呈暗灰色;乳粉生产过程中,物料热处理过度或乳粉在高温下存放时间过长,会使产品色泽加深等。乳粉在储藏中色泽变深、变褐,是由于乳粉含水量过多、储藏温度过高所致。

4. 发酵乳制品

酸牛乳是牛乳经乳酸菌发酵后的产品。优质酸牛乳的色泽应呈现出均匀的乳白色、微黄色或所添加果料的固有颜色。酸牛乳最容易出现的色泽缺陷就是灰色、红色、绿色、黑色斑点或有霉菌生长等,主要是由于产品污染了细菌、霉菌等微生物引起的。

5. 干酪

世界上干酪的种类近 2000 种,被国际乳品联合会(IDF)认可的干酪品种约有 500 个以上,每种干酪都具有该类产品特有的色泽,在判定干酪的色泽时需要按照每一种干酪的标准进行判定。如传统的切达干酪,其色泽为乳黄色或乳白色;菲达干酪,其色泽为乳白色,色泽均一,有光泽。若产品标识中已标明添加了某些色素,则该产品应该呈现出该色素应有的颜色。再制干酪的色泽会与添加的色素有直接的关系,有的呈现出淡黄色至橘黄色或咖啡色。

6. 其他乳制品

其他乳制品如奶油、炼乳等产品,其色泽呈现乳白色或乳黄色,色泽均一,有光泽。冰淇淋类产品的色泽与产品生产时所添加的色素和果料具有密切关系。

(三)乳与乳制品的风味评价

牛乳的风味评价从它的滋味和气味两个方面来进行。由于牛乳中的成分比较复杂,所以牛乳的风味也很丰富,而且极容易受到外界环境的影响,所以在评价乳制品的风味时,应选择在专门的环境下进行,无异味干扰。下面将分别对牛乳与乳制品的正常和异常风味两方面进行阐述。

1. 正常风味

(1)鲜牛乳

优质新鲜牛乳的风味可以叙述为:来自于现代化农场的健康奶牛,经科学饲养、严格管理,牛乳挤出后迅速冷却到4℃以下、冰点以上,并从农场运到加工厂加工或储存,整个牛乳分收过程中没有化学和细菌污染,这样的牛乳所表现出来的独特的奶香味。其香味平和、清香、自然、不强烈,是甜、酸、苦、咸四种基本味道的有机统一,并具有稍甜味道,有愉快的口感,无异味。

(2)巴氏杀菌乳和UHT乳制品

正常的巴氏杀菌乳和UHT乳的风味特征为独特的奶香味,香气自然,并具有微甜的味道。牛乳脂肪中一些风味物质在高温状态下挥发程度增大,香味随温度的升高而加强。因此在加热牛乳时能闻到明显的奶香味,加热后香味强烈,冷却后减弱。所以,在进行牛乳的品评时,为了能够正确地对牛乳的风味进行评价,一般品评的适宜温度范围是室温(21℃)到与人体相当的温度(37℃),温度太高和太低都不利于牛乳风味物质的释放。

目前市场上出现了风味各异的UHT调味乳产品,有麦香味、巧克力味、大红枣味等中性调味乳,也有各种水果味(草莓、橙、苹果、哈密瓜等)的酸性调味乳产品,不断地满足消费者的口味需求。对于这类产品,在评价其风味时应针对每一种产品的风味特征进行评价,这类产品应该具有正常牛乳的奶香味或奶香味稍淡,并具有该类产品所调配的典型风味。但是该风味不能过于强烈、刺激,而且最重要的是奶香味与所调配的风味有机地结合起来,融合较好,和谐一致,不存在风味分离现象。

(3)乳粉类

正常新鲜的全脂乳粉具有浓郁的奶香味,无不良气味。脱脂乳粉的奶香味相对较淡,气味自然。针对不同食用人群开发的营养强化乳粉,如婴儿配方乳粉中添加的具有益智功能的DHA(二十二碳六烯酸)和AA(花生四烯酸),可能使产品具有一定的腥味,添加的植物油脂使产品也具有轻微的油脂味。脱脂乳粉类产品,由于脂肪含量较低或几乎不含乳脂肪,所以表现出的奶香味偏淡。

(4)发酵乳制品

在酸牛乳的加工过程中需要添加一些微生物进行发酵,主要是乳酸菌,从而产生了一些特殊的风味物质。通过乳酸菌的发酵作用产生的酸类、醇类和酯类物质决定了酸牛乳具有一种特有的香气。

(5)干酪

对于不同种类的干酪,风味差别较大,且都有自己的特点。如硬质成熟干酪香味浓郁,风味良好,无外来异味,应具有它自身特有的风味。成熟时间较长(2~6个月)的硬质干酪有明显的坚果味、葡萄酒味,但无酸味;一般新鲜干酪有浓郁的发酵奶香味、奶油味,多带有酸味;再制干酪可添加风味物质或果酱、香草等丰富干酪的风味。在具体评价时,可以根据其香味的浓淡程度和异味的有无酌情降低干酪的质量等级。

(6)其他乳制品

优质的炼乳应具有明显的灭菌牛乳的风味,奶油类产品的风味应为典型的奶香味,无异味。冰淇淋类产品的风味受所调配的风味类型的影响,而且冰淇淋作为传统的乳制品,其风味品种非常丰富,如现在市场上比较流行的草莓味、香草味、抹茶味等。

2. 异常风味

牛乳除固有的风味之外,还很容易吸收外界的各种气味,而且在放置和加工过程中也会发生一些物理化学变化,生成某些特殊的物质,形成异常风味,如酸味、青草味、饲料味、氧化味等。这些异常风味受多方面因素的影响,主要有以下几种类型:

(1)外界吸附的异味

主要是由于牛乳从外界环境中吸附了一些风味物质分子表现出来的异味。夏秋季节青草饲料充足,牧场常以青草饲喂奶牛,牛乳容易带有青草的味道。而在冬春季节,主要以青储饲料、饲草和饲料饲喂奶牛,所产的牛乳容易具有饲料味。而且当饲喂有异味的饲料和腐烂的杂草时,更会影响牛乳的正常风味。如果饲养奶牛的牛舍卫生条件差时,所挤的牛乳极易吸附周围牛舍、牛粪尿的味道,即不清洁味。因为不清洁味是影响牛乳风味的严重缺陷,所以找到原因后应及时解决,最好的解决办法是尽量缩短牛乳在圈舍的停留时间,定期并及时地对牛舍进行清扫和消毒工作,保持牛舍的清洁和卫生,从而彻底消除造成牛乳不清洁味的源头。

(2)加热过程中产生的异味

乳制品的生产离不开加热工艺,加热一方面杀灭乳中的微生物和钝化酶类,保证产品的安全品质;另一方面也使牛乳产生了加热臭味。加热臭味主要出现在巴氏杀菌乳、UHT 灭菌乳中,牛乳在经过高温加热后很快就能出现异味,一般在贮存 1d ~ 2d 后异味会逐渐变小。同时由于加热时牛乳发生了美拉德反应,出现焦糖臭味,掩盖了部分奶香味,而且使色泽明显变暗、发红。所以在乳制品的生产过程中,一定要注意牛乳的加热过程,避免牛乳长时间被加热,以免出现加热臭,影响产品的正常风味。

(3)由微生物引起的异味

原料乳中污染的微生物,一是来源于乳房的污染,二是来源于空气。由于乳及乳制品含有丰富的营养物质,因而是微生物的良好培养基,极易被细菌、酵母菌、霉菌等微生物污染,从而产生各种风味缺陷,主要有酸味、酸败味、水果味、麦芽味、霉味、酒味等他异味。

(4)由酶类引起的异味

牛乳中有脂肪氧化酶、脂肪酶和蛋白酶等多种酶类,在适宜温度下能够催化分解脂肪、蛋白质等成分,形成一系列物质,使乳及其制品出现氧化味、金属异味、酸味和苦味。

(5)由光照引起的日晒味

日晒味是指牛乳中的乳清蛋白受阳光照射而产生的,有类似于烧焦羽毛的焦臭味。一般牛乳在阳光下照射 10min,即可检出日晒味。所以目前各种乳制品的包装材料都换成了不透明的、具有遮光效果的多层复合材料,大大减少了由于光照产生的异味。

(6)其他因素引起的异味

一些乳制品在加工过程中需要强化一些添加剂和添加一些风味物质,使产品具有各种风味。如在婴儿配方乳粉中添加的提取自深海鱼油的 DHA 和 AA 等不饱和脂肪酸类使乳粉具有典型的鱼腥味,即使在添加量很低的情况下,乳粉也具有明显的腥味。

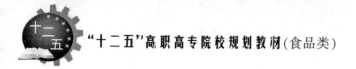

（四）乳与乳制品的组织状态评价

1. 鲜牛乳及巴氏杀菌乳、灭菌乳

优质的液态乳制品如巴氏杀菌乳、灭菌乳的组织状态应呈现为均匀一致的流体状态，无凝块和黏稠现象，无沉淀和脂肪上浮，无机械杂质。如果出现了明显的凝块和蛋白质沉淀现象，有可能是由于微生物的大量繁殖增加了乳的酸度形成的凝块，或者是由于牛乳中的盐类平衡体系遭到了破坏，使乳蛋白质胶粒不稳定发生了沉淀，由此可快速判定牛乳的质量发生了改变。由于牛乳中乳脂肪的密度较低，具有上浮的趋势，因而在液态乳制品中脂肪上浮的现象也比较常见。

2. 发酵乳制品

优质、新鲜的酸牛乳组织细腻、均匀，表面光滑，无裂纹，无气泡，无乳清析出。搅拌型酸牛乳和酸乳饮料的组织也表现为细腻、均匀，滑爽，无气泡，无乳清析出。当产品出现乳清析出现象、组织粗糙有颗粒感、可见明显的气泡，则表明产品的质量已明显变差。

3. 乳粉类

正常的乳粉应呈现为干燥的粉末状，组织状态均匀一致。还要注意观察乳粉中是否存在结块现象，是否有焦粉、硬粒、小黑点、杂质和异物等，这些现象都会大大降低乳粉的质量等级。而且对于乳粉类产品，还要判断复原后复原乳状态的优劣。质量好的速溶乳粉在无需搅拌的情况下就能和水快速结合，而且复原的乳与牛乳具有相同的性质。

4. 干酪

天然干酪依据其水分含量和质地的相应软硬程度，可以将产品分为软质干酪、半软质（或半硬质）干酪、硬脂干酪和超硬质干酪。一般的软质、半软质干酪组织细腻柔软，有光泽。硬质、超硬质干酪组织紧密，硬度适中或超硬，表层无裂缝，无损伤，无霉点及霉斑，切面组织细腻、光滑、均匀。有的干酪在组织状态上呈现出此类干酪的特性，如带孔眼的半硬质干酪，在发酵的过程中形成具有各自特点的大小不同的气孔。质量较次的干酪其表面不均，切面较干燥，有大气孔，组织状态疏松易碎，或有霉斑。

再制干酪依据其组织状态可加工为涂抹式和切片式。涂抹式干酪质地柔软、光滑、细腻，适于加工成三角形、圆形或方块状产品，其涂抹性较好；切片式干酪质地较硬，多为独立片状产品，富有弹性，表面光滑。

5. 其他乳制品

优质的炼乳组织状态表现为组织细腻、质地均匀，无乳糖沉淀，无脂肪上浮，黏度正常，乳糖结晶细小均匀，冲调后有微量钙盐沉淀。奶油产品的组织状态表现为均匀的流体，无孔隙，外表无浸水现象。

（五）乳与乳制品的触觉特性评定

乳制品的触觉特性主要通过口腔所感受到的口感表现出来，可以从以下几方面来描述：稀稠度、爽滑度（与之相对应的是糊口性）、油脂感。酸牛乳制品还包括产品的酸涩感、收敛性，乳粉类产品还包括颗粒感，干酪类产品还包括其弹性、咀嚼性、胶质性。

不同季节的牛乳其风味和口感有区别：夏季的牛乳奶香味较淡，口感偏稀。冬季的牛乳奶香味浓。刚挤出的牛乳比较稠，在牛乳的加工过程中通过均质，将牛乳中的脂肪球进一步粉碎,口感变得稍稀,但更有利于人体消化吸收,并能够防止脂肪吸附在包装物上。

二、乳与乳制品的感官评定方法

(一)生鲜乳及液体乳

1.色泽和组织状态

取适量试样于50mL烧杯中,在自然光下观察色泽和组织状态,并轻微晃动烧杯,观察杯壁上下落的牛奶薄层是否均匀细腻。

2.滋味和气味

取适量经加热并冷却至室温的试样于50mL烧杯中,先闻气味,然后用温开水漱口,再品尝样品的滋味。

(二)乳粉类

1.滋味和气味

首先在红灯下评定滋味和气味。先用清水漱口,然后取定量冲调好的样品,用鼻子闻气味,最后喝一口(5mL)仔细品尝再咽下。

2.组织状态和色泽

在日光灯或自然光线下观察其组织状态。首先按样品编号做样品色泽判定,其次进行组织状态评定。

3.乳粉冲调性试验

乳粉的冲特性可通过下沉时间、热稳定性、挂壁及团块来判定。

(1)下沉时间

首先量取60℃~65℃的蒸馏水100mL,放入200mL烧杯中,称取13.6g待检乳粉迅速倒入烧杯中,同时启动秒表开始计时。待水面上的乳粉全部下沉后结束计时,记录乳粉下沉时间。

下沉时间直接反应的是乳粉的可湿性。质量较好的乳粉的下沉时间在30s以内,即可湿性好。如果乳粉接触水后在表面形成了大的团块,下沉时间会超过30s,则认为乳粉的可湿性较差。

(2)热稳定性、挂壁和团块

检验完"下沉时间"后,立即用大号塑料勺沿容器壁按每秒钟转两周的速度进行匀速搅拌,搅拌时间为40s~50s,然后观察复原乳的挂壁情况。将2mL复原乳倾倒到黑色塑料盘中观察小白点情况。最后观察容器底部是否有不溶团块。

优质乳粉无挂壁现象,没有或有极少量(不多于10个)小白点,无团块。

根据出现挂壁的严重程度、小白点的数量和出现的团块的多少可以判定乳粉冲调性能的优劣。

(三)其他乳制品类

1.炼乳

(1)气味:取定量包装试样,开启罐盖(或瓶盖),闻气味。

(2)色泽和组织状态:将上述试样缓慢倒入烧杯中,在自然光下观察色泽和组织状态。待样品倒净后，将罐（瓶）口朝上，倾斜45°放置，观察罐（瓶）底部有无沉淀。

（3）滋味：用温开水漱口，品尝样品的滋味。

2．奶油及干酪

（1）色泽和组织状态：打开试样外包装，用小刀切取部分样品，置于白色瓷盘中，在自然光下观察色泽和组织状态。

（2）滋味和气味：取适量试样，先闻气味，然后用温开水漱口，品尝样品的滋味。

第九节　饮料类的感官评定

一、饮料的分类和质量标准

（一）饮料的分类

1．碳酸饮料类

碳酸饮料是指在一定条件下充入二氧化碳气的制品，成品中二氧化碳气的含量（20℃时体积倍数）不低于2.0倍。不包括由发酵法自身产生的二氧化碳气的饮料。

根据加工工艺和风味特点，其又可分类为：果汁型、果味型、可乐型、低热量型和其他型。

2．果汁饮料类

果汁饮料是用新鲜或冷藏水果为原料，经加工制成的制品。

根据加工工艺和风味特点，其又可分为：果汁、果浆、浓缩果汁、浓缩果浆、果肉饮料、果汁饮料、果粒果汁饮料、水果饮料等。

3．蔬菜汁饮料类

蔬菜汁饮料是用新鲜或冷藏蔬菜（包括可食的根、茎、叶、花、果实，食用菌，食用藻类及蕨类）等为原料，经加工制成的制品。

4．含乳饮料类

含乳饮料是以鲜乳或乳制品为原料（经发酵或未经发酵），经加工制成的制品，分为配制型含乳饮料和发酵型含乳饮料两大类。

5．植物蛋白饮料类

植物蛋白类饮料是用蛋白质含量较高的植物的果实、种子或核果类、坚果类的果仁等为原料，经加工制成的制品。成品中蛋白质含量不低于0.5%。

根据加工工艺和风味特点，植物蛋白类饮料分为：豆乳类饮料，椰子乳（汁）饮料，杏仁乳（露）饮料和其他植物蛋白饮料（核桃仁、花生、南瓜子、葵花子等为原料）。

6．瓶装饮用水类

瓶装饮用水指密封于塑料瓶、玻璃瓶或其他容器中不含任何添加剂可直接饮用的水。

饮用天然矿泉水是从地下深处自然涌出的或经人工取出的、未受污染的地下矿水含有一定量的矿物盐、微量元素或二氧化碳气体。在通常情况下，其化学成分、流量、水温等动态在天然波动范围内相对稳定。

7．固体饮料（品）类

以糖、食品添加剂、果汁或植物抽提物等为原料，加工制成的粉末状、颗粒状或块状制品称

为固体饮料,其成品水分不高于5%。根据加工工艺和风味特点,固体饮料又可分为:

(1)果香型固体饮料。以糖、果汁、营养强化剂、食用香精或着色剂等为原料加工制成的用水冲溶后具有色、香、味与品名相符的制品。

(2)蛋白型固体饮料。以糖、乳制品、蛋粉、植物蛋白或营养强化剂等为原料加工制成的制品。

(3)其他型固体饮料:①以糖为主,添加咖啡、可可、乳制品、香精等加工制成的制品。②以茶叶、菊花及茅根等植物为主要原料,经抽提、浓缩与糖拌匀(或不加糖)加工制成的制品。③以食用包埋剂吸收咖啡(或其他植物提取物)及其他食品添加剂等为原料,加工制成的制品。

8.特殊用途饮料(品)类

通过调整饮料中天然营养素的成分和含量比例,以适应某些特殊人群营养需要的制品。如:运动饮料,营养素饮料和其他特殊用途饮料。

(二)饮料质量的感官评定

我国规定的饮料卫生指标包括:

1.饮料的感官指标

产品应具有主要成分的纯净色泽、滋味,不得有异味、异臭和外来杂物。感官指标包括色泽、透明浊度及杂质,香气及滋味等。具体包括:

(1)色泽纯正,具有与饮料名称、内容相适应的恰当色调或该种饮料的特征色,色泽鲜亮一致,无变色现象。

(2)透明型饮料应清亮透明;浊型饮料应整体均匀一致,无沉淀,不分层。果汁或含果汁饮料允许有少量细小果肉和纤维沉淀物或悬浮物。

(3)滋味纯正、酸甜适度,香气清雅谐调,饮用时给人以浑然一体的愉快感,具有该品种应有的风味。

(4)碳酸饮料具有明显的杀口感。

2.饮料包装的质量要求

(1)饮料包装容器的质量要求包括:

①玻璃瓶:应洁净、透明,不允许有明显且影响使用的不透明砂粒、气泡及炸裂纹。

②金属罐:罐内涂料应符合GB4805的规定。金属罐表面须清洁、无锈斑及擦伤,封口结构良好,罐身不应有凹凸等变形现象。

③塑料容器:用于饮料包装的塑料容器的合成材料应无毒、无异味、不与内容物起任何反应。塑料包装容器能耐一定的温差,对氧气有较好隔绝作用,并有一定的机械强度,密封性能良好,容器表面光滑,有良好的印刷性能。

④复合包装容器:容器内层薄膜应无毒、无异味、不与内容物起任何反应,密封性能良好。隔绝层不易折裂,对氧气有较好的隔绝作用。外层材料具有一定的机械强度,耐高温,表面光滑,有良好的印刷性能。

(2)饮料标签的要求

饮料标签应标明名称,配料清单,酒精度,原麦汁、原果汁含量,制造者、经销者名称和地址,日期标示和贮藏说明,净含量,质量等级,产品标准号,生产许可证等。应遵照GB 7718《食

品安全国家标准 预包装食品标签通则》、GB 10344《预包装饮料酒标签通则》及 GB 13432《预包装特殊膳食食品标签通则》的要求。

二、几类饮料质量的感官评定

冷饮食品的感官评定主要是依据色泽、组织状态、气味和滋味四项指标。对于液体饮料，还应注意其包装封口是否严密，有无漏气、漏液现象，倒置后有无悬浮异物或沉淀物，其颜色深浅是否符合本品种的正常要求，鼻嗅和口尝则是检查饮料是否酸甜适度、清凉爽口、有无令人难于接受的不愉快气味和滋味。对于固体饮料，则应注意它是否形态完整、颗粒均匀、组织细腻、有无成团结块现象等。对于所有的冷饮食品，都应注意其包装物是否完好、标签是否齐全、有无超期变质等情况。

1. 汽水质量的感官评定

汽水是含有二氧化碳的清凉饮料，饮用后能帮助人体散热，产生凉爽感。汽水内含有部分柠檬酸，在夏季饮用后可促进人体胃液的分泌和补充胃酸不足。汽水以砂糖、糖精、柠檬酸、防腐剂、色液、香精为基本原料和辅料。

（1）色泽评定

进行汽水色泽的感官评定时，可透过无色玻璃瓶直接观察，对于有色瓶装和金属听装饮料可打开倒入无色玻璃杯内观察。

良质汽水——色泽与该类型汽水要求的正常色泽相一致。

次质汽水——色泽深浅与正常产品色泽尚接近，色调调理得尚好。

劣质汽水——产品严重褪色，呈现出与该品种不相符的使人不愉快的色泽。

（2）组织状态评定

进行汽水组织状态的感官评定时，先直接观察，然后将瓶子颠倒过来观察其中有无杂质下沉。另外，还要把瓶子浸入热水中看是否有漏气现象。

良质汽水——清汁类汽水澄清透明，无浑浊，浑浊类汽水浑浊而均匀一致，透明与浑浊相宜。两类汽水均无沉淀及肉眼可见杂质，瓶子瓶口严密，无漏液、漏气现象。汽水灌装后的正常液面距瓶口 2cm～6cm 之间。玻璃瓶和标签符合产品包装要求。

次质汽水——清汁类汽水有轻微的浑浊，浊汁类汽水浑浊不均，有分层现象。有微量沉淀物存在。液位距瓶口 2cm～6cm 之间，瓶盖有锈斑，玻璃瓶及标签有不同程度的缺陷。

劣质汽水——清汁类汽水液体浑浊，浊汁类汽水的分层现象严重，有较多的沉淀物或悬浮物，有杂质。瓶盖封得不严，漏气、漏液或瓶盖极易松脱，瓶盖锈斑严重，无标签。

（3）气味评定

感官评定汽水的气味时，可在室温下打开瓶盖直接嗅闻。

良质汽水——具有各种汽水原料所特有的气味，并且协调柔和，没有其他不相关的气味。

次质汽水——气味不够柔和，稍有异味。

劣质汽水——有该品种不应有的气味及令人不愉快的气味。

（4）滋味评定

感官评定汽水的滋味时，应在室温下打瓶后立即进行品尝。

良质汽水——酸甜适口，协调柔和，清凉爽口，上口和留味之间只有极小差异。二氧化碳含量充足，富于杀口力。

次质汽水——适口性差,不够协调柔和,上口和留味之间有差异。味道不够绵长。二氧化碳含量尚可,有一定的杀口力。

劣质汽水——酸甜比例失调,风味不正,有严重的异味。二氧化碳含量少或根本没有。

2. 豆奶质量的感官评定

豆奶是指用大豆为原料经筛选、热磨浆、过滤、均质、调制、煮浆等工艺过程生产出来的蛋白饮料。豆奶区别于普通豆浆之处就在于去除了豆腥味、苦涩味,并加入糖、柠檬酸、稳定剂等辅料调味。

(1)色泽评定

良质豆奶——色泽洁白。

次质豆奶——色泽白中稍带黄色或稍显暗淡。

劣质豆奶——呈黄色或趋于灰暗。

(2)组织状态评定

良质豆奶——液体均匀细腻,无悬浮颗粒,无沉降物,无肉眼可见杂质,黏稠度适中。

次质豆奶——液体尚均匀细腻,微有颗粒,存放日久可稍见瓶底有絮状沉淀,是乳化均质不甚良好所致。

劣质豆奶——液体不均匀,有明显的可见颗粒,豆奶分层,上层稀薄似水,下层沉淀严重。液体本身过于稀薄或过于浓稠。

(3)气味评定

良质豆奶——具有豆奶的正常气味,有醇香气,无异味。

次质豆奶——稍有异味或无香味,有的有轻微豆腥气。

劣质豆奶——有浓重的豆腥气和焦糊味。

(4)滋味评定

良质豆奶——香甜醇厚,口感顺畅细腻。

次质豆奶——味道平淡,入口有颗粒感但不严重,也无异常滋味。

劣质豆奶——有豆腥味、苦味、涩味或其他不良味道。

3. 麦乳精质量的感官评定

(1)色泽评定

进行麦乳精的色泽评定时,可以打开包装直接观察。

良质麦乳精——普通型为浅黄色,可可型为棕色,都有光泽。

次质麦乳精——色泽洁白或者灰暗。

劣质麦乳精——色泽灰暗而无光泽,有霉变颗粒。

(2)组织状态评定

感官评定麦乳精的组织状态时,可取样品在白纸上撒一薄层直接观察,然后取麦乳精10g,加热水100mL冲调,再行观察。

良质麦乳精——呈大小均匀、松散多孔的颗粒,仅有少量粉末。冲调后呈均匀一致的混悬乳状液。可可麦乳精允许有少量可可粉粒沉淀。

次质麦乳精——颗粒大小不均,粉末较多,冲调后可见少量颗粒沉淀并有僵粒。

劣质麦乳精——结块、成团,冲调后呈现出严重的浑浊或沉淀,严重者成块,结团而不溶解,有杂质。

（3）气味评定

良质麦乳精——具有牛奶固有的乳香味。可可麦乳精具有可可和牛奶的混合香味。

次质麦乳精——乳香味平淡或有其他异味。

劣质麦乳精——有焦糊味、腐败酸臭味、哈喇味等令人厌恶的气味。

（4）滋味评定

感官评定麦乳精的滋味时，取麦乳精10g，加热水冲调后进行品尝。

良质麦乳精——具有牛乳或可可固有的滋味，甜度适中，无其他异味。

次质麦乳精——滋味平淡或甜度过大，稍有异味。

劣质麦乳精——有酸味、苦味及其他不良异味。

4. 咖啡质量的感官评定

咖啡中含有咖啡因，具有兴奋大脑中枢神经作用，饮用后能提神醒目，消除疲乏和睡意，可提高工作效率。咖啡有独特的香味、色泽，给人以色、香、味等方面的享受。所以咖啡深受群众喜爱，成为人们日常生活中的主要饮料之一。咖啡的感官质量评定包括：

（1）色泽：深褐色。

（2）香味：具有焙炒咖啡应有的独特香气。

（3）颗粒：2mm左右大小的不规则颗粒。

5. 冰淇淋质量的感官评定

冰淇淋是以奶粉、奶油、鸡蛋、砂糖、淀粉、香草粉等为原料，经混合、灭菌、冷热搅拌、高压均质、冷热交换、老化、冷冻膨化、装杯而制成的冷冻食品。冰淇淋按其味型可分为香草、奶油、果味等类别。根据脂肪含量不同可分为高脂肪、中脂肪和低脂肪冰淇淋。

（1）色泽评定

进行冰淇淋色泽的感官评定时，先取样品开启包装后直接观察，接着再用刀将样品纵切成两瓣进行观察。

良质冰淇淋——呈均匀一致的乳白色或与本花色品种相一致的均匀色泽。

次质冰淇淋——尚具有与本品种相适应的色泽。

劣质冰淇淋——色泽灰暗而异样，与各品种应该具有的正常色泽不相符。

（2）组织状态评定

进行冰淇淋组织状态的感官评定时，也是先打开包装直接观察，然后用刀将其切分或若干块再仔细观察其内部质地。

良质冰淇淋——形态完整，组织细腻滑润，没有乳糖、冰晶及乳酪粗粒存在，无直径超过0.5cm的孔洞，无肉眼可见的外来杂质。

次质冰淇淋——外观稍有变形，冻结不坚实，带有较大冰晶，有脂肪、蛋白质等淤积，只有一般原、辅料带进的杂质。

劣质冰淇淋——外观严重变形，瘫软或溶化，冻结不坚实并有严重的冰结晶和较多的脂肪、蛋白质淤积块，有头发、金属、玻璃、昆虫等恶性杂质。

（3）气味评定

感官评定冰淇淋的气味时，可打开杯盖或就蛋托上直接嗅闻。

良质冰淇淋——具有各香型品种特有的香气。

次质冰淇淋——香气过浓或过淡。

劣质冰淇淋——香气不正常或有外来异常气味

（4）滋味评定

取样品少许置口中,直接品味。

良质冰淇淋——清凉细腻,绵甜适口,给人愉悦感。

次质冰淇淋——稍感不适口,可嚼到冰晶粒。

劣质冰淇淋——有苦味、金属味或其他不良滋味。

6. 雪糕质量的感官评定

雪糕是以砂糖、奶粉、鸡蛋、香精、淀粉、麦芽粉、明胶等为主要原料,经混合调剂,加热灭菌、均质、轻度凝冻、注模冷冻而制成的带棒的硬质冷食品。

作为一种冷食,雪糕的性质介于冰淇淋与冰棍之间,按成分可将其分为奶油类、咖啡可可类、水果类、果仁类等几十类。各类雪糕又按其理化指标即总固体、总糖、总蛋白、总脂肪等分为甲、乙、丙三级。

（1）色泽评定

良质雪糕——具有与各品种固有颜色相适当的均匀一致的色泽（如奶油雪糖呈乳白色,可可雪糕呈棕褐色等）。

次质雪糕——基本上具有与本品种要求相适应的色泽,色泽均匀程度尚可。

劣质雪糕——色泽不均匀,或过深或过浅。

（2）组织状态评定

进行雪糕组织状态的感官评定时,可先打开包装直接观察,然后再把雪糕切成数块仔细观察。

良质雪糕——组织细腻,乳化完全,形态完整,冻结紧固,无外来杂质,无冰晶,无油点,无空头,杆棒正而不断。

次质雪糕——冻结不够坚实,有原辅料引入的一般性杂质,有少量冰晶,有少量断杆、歪杆、变形、半段、空头等缺陷。

劣质雪糕——冻结不坚实,形态不完整,有较大变形,有糖分渗出,乳化不良,有冰晶,有较多的断杆、歪杆、变形、半段、空头等缺陷,有金属、昆虫、毛发、玻璃、砂子等恶性杂质。

（3）气味评定

感官评定雪糕的气味应在打开包装纸后仔细嗅闻。

良质雪糕——具有各品种本身独有的纯正气味,无任何不良气味。

次质雪糕——香味淡薄或浓淡不一致。

劣质雪糕——香味不正或有其他异味。

（4）滋味评定

良质雪糕——具有纯正的甜味和各品种固有的特色滋味,口感清凉爽快。

次质雪糕——甜味和固有滋味平淡。

劣质雪糕——有苦味、咸味、涩味等不良滋味。

三、几种饮料掺伪评定

1. 评定真假果汁

真的果汁中应含有还原糖,因而可以通过检验还原糖是否存在来识别真假果汁。但以蜂蜜代替果汁的则出现假阳性,此时可用镜检法来检查其沉淀物中的花粉。

取样品 3mL,置于试管中,加裴林试剂甲液(取硅酸铜 7g 溶于水制成 100mL 溶液)、乙液(取酒石酸钠 35g、氢氧化钠 10g 溶于水制成 100mL 溶液)各 2mL,加热观察。如含有真果汁则呈砖红色沉淀,如无砖红色沉淀则为假果汁。

2. 评定三精水

"三精水"也称"颜色水",指以糖精、香精、色素代替蔗糖和果汁调配而成的假饮料。可以通过检验饮料中是否含有蔗糖来评定是不是"三精水"。

量取已去除二氧化碳后的样品 3mL 于 25mL 容量瓶内加水稀释至刻度,摇匀。取稀释液约 10mL,置于 30mL 锥形瓶中,加入浓盐酸 0.6mL,置于水浴锅内加热 15min,取出放冷,滴加氢氧化钠溶液,调至中性,加裴林试剂甲液和乙液各 1mL,摇匀(必要时加热),静置观察。如瓶底出现砖红色沉淀,则表示样品中含有蔗糖。如无砖红色沉淀则样品中无蔗糖或果汁,此饮料可疑为"三精水"。

3. 评定真假咖啡

咖啡中常见的掺杂物有菊苣的根粉、焙炒磨碎的谷物等,或以其他豆状种子代替咖啡豆进行加工的物质。

(1)感官评定

咖啡为棕色粉末状,因焙炒时发生了美拉德反应使咖啡具有特殊的香气,而伪造假冒的咖啡,没有或很少有这种特异性的香气。

(2)密度评定

将待检的咖啡粉末放在试管中,加饱和氢氧化钠溶液,振摇。真的咖啡其水溶液应呈淡琥珀色,且粉末全部或几乎全部浮游,反之,若大部分粉末沉降于管底,且水溶液呈暗黄棕色时,则为菊苣、焙炒谷物等代用品。

(3)菊苣根粉定性评定

称取待检咖啡样品约 10g,加 25mL 水煮沸 5min 后,加入过量碱或乙酸铅固体,振摇约半分钟,静置,待澄清后观察。若上层水溶液清晰无色,即为纯的咖啡,若产生颜色,即证明掺有菊苣根粉。

4. 评定冷饮中掺入洗衣粉

有些不法分子,利用洗衣粉在水中能发泡的特点,将其应用到饮料生产中,制造能产生像啤酒泡沫那样的效果。其评定方法如下:

取饮料 2mL 放在 30mL 的带塞的比色管中,加水至 25mL,再加亚甲蓝溶液 5mL,剧烈振摇 1min,静置待分层,如果三氯甲烷层呈现出蓝色,说明其中加入了洗衣粉。

5. 评定冷饮中掺入漂白粉

不符合卫生要求的饮料,其中细菌含量超标,为降低饮料中的细菌数量,不法分子用漂白粉对饮料进行杀菌,致使饮料中残留氯大大超过国家卫生标准,直接危害人们的身体健康。

(1)感官评定方法

①气味:漂白粉的主要成分为次氯酸钙,一旦饮料中含有漂白粉时,能闻到氯的气味。

②品尝:掺有漂白粉的饮料,由于氯的存在,对喉咙有刺激作用。

(2)化学检验方法

取饮料 10mL 移入锥形瓶中,加入 2% 的硫酸溶液,使其呈现酸性,加入 5% 的碘化钾溶液

8~10滴,再加入0.5的淀粉溶掖5滴,振摇均匀,观察颜色,如果呈现蓝色,说明饮料中加入了漂白粉。

6.饮料中掺入非食用色素的评定

①原理:非食用色素在氯化钠溶液中可使脱脂棉染色,此染色的脱脂棉,经氨水溶液洗涤,颜色不褪。

②试剂:10%的氧化钠溶液,1%的氢氧化铵溶液。

③操作方法:取样品10mL,加10%的氧化钠溶液1mL,混匀,投入脱脂棉0.1g,于水浴上加热搅拌片刻,取出脱脂棉,用水洗涤。将此脱脂棉放入蒸发皿中,加1%的氢氧化铵溶液10mL,于水浴上加热数分钟,取出脱脂棉染色,则证明有非食用色素存在。

7.生水与开水的评定

生水与开水的评定可通过检验过氧化氢酶进行。生水是微生物广泛生长、分布的天然理想环境之一,微生物在其中生长繁殖产生过氧化氢酶,可促使过氧化氢释放出氧气,可氧化碘化钾而游离出碘,与淀粉反应呈紫色。

四、饮料评定后的食用原则

冷饮食品是人们消夏解暑的佳品。但由于冷饮食品大都含有碳水化合物、脂肪、蛋白质等,极易被微生物污染,使食品质量发生不良改变,在感官表现上也会发生相应变化。因而要注重随时对冷饮食品进行质量评定和掺伪检测方面的抽检,并根据抽检结果对不同质量级别的冷饮食品分别进行处理。

(1)经感官评定为良质的冷饮食品一般都可以自由销售,不受限制。在销售过程中要注意经常进行感官评定,一旦发现有恶劣变化,应立即停止销售并视具体情况做出妥善处理。

(2)经感官评定确认为次质的冷饮食品,应进行理化和细菌检验,根据检验结果决定能否食用。因为冷饮食品感官质量的劣变有些是由于微生物污染所引起的,有些则是由物理因素导致的。所以对次质冷饮食品必须待理化和细菌学指标都检验合格后,方可限期销售和食用。

(3)经感官评定确定为劣质的冷饮食品,不可销售和供人食用,应予以销毁或改作饲料等用途。

第十节 果品类的感官评定

一、果品的感官特性内容

果品的感官特性是指人们通过视觉、嗅觉、触觉和味觉等感觉器官所感觉和认识到的果品特性,可分为表观属性、质地属性和风味属性等几个内容。

(一)表观属性

果品的表观属性是指人们能通过视觉所认识的属性,包括果品的形状、大小、色泽、光泽和状态等外观品质,表观属性通常是果品分级的依据,即按照内销及外贸部门规定的表观属性标准,将果品分成若干等级。

1. 果实形状

果实形状可用果形指数表示,即果实纵径与横径的比值。每一品种的果实都具有其固有的形状,如早橘为扁圆形,红星苹果为五棱突出形等。果形不端正的果实,品质较差。

2. 果实大小

果实大小用果径表示,是果实最大横切面的直径,可用卡尺或卷尺测量。在国内外果品贸易中,果形正常的水果,体积和重量的大小是划分等级高低的条件之一,不同等级规格的果品,对果径的大小有明确的规定。一般而言,果实体积过小,多为发育不良,品质较差。所以在果品贸易中,以中等或中等偏大的果实受消费者欢迎。就品质而言,有些果品也并不是越大越好,如柑橘果实的大小与食用部分的百分比呈负相关,所以在柑橘的质量标准中,把横径大于80mm 的果实列为级外品。

3. 成熟度

果实的成熟度表示果实成熟的不同阶段。我国对鲜果成熟度一般分为可采成熟度、生理成熟度、食用成熟度三个阶段。同一品种的果实因储存、运输、加工、销售等目的不同,对成熟度的要求不求。加工用的鲜果要求达到采收成熟度,即果实发育基本结束,达到可采摘的程度。储存和长途运输的鲜果应达到生理成熟度,如仁果类达到种子变褐期。市场销售的果品,应达到食用成熟度。达到食用成熟度的果实,才充分表现出该品种应有的品质,果品的质地、风味最佳。干果应达到完全成熟。

4. 色泽

果实表面的颜色和光泽即为果实的色泽。果实表面的颜色和光泽由果实中不同的化学成分构成,是果实重要的外观品质,各种果品成熟时都具有其特殊的颜色和光泽。我国对出口鲜苹果的色泽要求包括着色程度和着色面积的百分率。如元帅系品种要求:优等果果实表面颜色浓红,着色面积达到70%;一等果果面浓红,着色面积达到50%。

5. 状态

状态是涉及果品新鲜与否的质量特征。有损于果品表观的状态有:表面的各种污染,水果的皱缩,碰伤、擦伤和切口等表皮缺陷等,这些都给果品的外观带来了一定的缺陷。在果品检验中,一般用受害面积或发生率表示缺陷程度。如我国鲜苹果的国家标准规定,优等果允许果皮有十分轻微损伤,面积不超过 $0.5cm^2$,一等果果皮可有轻微损伤 2 处,总面积不超过 $1.0cm^2$ 。

(二)质地属性

包括果品内在和外表的某些特征,如手感特征以及人们在消费过程中所体验到的质地上的特征,一般指那些能在口中凭触觉感到的特性。质地的复杂特性是以许多方式表现出来的,其中最有意义的用来描述质地特征的术语有硬度、脆度、沙性、绵性、汁性、纤维性等。

(三)风味属性

风味包括口味和气味,主要是由果品组织中的化学物质刺激人的味觉和嗅觉而产生的。果品最重要的口味感觉有 4 种,即甜、酸、苦、涩,它们分别是由糖、有机酸、苦味物质和鞣酸物质产生的。果实的芳香气味是评估品质和品种特征的关键因子,优质的果品总是具有特征性的芳香气味以及理想的外观质地和风味。

二、果品感官评定的方法要点

（一）目测

（1）看果品的成熟度和是否具有该品种应有的色泽及形态特征；
（2）看果型是否端正，个头大小是否基本一致；
（3）看果品表面是否清洁新鲜，有无病虫害和机械损伤等。

（二）鼻嗅

辨别果品是否带有本品种所特有的芳香味，有时候果品的变质可以通过其气味的不良改变直接评定出来，像坚果的哈喇味和西瓜的馊味等，都是很好的特征。

（三）口尝

口尝不但能感知果品的滋味是否正常，还能感觉到果肉的质地是否良好，它也是很重要的一个感官指标。

干果品虽然较鲜果的含水量低或是经过了干制，但其感官评定的原则与指标都基本上和前述三项大同小异。

三、不同种类果品的感官评定

（一）苹果的质量评定

良质苹果——果形端正，具有本品种的特征形状，无畸形果，果个中等偏大，整齐均一，果面新鲜洁净，有光泽，具有本品种成熟时应有的色泽，无病斑虫孔和机械伤等缺陷。肉质细腻，甜脆爽口，具有本品种成熟时特有的香气。

劣质苹果——果形不端正或有畸形，果个大小不均且偏小，果面着色不良，不具有该品种成熟时应有的色泽与香气。果肉香气淡薄或过酸，汁液少，肉质干硬，口感发涩，甚至有苦味。果锈或垢斑较多，无果梗，有较大病、虫斑或碰压机械伤，严重时有腐烂斑。

（二）梨的质量评定

良质梨——果实新鲜饱满，果形端正，具有本品种成熟时应有的色泽，成熟适度，肉质细，质地脆而鲜嫩，石细胞少，汁多，味甜或酸甜（因品种而异），无霉烂，冻伤、病灾害和机械伤。带有果柄。

劣质梨——果型不端正，有相当数量的畸形果，无果柄，果实大小不均匀且果个偏小，表面粗糙不洁，刺、划、碰、压伤痕较多，有病斑或虫咬伤口，树磨，水锈或干疤占果面三分之一至二分之一，果肉粗而质地差，石细胞大而多，汁液少，味道淡薄或过酸，有的还会存在苦、涩等滋味，特别劣质的梨还可嗅到腐烂异味。

（三）葡萄的质量评定

表面色泽——新鲜的葡萄果梗青鲜，果呈灰白色，玫瑰香葡萄果皮呈紫红色，牛奶葡萄果皮向阳面呈锈色,龙眼葡萄果皮呈琥珀色。不新鲜的葡萄果梗霉锈,果粉残缺,果皮呈青棕色或灰黑色,果面润湿。

果粒形态——新鲜并且成熟适度的葡萄,果粒饱满,大小均匀,青子和瘪子较少。反之不新鲜者果粒不整齐,有较多青子和瘪子混杂,葡萄成熟度不足,品质差。

果穗观察——新鲜的葡萄用手轻轻提起时,果粒牢固,落子较少。如果粒纷纷脱落,则表明不够新鲜。

气味、滋味——品质好的葡萄,果浆多而浓,味甜,且有玫瑰香或草莓香,品质差的葡萄果汁少或者汁多而味淡,无香气,具有明显的酸味。

(四)葡萄干的质量评定

良质葡萄干——质地柔软,肉厚,干燥,味甜,含糖分多,可表现为青绿到苍褐色的一系列颜色。

劣质葡萄干——质地模糊,含有大量泥沙等杂质,霉烂、虫蛀,有异味。

(五)山楂的质量评定

良质山楂——果形整齐端正,无畸形,果实个大而均匀,果皮呈鲜艳的红色,有光泽、不皱缩、没有干疤虫眼和外伤,具有清新的酸甜滋味。

劣质山楂——果实个头参差不齐、畸形、严重干缩或腐烂,虫果多,破口大,果面不完整,果肉风干或变软,品质下降,有异味。

(六)西瓜的质量评定

(1)良质西瓜
果形——基本端正,具有本品种的基本形状和特征,无畸形果。
果个——中等偏大,整齐均匀。
果面——表面光亮,条纹清晰,无机械伤,无病虫害和干疤,蜡粉已褪去,果柄上茸毛脱落,脐部凹陷。
质地——果肉结构松紧适度,呈均匀一致的鲜红色(也有橙黄色果肉的品种)。
风味——有清香爽甜的滋味,无异味。
口感——汁多籽少,无粗纤维,好瓜有"起沙"的感觉,香甜适度。
(2)劣质西瓜
瓜体不整,瓜皮渐蔫,花纹不明,瓜面破损,手拍有"啪啪"声或"嗒嗒"声,瓜瓤呈粉色,口感极差,有腐烂臭味或其他异味。

(七)哈密瓜的质量评定

外观形态——果形为椭圆形或橄榄形,色泽鲜艳者为成熟度好的瓜。
瓜身香味——一般从瓜皮外即可闻到瓜香的证明成熟度适中,无香味或香味淡薄的则成熟度差。
瓜身硬度——用手轻轻按压瓜身,瓜身坚硬而微软的成熟度适中,太硬的则可能不熟,太软的则成熟过度。

瓜瓤色泽——瓜瓤为浅绿色的吃时发脆,颜色金黄的口感绵软,白色瓤的柔软而多汁。

(八)板栗的质量评定

良质板栗——果粒个大、均匀、饱满、充实,手捏时不塌瘪,表面为红、褐、黑褐色或赭石色,成熟而有光泽,无虫蛀、风干、裂嘴、霉烂、破损等现象。一般购买时总体指标掌握为每千克200粒以下,虫蛀、风干、裂嘴、霉烂四项不超过5%。

劣质板栗——果壳有虫蛀口、瘪印、皮色变黑,生有霉斑,果肉干瘪或软烂变质。

(九)香蕉的质量评定

(1)香蕉的质量评定

良质香蕉——捷柄完整,无缺口和脱落现象。形大而均匀,色泽新鲜、光亮,果皮呈鲜黄或青黄色。果面光滑,无病斑,无虫疤,无霉菌,无创伤。果皮易剥离,果肉稍硬而不摊浆,口感果肉柔软糯滑,香甜适口,不涩口,无怪味,不软烂。

劣质香蕉——果实畸形,蕉只脱梳,单只蕉体短小而细瘦,形体大小不均,果皮霉烂,手捏时果皮下陷,果肉软烂或腐烂,稀松外流。无香味,有怪异味和腐臭味。

(2)香蕉与芭蕉的区别

香蕉和芭蕉同属于芭蕉科芭蕉属,是一个家族中两个品种,可从外形、色泽和滋味区别。

外形:香蕉外形弯曲呈月牙状,果柄短,果皮上有 5 ~ 6 个棱;芭蕉的两端较细,中间较粗,一面略平,另一面略弯,呈圆缺状,其果柄较长,果皮上有三个棱。

色泽:香蕉未成熟时为青绿色,成熟后转为黄色,并带有褐色斑点,俗称梅花点,果肉呈黄白色,横断面近似圆形;芭蕉果皮呈灰黄色,成熟后无梅花点,果肉呈乳白色,横断面为扁圆形。

滋味:香蕉香味浓郁,味道甜美;芭蕉的味道虽甜,但回味带酸,其食用价值低于香蕉。

(十)菠萝的质量评定

外观形态——果呈圆柱形或两头稍尖的卵圆形,果实大小均匀适中,果形端正,芽眼(果目)数量少。成熟度好的菠萝外表皮呈淡黄色或亮黄色,两端略带青绿色,上顶的冠芽呈青褐色。生菠萝则外皮色泽铁青或略有褐色,过度成熟的菠萝通体金黄。

果肉组织——切开后,可见良质菠萝的果目浅而小,内部呈淡黄色组织致密,果肉厚而果芯细小,劣质菠萝果目深而多,有的果目可深达菠萝芯,内部组织空隙大,果肉薄而果芯粗大,成熟度差的菠萝表现为果肉脆硬且呈白色。用手轻轻按压菠萝体,坚硬而无弹性的是生菠萝,挺括而微软的是成熟度好的,过陷甚至凹陷者为成熟过度的菠萝。

嗅闻香味——成熟度好的菠萝外皮上稍能闻到香味,果肉则香气馥郁。生菠萝无香气或香气极为淡薄。

品尝口味——良质菠萝软硬适度,酸甜适口,果芯小而纤维少,汁多味美。劣质菠萝果肉脆硬,有粗纤维感或者软烂,可食部分少,汁液、甜味和香气均少,有较浓重的酸味。

(十一)柚子的质量评定

外形:以扁圆形、颈短的柚子为好。颈长的柚子,囊肉小,显得皮多。沙田柚的底部,有着淡褐色的金线圈,这个圈的条纹越明显,则品质越好。

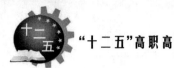

皮色:表皮细洁,表面油细胞呈半透明状态,甚至淡黄或橙黄的,说明柚子的成熟好,汁多味甜。

重量:同样大小的柚子,要挑选分量重的好。用力按压时,不易按下的,说明囊内紧实,质量好。如果个体大而分量轻的,则皮厚肉少。

(十二)荔枝的质量评定

眼看:果皮新鲜、红润,果柄鲜活不萎,果肉饱满透明的,则是上品。若果皮呈黑褐色或黑色,但汁液未外渗的,则是快变质的荔枝。如果果肉松软,液汁外渗的,说明已经变质腐烂了。

手触:用手微按果实,感到果质有弹性的,则是上品,如果感到松软,说明已经变质。

品尝:肉质滑润软糯,汁多味甜,香气浓郁,核小者为上品,如果肉质薄,汁少味不甚甜,香气平淡的则质量低劣。

闻气味:闻之有甜香味的为上品,闻之有酒味的,说明已经变质了。

(十三)荔枝干的质量评定

荔枝干是用新鲜荔枝熔制成的干果,产于广东、广西、福建、台湾等省,其中以广东产量最多,质量最好。质量好的荔枝干色泽鲜艳、肉质肥厚、壳薄核小、滋味香甜。如果大小不一,破壳者多,附有杂质的,则是低劣产品。

(十四)桂圆的质量评定

良质桂圆——大小均匀,壳干硬而洁净,肉质厚软,枝小,味道甜,煎后汤液清口不黏。

劣质桂圆——肉质霉烂,呈糊状,虫蛀严重或干燥无肉质。

(十五)核桃的质量评定

良质核桃——外壳薄而洁净,果肉丰满,肉质洁白。

劣质核桃——外壳坚硬,干瘪无肉,果肉有哈喇味或生有蛀虫。

棉仁核桃与夹仁核桃可从以下几方面评定:

外形:棉仁核桃多呈圆形,外壳为黄白色,壳上的皱纹少而浅,壳面较光,夹仁核桃多呈长圆形,外壳为黄褐色,壳上的皱纹多而深,壳面麻点多。

摇声:取几个核桃放在手心中转动,当听到的撞击声清脆,壳内的枝仁能转动的,则是棉仁核桃,若听到的撞击声发闷,壳内的枝仁不晃动的,则是夹仁核桃。

质量:棉仁核桃轻,夹仁核桃重。

(十六)瓜子的质量评定

良质瓜子——粒片或籽粒较大,均匀整齐,无秕粒,干燥洁净。

劣质瓜子——有严重的霉变或虫蛀,有异味。

(十七)甘蔗的质量评定

外观形态——良质甘蔗茎杆粗硬光滑,端正而挺直,富有光泽,表面呈紫色,挂有白霜,表面无虫蛀孔洞。劣质或霉变甘蔗常常表面色泽不鲜,外观不佳,节与节之间或小节上可见虫蛀痕迹。

果肉组织——良质甘蔗剥开后可见果肉洁白,质地紧密,纤维细小,富含蔗汁。劣质甘蔗纤维粗硬,汁液少,有的木质化严重或结构疏松。霉变甘蔗纵剖后,剖面呈灰黑色、棕黄色或浅黄色,轻微者在纵向的纤维中可见杂有粗细不一的红褐色条纹。

气味、滋味——良质甘蔗汁多而甜,口感水大渣少,有清爽气息。霉变甘蔗往往有酸霉味及酒糟味。

第十一节 罐头类食品的感官评定

一、罐头类食品感官检验的内容

罐头的感官评定是指非化学性、食品性的检测方式,即检验人员用眼睛看、用鼻闻、用嘴尝,主要包括以下 3 个方面:

(一)组织形态

肉、禽、水产类罐头加热至汤汁溶化;糖水水果类、蔬菜类罐头滤去汤汁;糖浆类倒在金属丝筛网上;果酱类罐头置于白瓷盘上,观察其组织与形态是否符合该产品标准的规定与要求。

(二)色泽

汁液收集在量筒或烧杯内,观察其色泽、澄清程度。固形物置于白瓷盘内,观察其色泽及有无杂质、杂物等。

(三)滋味气味

嗅其香气,尝其口味,是否符合相关标准,是否有异味。参加品尝人员必须经过相关培训,具备正常的味觉与嗅觉。

二、罐头类食品感官检验的方法

根据具体的操作过程,感官检验可以分为开罐前与开罐后两个阶段。

1. 开罐前评定

开罐前的评定主要从眼看容器外观、手捏(按)罐盖、敲打听音和漏气检查四个方面进行。

第一,眼看评定。主要检查罐头封口是否严密,外表是否清洁,有无磨损及锈蚀情况,如外表污秽、变暗、起斑、边缘生锈等。如是玻璃瓶罐头,可以放置明亮处直接观察其内部质量情况,轻轻摇动后看内容物是否块形整齐,汤汁是否浑浊,有无杂质异物等。

第二,手捏评定。主要检查罐头有无胖听现象。可用手指按压马口铁罐头的底和盖,玻璃瓶罐头按压瓶盖即可,仔细观察有无胀罐现象。

第三,敲听评定。主要用以检查罐头内容物质量情况,可用小木棍或手指敲击罐头的底盖中心,听其声响评定罐头的质量。良质罐头的声音清脆,发实音;次质和劣质罐头(包括内容物不足,空隙大的)声音浊、发空音,即"破破"的沙哑声。

第四,漏气评定。罐头是否漏气,对于罐头的保存非常重要。进行漏气检查时,一般是将

第七章 食品感官评定实例

罐头沉入水中用手挤压其底部,如有漏气的地方就会发现小气泡。但检查时罐头淹没在水中不要移动,以免小气泡看不清楚。

2.开罐后评定

开罐后的感官评定指标主要是色泽、气味、滋味和汤汁。

首先应在开罐后目测罐头内容物的色泽是否正常,这里既包括了内容物又包括了汤汁,比如还应注意汤汁的澄清程度、杂质情况等。

其次是嗅其气味,看是否为该品种罐头所特有,然后品尝滋味,评判是否具有本固有的滋味。凡有明显异味、硫化铁明显污染内容物和发现有害杂物,如碎玻璃、毛发、外来昆虫、金属碎屑等均为严重缺陷,产品即为不合格品,不能食用。凡有一般杂质,如棉线、合成纤维丝、畜禽毛等视为缺陷,产品不能出厂销售。感官性能明显不符合技术要求,如色泽、透明度、块形、碎屑等不符合标准的视为一般缺陷,产品可以食用。

三、各类罐头食品的感官评定

(一)肉类罐头的感官评定

肉类罐头主要是指采用猪、牛、羊、兔、鸡等畜禽肉为原料,经过加工制成的罐头。其种类很多,根据加工和调味方法的不同可分为原汁清蒸类、腌制类、烟熏类、调味类等。

1.容器外观评定

良质罐头——整洁、无损。

次质罐头——罐身出现假胖听、突角、凹瘪或锈蚀等缺陷之一,或是氧化油标、封口处理不良(俗称有牙齿即单张铁皮咬合的情况)以及没留下罐头顶隙等。

劣质罐头——出现真胖听、焊节、沙眼、缺口或较大牙齿等。

2.色泽评定

良质罐头——具有该品种的正常色泽,并应具备原料肉类应有的光泽与颜色。

次质罐头——较该品种正常色泽稍微变浅或加深,肉色光泽度差。

劣质罐头——肉色不正常,尤其是肉表面变色严重,切面色泽呈淡灰白色或褐色。

3.气味和滋味评定

良质罐头——具有与该品种一致的特有风味,鲜美适口,肉块组织细嫩,香气浓郁。

次质罐头——尚能具有该品种所特有的风味,但气味和滋味差,或含有杂质。

劣质罐头——有明显的异味或酸臭味。

4.汤汁评定

良质罐头——汤汁基本澄清,汤中肉的碎屑较少,有光泽,无杂质。

次质罐头——汤汁中肉的碎屑较多,色泽发暗或稍显浑浊,有少许杂质。

劣质罐头——汤汁严重变色、严重浑浊或含有恶性杂质。

5.打检评定

良质罐头——敲击听到的声音清脆。

次质罐头——敲击时发出空、闷声响。

劣质罐头——敲击时发出破锣声。

（二）水产类罐头的感官评定

水产类罐头主要是以鱼、虾、蟹、贝等海产品及淡水鱼类为主要原料,经过加工制成的罐头,其主要品种有油浸类、清蒸类、调味类、原汁茄汁类等。

1. 容器外观评定

良质罐头——整洁无损。

次质罐头——假胖听、突角、生锈、氧化油标、牙齿、单咬、无真空等。

劣质罐头——真胖听、爆节、沙眼、缺口、大牙齿或罐头内外污秽不洁,锈蚀严重。

2. 色泽评定

良质罐头——具有与该品种相应的正常色泽。

次质罐头——具有与该品种相应的色泽,但光泽差、变暗。

劣质罐头——色泽不正常,有严重的变色或呈黑褐色。

3. 气味和滋味评定

良质罐头——具有该品种所特有的风味。块形整齐而组织细嫩,气味和滋味适口而鲜美。

次质罐头——尚存有该品种所固有的风味,但气味和滋味都较差,无异味。

劣质罐头——有严重的腥臭味或有其他明显的异味。

4. 组织状态评定

良质罐头——块形大小整齐,组织紧密而不碎散,软硬适度,若为贝类则具有弹性,无杂质存在。

次质罐头——块形大小基本一致,组织较紧密,软硬尚适度,贝类也有弹性,个别情况有杂质,有的尚残存着去除不净的鳞片和鳍等。

劣质罐头——块形大小不一,碎块甚多,组织松软,贝类则无弹性,有严重的杂质或恶性杂质存在。

5. 打检评定

良质罐头——响声清脆。

次质罐头——响声发空或发闷。

劣质罐头——呈破锣响声。

（三）果蔬类罐头的感官评定

果蔬类罐头的主要原料有干鲜水果和蔬菜,用砂糖、柠檬酸、盐等作为辅料。果类罐头主要有糖浆类、糖水类、果汁类、干果类和果酱类。蔬菜罐头主要有清水类、调味类等。

1. 容器外观评定

良质罐头——商标清晰醒目、清洁卫生,罐身完整无损。

次质罐头——假胖听、突角、锈蚀、凹瘪、氧化油标、牙齿、单咬,无真空。

劣质罐头——真胖听、爆节、沙眼、缺口、大牙齿。

2. 色泽评定

良质罐头——具有与该品种相应的色泽,均匀一致,具有光泽,色泽鲜艳。

次质罐头——尚具有与该品种相应的色泽,但色彩不鲜艳,果蔬块形较大,不够均匀。

劣质罐头——色泽与该品种应有的正常色泽不一致,常呈暗灰色,无光泽或有严重的光

色、变色。

3. 气味和滋味评定

良质罐头——具有该品种所特有的风味,果蔬块具有浓郁的芳香味,鲜美而酸甜适口。

次质罐头——尚具有该品种所特有的风味,芳香气味变淡,滋味较差。

劣质罐头——气味和滋味不正常,具有酸败味或严重的金属味。

4. 汤汁评定

良质罐头——汤汁基本澄清,有光泽,无果皮,果核、菜梗等杂质存在。

次质罐头——汤汁稍显浑浊,尚有光泽,但有少量的残存果皮、果核、菜梗,或有其他杂质存在。

劣质罐头——汤汁严重浑浊或有恶性杂质。

5. 打检评定

良质罐头——清脆响声。

次质罐头——响声发空或发闷。

劣质罐头——呈破锣响声。

第十二节　调味品类的感官评定

调味品在食品中占有很重要的地位,几乎所有的加工食品都要使用调味品。质量优良的调味品,使用少量就可以增加食品滋味或改善食品的口感,增进食欲,补充人体所需要的营养物质;但质量低劣的调味品,特别是掺假调味品,不仅起不到应有的作用,反而会给人体带来危害。因此,调味品掺假的评定检验是非常重要的。

一、食盐的质量评定及掺伪检验

食盐是指以氯化钠为主要成分,用海盐、矿盐、井盐或湖盐等粗盐加工而成的晶体状调味品。

1. 食盐质量的感官评定

(1)颜色评定

将样品在白纸上撒一薄层,仔细观察其颜色。

良质食盐——颜色洁白。

次质食盐——呈灰白色或淡黄色。

劣质食盐——呈暗灰色或黄褐色。

(2)外形评定

食盐外形的感官评定手法同于其颜色评定。观察其外形的同时,应注意有无肉眼可见的杂质。

良质食盐——结晶整齐一致,坚硬光滑,呈透明或半透明。不结块,无反卤吸潮现象,无杂质。

次质食盐——晶粒大小不匀,光泽暗淡,有易碎的结块。劣质食盐——有结块和反卤吸潮现象,有外来杂质。

（3）气味评定

感官评定食盐的气味时,约取样20g于研钵中研碎后,立即嗅其气味。

良质食盐——无气味。

次质食盐——无气味或夹杂轻微的异味。

劣质食盐——有异臭或其他外来异味。

（4）滋味评定

感官评定食盐的滋味时,可取少量样品溶于15℃～20℃蒸馏水中制成5%的盐溶液,用玻璃棒蘸取少许尝试。

良质食盐——具有纯正的咸味。

次质食盐——有轻微的苦味。

劣质食盐——有苦味、涩味或其他异味。

2. 细盐与粗盐的评定

我国食盐按加工法分,有粗盐与细盐（精盐）两种,它们的品质区别如下:

（1）粒形:粗盐是未经加工的大粒盐,形态系颗粒状,形态大,细盐是大粒盐经过加工的盐,形态系片状,形态小。

（2）咸味:粗盐杂质中含有酸性盐类化合物（硫酸镁与氧化镁）,这些酸性盐分子水解后,会刺激味觉神经,因而会感到粗盐比细盐的咸味大。

（3）香味:粗盐中的氯化镁再受到热量时,会分解出盐酸气,盐酸气能帮助食物中蛋白质水解成味鲜的氨基酸,刺激嗅觉神经后,会使人感到粗盐比细盐的香味浓。

（4）氯化钠:食盐的主要化学成分是氯化钠。氯化钠能帮助人体起到渗透作用。通常粗盐中含氯化钠85%～90%,细盐在96%以上。

（5）可溶物:食盐的主要化学成分,除氯化钠以外,还含有水、氯化镁、硫酸镁、氯化钾、硫酸钙、碘等微量化合物,这些化合物在粗盐中存在有一定的数量,但是在细盐加工中被清除掉了。

3. 亚硝酸钠与食盐的评定

亚硝酸钠是一种含氮化合物,一旦误食进入人体后,能将血液中具有携氧能力的低铁血红蛋白氧化成高铁血红蛋白而使其失去携氧能力,从而影响正常带氧的血红蛋白向组织细胞释放氧的能力,出现一系列的毒性反应。对有疑虑的食盐,可用以下方法评定:

（1）看透明:亚硝酸钠与食盐都是白色结晶体粉末,无挥发性气味。亚硝酸钠一般是黄色或淡黄色的透明结晶体,而食盐是不透明的。

（2）水试验:取5g左右的样品放入瓷碗内,加入250g冷水,同时用手搅拌,水温急剧下降的,是亚硝酸钠,因为亚硝酸钠比食盐溶解时吸热快,吸热多。

（3）试色变:取一蚕豆粒大小的样品,用大约20倍的水使其溶解,然后在溶液内加一小米粒大小的高锰酸钾（又名灰锰氧）,如果高锰酸钾的颜色由紫变浅,则说明该样品是亚硝酸钠,如果不改变颜色,就是食盐。

二、酱油的质量评定和掺伪检验

1. 酱油质量的感官评定

（1）色泽评定

观察评价酱油的色泽时,应将酱油置于有塞且无色透明的容器中,在白色背景下观察。

良质酱油——呈棕褐色或红褐色（白色酱油除外）,色泽鲜艳,有光泽。

次质酱油——呈深褐色,色泽暗淡,无光泽。

劣质酱油——酱油色泽黑暗而无光泽。酱油色泽发乌、浑浊,灰暗而无光泽。

（2）组织形态评定

观察酱油的体态时,可将酱油置于无色玻璃瓶中,在白色背景下对光观察其清浊度,同时振摇,检查其中有无悬浮物,然后将样品放一昼夜,再看瓶底有无沉淀以及沉淀物的性状。

良质酱油——澄清,无霉花浮膜,无肉眼可见的悬浮物,无沉淀,浓度适中。

次质酱油——微浑浊或有少量沉淀。

劣质酱油——严重浑浊,有较多的沉淀和霉花浮膜,有蛆虫。

（3）气味评定

将酱油置于容器内加塞振摇,去塞后立即嗅其气味。

良质酱油——具有酱香或酯香等特有的芳香味,无其他不良气味。

次质酱油——酱香味和酯香味平淡。

劣质酱油——无酱油的芳香或香气平淡,并且有焦糊、酸败、霉变和其他令人厌恶的气味。

（4）滋味评定

品尝酱油的滋味时,先用水漱口,然后取少量酱油滴于舌头上进行品味。

良质酱油——味道鲜美适口而醇厚,柔和味长,咸甜适度,无异味。

次质酱油——鲜美味淡,无酱香,醇味薄,略有苦、涩等异味和霉味。

2.评定瓶装酱油的质量

（1）摇晃瓶子,看酱油沿瓶壁流下的速度快慢,优质酱油浓度很高,黏性较大,流动慢,劣质酱油浓度低,像水一样流动较快。

（2）看瓶底有无沉淀物或杂物,如没有则为优质酱油。

（3）看瓶中酱油的颜色,优质酱油呈红褐色或棕褐色,有光泽而不发乌。

（4）打开瓶盖,未触及瓶口,优质酱油就可闻到一股浓厚的香味和酯香味,劣质酱油香气少或有异味。

（5）滴几滴酱油于口中品尝,优质酱油味道鲜美,咸甜适口,味醇厚,柔和味长。

3.评定掺假酱油

酱油中常见的掺伪物有水、盐水及酱色。也有用盐水、酱色、柠檬酸和味精等伪造酱油的,更有甚者用盐水与酱色直接配制假酱油。

（1）感官评定

一般情况下,若酱油的颜色浅,不浓稠,鲜味及香气很淡或根本没有,即可判断为掺水。

（2）化学与物理检验

密度测定:将酱油检样沿壁倒入 200mL～250mL 量筒中,再将量筒置于水平台面上。比重计事先洗净擦干,缓缓放入样品中,勿使碰到容器底及四周壁,保持样品温度在20℃,待其静止后,再轻轻按下少许,待其自然上升到静止不动并无气泡冒出后,从水平位置观察与样品液面相交处的刻度,即为样品密度,若低于 $1.10g/cm^3$ 即掺入了水分。

食盐测定:酱油中食盐含量一般应控制在18%～20%范围内。盐太少达不到调味要求,且容易使酱油变质,盐太多则味苦而不鲜。若酱油中食盐含量超过20%则可认为掺入了食盐。

三、食醋的质量评定和掺伪检验

1. 食醋质量的感官评定

（1）色泽评定

感官评定醋的色泽时,可取样品置于试管中在白色背景下用肉眼直接观察。

良质食醋——呈琥珀色,棕红色或白色。

次质食醋——色泽无明显变化。

劣质食醋——色泽不正常,发乌无光泽。

（2）组织形态评定

感官评定醋的组织状态时,可取样品醋于试管中,在白色背景下对光观察其浑浊程度,然后将试管加塞颠倒以检查其中有无混悬物质,放置一定时间后,再观察有无沉淀及沉淀物的性状。必要时还可取静置 15min 后的上清液少许,借助放大镜来观察有无醋鳗、醋虱、醋蝇。

良质食醋——液态澄清,无悬浮物和沉淀物,无霉花浮膜,无醋鳗、醋虱及醋蝇。

次质食醋——液态微浑浊或有少量沉淀,或生有少量醋鳗。

劣质食醋——液态浑浊,有大量沉淀,有片状白膜悬浮,有醋鳗、醋虱或醋蝇等。

（3）气味评定

进行食醋气味的感官评定时,将样品置容器内振荡,去塞后,立即嗅闻。

良质食醋——具有食醋固有的气味和醋酸气味,无其他异味。

次质食醋——食醋香气正常不变或量平淡,微有异味。

劣质食醋——失去了固有的香气,具有酸臭味、霉味或其他不良气味。

（4）滋味评定进行食醋滋味的感官评定时,可取少许食醋于口中用舌头品尝。

良质食醋——酸味柔和,稍有甜口,无其他不良异味。

次质食醋——滋味不纯正或酸味欠柔和。

劣质食醋——具有刺激性的酸味,有涩味、霉味或其他不良异味。

2. 食醋中掺入游离矿酸的检验

食醋中的主要掺伪物质为游离矿酸。可取被检食醋 10mL 置于试管中,加蒸馏水 5mL ~ 10mL,混合均匀(若被检食醋颜色较深,可先用活性炭脱色),沿试管壁滴加 3 滴 0.01% 甲基紫溶液,若颜色由紫色变为绿色或蓝色,则表明有游离矿酸(硫酸、硝酸、盐酸、硼酸)存在。

四、酱类食品的质量评定

酱类是以黄豆及面粉为原料经发酵酿造而成的红褐色稠糊状含盐调味。常见的有豆瓣酱、干黄酱、稀黄酱、甜面酱、豆瓣辣酱等。

（1）色泽评定

良质酱类——呈红褐色或棕红色,油润发亮,鲜艳而有光泽。

次质酱类——色泽较深或较浅。

劣质酱类——色泽灰暗,无光泽。

（2）组织形态评定

评定酱类食品体态时,可在光线明亮处观察其黏稠度,有无霉花、杂质和异物等。

良质酱类——黏稠适度,不干不懈,无霉花,无杂质。

次质酱类——过干或过稀。

劣质酱类——有霉花、杂质和蛆虫等。

(3)气味评定

进行酱类食品气味的感官评定时,可取少量样品直接嗅其气味或稍加热后再行嗅闻。

良质酱类——具有酱香和酯香气味,无其他异味。

次质酱类——酱的固有香气不浓,平淡。

劣质酱类——有酸败味或霉味等不良气味。

(4)滋味评定

进行酱类滋味的感官评定时,可取少量样品于口中用舌头细细品尝。

良质酱类——滋味鲜美,入口酥软,咸淡适口,有豆酱或面酱独特的滋味,豆瓣辣酱可有锈味,无其他不良滋味。

次质酱类——有苦味、涩味、焦糊味、酸味及其他异味。

五、味精的质量评定

味精是以淀粉为原料,经发酵提纯的谷氨酸钠结晶。

1. 味精质量的感官评定

(1)色泽评定

评定味精色泽时,将样品分别在白纸与黑纸上各撒一薄层,作对比观察。

良质味精——洁白光亮。

次质味精——色泽灰白。

劣质味精——色泽灰暗或呈黄铁锈色,无光泽。

(2)组织形态评定

味精外形的感官评定方式同于其色泽的感官评定,主要观察其晶粒形态以及有无肉眼可见的杂质和霉迹。

良质味精——含谷氨酸钠90%以上的味精呈柱状晶粒,含谷氨酸钠80%～90%的味精呈粉末状。无杂质及霉迹。

次质味精——晶粒大小不均匀,粉末状者居多数。

劣质味精——结块,有肉眼可见的杂质及霉迹。

(3)气味评定

感官评定味精的气味时,可打开包装直接嗅闻,或取部分样品置研钵中研磨后嗅其气味。

良质味精——无任何气味。

次质味精——微有异味。

劣质味精——有异臭味,化学药品气味及其他不良气味。

(4)滋味评定

进行味精滋味的感官评定时,可取少许晶粒用舌头尝试。

良质味精——味道极鲜,具有鲜咸肉的美味,略有咸味(含氧化钠的),无其他异味。

次质味精——滋味正常或微有异味。

劣质味精——有苦味、涩味、霉味及其他不良滋味。

2．评定掺假的味精

味精中的掺伪物质一般是石膏,可通过以下方法加以检验和评定:

(1)水溶性试验:取检样约 1g,置于小烧杯中,加水 50mL,振摇 1min,观察,如发现不溶于水或有残渣,则为可疑掺入石膏。

(2)硫酸根检验:取上述水溶液 5mL 置于试管中,加盐酸 1 滴,混匀,加 10% 氧化钡溶液约 1mL,再混匀,如出现浑浊或沉淀,则认为检品中含有硫酸根。

(3)钙离子检验:仍取上述水溶液 5mL 置于试管中,加 1% 草酸溶液 1mL,混匀,如出现白色浑浊或沉淀,则认为检品中有钙离子存在。

石膏主要成分是硫酸钙,上述试验中如检出钙离子和硫酸根则可认为该味精中掺入了石膏。

六、评定辛辣料的质量

辛辣料是采用植物果实和种子粉碎而配制成的天然植物香料,如五香粉、胡椒粉、花椒粉、咖喱粉、芥末粉等。辛辣料的主要原料有八角、花椒、胡椒、桂皮、小茴香、大茴香、辣椒、孜然等。

1．辛辣料质量的感官评定

(1)色、香、味的评定

进行辛辣料色、香、味的感官评定时,可以直接观察其颜色,嗅其气味和品尝其滋味。

良质辛辣料——具有该种香料植物所特有的色、香、味。

次质辛辣料——色泽稍深或变浅,香气和特异滋味不浓。

劣质辛辣料——具有不纯正的气味和味道,有发霉味或其他异味。

(2)组织状态的评定

辛辣料主要的感官评定方式是靠眼看和手摸以感知其组织状态。

良质辛辣料——呈干燥的粉末状。

次质辛辣料——有轻微的潮解,结块现象。

劣质辛辣料——潮解、结块、发霉、生虫或有杂质。

2．评定真假八角

常见的假八角有红茴香、地枫皮和大八角。

(1)形态特征评定

真八角(八角茴香)——常由八枚骨突果集成聚合果。呈浅棕色或红棕色。果皮肥厚,单瓣果实前端钝或钝尖。香气浓郁,味辛,甜。

地枫皮——骨突果 10～13 枚组成聚合果。呈红色或红棕色。果皮薄,单瓣果前端长而渐尖,并向内弯曲成倒钩状。香气微弱而呈松脂味。滋味淡,有麻舌感。

红茴香——骨突果 7～8 枚组成聚合果。瘦小,呈红棕色或红褐色。单瓣果实前端渐尖而向上弯曲。气味弱而特殊,味道酸而略甜。

大八角——骨突果 10～14 枚组成聚合果。呈灰棕色或灰褐色。果实皮薄,单瓣果实的前端长而渐尖,略弯曲。气味弱而特殊,滋味淡,有麻舌感。

(2)化学评定

取待检八角样品粉末 5g 置蒸馏瓶内,加水 150mL,进行水蒸气蒸馏,收集馏液 50mL(八角蒸馏液呈乳白色)。向馏液中加入等量乙醚,提取,分取乙醚层。再向乙醚层中加 0.1mol/L 氢氧化钠溶液 30mL~50mL,振摇,弃去碱性水溶液,如此反复进行三次。在水浴上将乙醚挥发干净,用 2mL~3mL 乙醚溶解残渣。然后将其逐滴加入内装间苯三酚磷酸溶液(1mg~2mg 间苯三酚溶于 3mL 磷酸中制成),边滴加边振摇并观察其颜色反应。

经上述操作后,真八角由五色变成黄色,又变成粉红色,溶液呈浑浊,假八角由无色变成黄色后,并不能再变为粉红色,溶液仍呈透明状态。

3.掺假花椒面的评定

花椒面中掺入的伪品多为含淀粉的稻糠、麦麸等。因此可以通过检验样品中是否含有淀粉即可确定花椒面中是否掺假。

取检样 1g 置于试管中,加水 10mL,置水浴加热煮沸,放冷。向其中滴加碘化钾溶液 2~3 滴后观察,掺有含淀粉伪品的花椒面溶液层变蓝或蓝紫色。

掺伪花椒面由于在花椒面中掺入了多量麦麸皮、玉米面等,外观上看往往呈土黄色粉末状或有霉变、结块现象,花椒味很淡,口尝时舌尖微麻并有苦味。

4.评定掺假的辣椒面

(1)感官评定

辣椒面掺假较多,有的掺入染红色玉米面,有的掺入番茄干粉,有的掺入锯末,有的掺入红砖面。一般红辣椒粉呈红色,带有油状粉末,并具有浓郁的辣气,而掺假的辣椒面,呈砖红色,肉眼可见大量木屑样物或绿色的叶子碎片,略能闻到一点或根本闻不到辣气。

(2)漂浮试验

取待检辣椒粉 10g,置于带塞的 100mL 量筒内,加饱和盐水至刻度,摇匀,静置 1h 后观察其上浮和下沉物体积。掺伪辣椒面在饱和盐水中下沉体积较大,其体积与掺伪量成正比,正品辣椒面绝大部分上浮,下沉物甚微。

七、调味品的感官评定与食用原则

良质调味品不受限制,可直接销售。但在销售过程中应注意卫生、防止污染,并应经常检查其质量,一旦发现其感官性状发生不良改变,应立刻停止销售。

次质调味品应根据品种和卫生情况、质量变化做综合评价和决策。次质调味品不可用于调制供人直接食用的凉菜;调味品感官评定指标中有 1~2 项为次质品级,其他均合乎良质品级要求的,可限期销售并供烹饪熟菜用;次质调味品数量比较大,生产厂家可重新加工复制。

劣质调味品已变质,能产生对人体有害的物质,因此不可供人食用或做食品工业原辅料,应予销毁或作为非食品工业原料及饲料。

本章小结

本章主要介绍了谷物类及其制品、蛋类及蛋制品、酒类、畜禽肉及肉制品、水产品及其制品、蜂蜜类产品、植物油料与油脂、乳类及乳制品、饮料类、果品类、罐头类、调味品类品质等级的感官评定标准、方法、掺伪评定等。

复习思考题

1. 果品品种的感官特性有哪些?
2. 果品感官评定的要点有哪些?
3. 怎样评定汽水的质量?
4. 怎样评定三精水?
5. 怎样评定冷饮中掺入洗衣粉?
6. 冷饮的感官评定与食用原则是什么?
7. 乳与乳制品有哪些感官特性?
8. 如何评定乳与乳制品的感官质量?
9. 植物油料和油脂感官评定要点有哪些?
10. 怎样评定食用植物油中掺入矿物油?
11. 怎样评定食用植物油中掺入盐水?
12. 怎样评定食用植物油中掺入桐油?
13. 植物油料与油脂评定后的食用原则有哪些?
14. 根据本章所学知识与技能,试论述一种食品的感官评定要点与标准。

 阅读小知识

中国乳制品工业行业规范
巴氏杀菌乳感官质量评鉴细则

1　范围

本细则适用于 GB 5408.1 产品分类定义的全脂巴氏杀菌乳、部分脱脂巴氏杀菌乳和脱脂巴氏杀菌乳的感官质量评鉴。

2　样品的制备

将选定用于感官评鉴的样品事先存放于 15℃ 恒温箱中,保证在统一呈送时样品温度恒定和均一,防止因温度不均匀造成样品评鉴失真。

由于液体乳容易造成脂肪上浮,在进行评鉴之前应将样品进行充分混匀,再进行分装,保证每一份样品都均匀一致。

呈送给评鉴人员的样品的摆放顺序应注意让样品在每个位置上出现的几率是相同的或采用圆型摆方法。

食品感官评鉴中由于受很多因素的影响,故每次用于感官评鉴的样品数应控制在 4~8 个,每个样品的分量应控制在 30~60mL;对于实验所用器皿应不会对感官评定产生影响,一般采用玻璃材质,也可采用没有其他异味的一次性塑料或纸杯作为感官评鉴实验用器皿。

样品的制备标示应采用盲法,不应带有任何不适当的信息,以防对评鉴员的客观评定产生影响,样品应随机编号,对有完整商业包装的样品,应在评鉴前对样品包装进行预处理,以去除相应的包装信息。

3 实验室要求

感官评鉴实验室应设置于无气味、无噪音区域中。为了防止评鉴前通过身体或视觉的接触,使评鉴员得到一些片面的、不正确的信息,影响他们感官反应和判断,评鉴员进入评鉴区时要避免经过准备区和办公区。

3.1 评鉴区

评鉴区是感官评鉴实验室的核心部分,气温应控制在20℃~22℃范围内,相对湿度应保持在50%~55%,通风情况良好,保持其中无气味、无噪音。应避免不适宜的温度和湿度对评鉴结果产生负面的影响。

评鉴区通常分为三个部分:品评室、讨论室和评鉴员休息室。

3.1.1 品评室

品评室应与准备区相隔离,并保持清洁,采用中性或不会引起注意力转移的色彩,例如白色。房间通风情况良好,安静。根据品评室空间大小和评鉴人员数量分割成数个评鉴工作间,内设工作台和照明光源。

3.1.1.1 评鉴工作间

每个评鉴工作间长和宽约1m。评鉴工作间过小,评鉴员会感到"狭促";但过分宽大会浪费空间。为了防止评鉴员之间相互影响,评鉴工作间之间要用不透明的隔离物分隔开,隔离物的高度要高于评鉴工作台面1m以上,两侧延伸到距离台面边缘50cm以上。评鉴工作间前面要设样品和评鉴工具传递窗口。一般窗口宽为45cm、高40cm(具体尺寸取决于所使用的样品托盘的大小)。窗口下边应与评鉴工作台面在同一水平面上,便于样品和评鉴工具滑进滑出。评鉴工作间后的走廊应该足够宽,使评鉴员能够方便地进出。

3.1.1.2 评鉴工作台

评鉴工作台的高度通常是书桌或办公桌的高度(76cm),台面为白色,整洁干净。评鉴工作台的一角装有评鉴员漱口用洁净水龙头和小型不锈钢水斗。台上配备数据输入设备或者留有数据输入端口和电源插座。

3.1.1.3 照明光源

评鉴工作间应装有白色昼型照明光源。照度至少应在300lx~500lx之间,最大可到700lx~800lx。可以用调光开关进行控制。光线在台面上应该分布均匀,不应造成阴影。观察区域的背景颜色应该是无反射的、中性的。评鉴员的观察角度和光线照射在样品上的角度不应该相同,评鉴工作间设置的照明光源通常垂直在样品之上,当评鉴员落座时,他们的观察角度大约与样品成45°。

3.1.2 讨论室

讨论室通常与会议室的布置相似,但室内装饰和家具设施应简单,且色彩不会影响评鉴员的注意力。该区对于评鉴员和准备区来说,应该比较方便,但评鉴员的视线或身体不应接触到准备区。其环境控制、照明等可参照评鉴室。

3.1.3 评鉴员休息室

评鉴员休息室应该有舒适的设施,良好的照明,干净整洁。同时注意防止噪音和精神上的干扰对评鉴员产生不利的影响。

3.2 准备区

根据样品的贮存要求,准备区要有足够的贮存空间,防止样品之间的相互污染。准备用具要清洁,易于清洗。要求使用无味清洗剂洗涤。准备过程中应避免外界因素对样品的色香味产生影响,破坏样品的质地和结构,影响评鉴结果。样品的准备要具有代表性,分割要均匀一致。样品的准备一般要在评鉴开始前 1h 以内,并严格控制样品温度。评鉴用器具要统一。

4　人员要求

感官评鉴人员是以乳制品专业知识为基础,经过感官分析培训,能够运用自己的视觉、触觉、味觉和嗅觉等器官对乳制品的色、香、味和质地等诸多感官特性作出正确评价的人员,参加评鉴人员不少于 7 人。作为乳制品感官评鉴人员必须满足下列要求:

——必须具备乳制品加工、检验方面的专业知识;
——必须是通过感官分析测试合格者,具有良好的感官分析能力;
——应具有良好的健康状况,不应患有色盲、鼻炎、龋齿、口腔炎等疾病;
——具有良好的表达能力,在对样品的感官特性进行描述性时,能够做到准确、无误,恰到好处;
——具有集中精力和不受外界影响的能力,热爱评鉴工作;
——对样品无偏见、无厌恶感,能够客观、公正地评价样品;
——工作前不使用香水、化妆品,不用香皂洗手;
——不在饮食后 1 小时内进行评鉴工作;
——不在评鉴开始前 30 分钟内吸烟。

5　操作步骤

5.1　色泽和组织状态

将样品置于自然光下观察色泽和组织状态。

5.2　滋味和气味

在通风良好的室内,取样品先闻其气味,后品尝其滋味,多次品尝应用温开水漱口。

6　评鉴要求

6.1　全脂巴氏杀菌乳感官评鉴要求

6.1.1　全脂巴氏杀菌乳感官指标按百分制评定,其中各项分数见表 1。

表 1

项　　目	分　　数
滋味及气味	60
组织状态	30
色　　泽	10

6.1.2　感官评分见表 2。

6.2　脱脂巴氏杀菌乳感官评鉴要求

6.2.1　脱脂巴氏杀菌乳感官指标按百分制评定,其中各项分数见表 3。

表2

项目	特征	得分
滋味和气味（60分）	具有全脂巴氏杀菌乳的纯香味，无其他异味	60
	具有全脂巴氏杀菌乳的纯香味，稍淡，无其他异味	59～55
	具有全脂巴氏杀菌乳固有的香味，且此香味延展至口腔的其他部位，或舌部难以感觉到牛乳的纯香，或具有蒸煮味	56～53
	有轻微饲料味	54～51
	滋、气味平淡，无乳香味	52～49
	有不清洁或不新鲜滋味和气味	50～47
	有其他异味	48～45
组织状态（30分）	呈均匀的流体，无沉淀，无凝块，无机械杂质，无黏稠和浓厚现象，无脂肪上浮现象	30
	有少量脂肪上浮现象外基本呈均匀的流体。无沉淀，无凝块，无机械杂质，无黏稠和浓厚现象	29～27
	有少量沉淀或严重脂肪分离	26～21
	有黏稠和浓厚现象	20～10
	有凝块或分层现象	10～0
色泽（10分）	呈均匀一致的乳白色或稍带微黄色	10
	均匀一色，但显黄褐色	8～5
	色泽不正常	5～0

表3

项目	分数
滋味及气味	60
组织状态	30
色泽	10

6.2.2 感官评分见表4。

表4

项目	特征	得分
滋味和气味（60分）	具有脱脂巴氏杀菌乳的纯香味，香味停留于舌部，无油脂香味，无其他异味	60
	具有脱脂巴氏杀菌乳的纯香味，且稍清淡，无油脂香味，无其他异味	59～55
	有轻微饲料味	57～53
	有不清洁或不新鲜滋味和气味	56～51
	有其他异味	53～45

项目	特　征	得分
组织 状态 (30分)	呈均匀的流体。无沉淀、无凝块、无机械杂质,无黏稠和浓厚现象。	30
	有少量沉淀	22~16
	有黏稠和浓厚现象	22~16
	有凝块或分层现象	17~0
色泽 (10分)	呈均匀一致的乳白色或稍带微黄色	10
	均匀一色,但显黄褐色	8~5
	色泽不正常	5~0

7　评鉴数据处理

7.1　得分:采用总分100分制,即最高100分;单项最高得分不能超过单项规定的分数,最低是0分。

7.2　总分:在全部总分中去掉一个最高分和一个最低分,按下列公式计算,结果取整:

$$总分 = \frac{剩余的总得分之和}{全部评鉴员数 - 2}$$

7.3　单项得分:在全部单项得分中去掉一个最高分和一个最低分,按下列公式计算,结果取整:

$$单项得分 = \frac{剩余的单项得分之和}{全部评鉴员数 - 2}$$

第八章　食品感官评定实验

实验一　四种基本味觉实验

一、实验原理与目的

1. 实验原理

酸、甜、苦、咸是人类的四种基本味觉,通过实验使学生掌握四种基本味酸、甜、苦、咸的代表性成分,掌握基本味识别和测定方法,学会感官评定实验的准备步骤与方法。

取四种标准物质味感物质按两种系列(几何系列和算术系列)稀释,以浓度递增的顺序向评价员提供样品,品尝后记录味感。

2. 实验内容与目的

四种基本味的代表性成分的认识,四种基本味的识别等。

二、试剂(样品)及设备

1. 水

无色、无味、无臭、无泡沫,中性,纯度接近于蒸馏水,对实验结果无影响。

2. 四种味感物质储备液

按表8—1的规定制备。

表8—1　四种味感物质配制表

基本味道	参比物质	质量浓度/(g/L)
酸	DL – 酒石酸(结晶)	2
	柠檬酸(一水化合物结晶)	1
甜	蔗糖	34
苦	盐酸奎宁(二水化合物)	0.02
	咖啡因(一水化合物结晶)	0.20
咸	无水氯化钠	6

三、实验步骤

1. 把稀释溶液分别放置在已编号的容器内,另有一容器盛水。

2. 溶液准备好后,逐渐提交给评价员,每次 7 杯,其中一杯为水。每杯约 15mL,杯号按随机数编号,品尝后按表8—2填写记录。

表 8—2　四种基本味测定记录（按算术系列稀释）

班级：

姓名：_____　学号：_____　时间：_____年_____月_____日

	未知	酸味	苦味	咸味	甜味	水
1						
2						
3						
4						
5						
6						
7						
8						
9						
10						

四、结果分析

根据评价员的品评结果,统计该评价员的基本味识别准确情况。

五、注意事项

1.要求评价员细心品尝每种溶液,如果溶液不咽下,需含在口中停留一段时间。每次品尝后,用水漱口,如果是再次品尝另一种味液,需等待1min后,再品尝。

2.实验期间样品和水温尽量保持在20℃。

3.实验样品的组合,可以是同一浓度系列的不同味液样品,也可以是不同浓度系列的同一味感样品或2~3种不同味感样品,每批样品数一致(如均为7个)。

4.样品编号以随机数编号,无论以哪种组合,都应使各种浓度的实验溶液都被品评过,浓度顺序应为以稀释逐步到高浓度。

5.学生实验前应保持良好的生理和心理状态。

六、思考题

1.味觉的四种基本味是什么？四种基本味的代表成分是什么物质？

2.在样品品尝时,应如何品尝才是正确的？要求不立即咽下的主要是原因什么？

3.在样品准备和品尝样品时,应从哪几方面加以注意？

实验二　嗅觉实验

一、实验目的

通过实验练习嗅觉评定的方法,对所嗅气体进行简单描述。

二、实验步骤

打开样品小瓶子(避免观察样品的状态和颜色等情况,否则会给予你提示),使鼻子接近瓶口(不应该靠太近),吹气,辨别逸出的气味,并将气味描述和气味辨别结果(以食品名称表示)记录在表 8—3 中,如果不能够写出食品名称,也请尽可能对气味进行描述,例如柠檬为水果味、香兰素为芳香味。

表 8—3 嗅觉实验记录

顺　序	样品号	气味描述	气味辨别物	备注(与标准对照结果)
1				
2				
3				
4				
5				

三、注意事项

1. 辨别气味时,吸入过度和吸气次数过多都会引起嗅觉疲劳。
2. 初次实验的目的是学会辨别气味的方法,并非要求每实验结果都准确无误。

实验三　风味实验

一、实验目的

复习已学过的实验方法,并且对食品进行风味综合鉴定。

二、实验步骤

1. 风味实验包括两个方面:味觉和嗅觉。由于人的嗅觉比味觉更中灵敏,同时为了避免这两种感觉的混淆,本实验要先按"实验二"对食品进行嗅觉评定,然后按"实验一"进行风味评定。风味实验记录见表 8—4。

表 8—4 风味实验记录

样品号	气味描述	气味辨别物	味觉	味觉辨别物
1	奶香味	牛奶	奶味,略甜	牛奶
2	水果味	水果	水果味,略甜	桃汁
…	…	…	…	…

2. 用数字评判某产品(例如苹果汁)的风味情况,见表 8—5。

表 8—5　评判情况表

嗅觉(气体)	香　味	味觉	甜　味
	水果味		咸　味
	酸　味		酸　味
	甜　味		水果味
	酒　味		辣　味
			苦　味
	其　他		涩　味
			CO_2感觉
			其　他

注:0 表示判别不出;1 表示较小;2 表示中等程度;3 表示较大。

实验四　其他感觉实验

一、实验目的

学会并练习用味觉和嗅觉以外的其他感觉来评定食品的方法。

二、实验原理

食品感官评定不仅依靠味觉和嗅觉,同时也应结合其他感觉(例如:品尝时的冷热感、辛酸麻辣涩感、脆硬度、黏弹性以及色调等)对食品进行综合评定。

三、实验材料

(一)公用食品及试剂

乙醇(15%),桂皮粉,生姜粉,薄荷脑,$CaCO_3$浆,熟米饭,碎玉米,胡椒粉,洋葱片,奶粉。

(二)个人食品、试剂及仪器

漱液杯,漱口杯,纸巾,塑料勺,塑料小刀,碳酸化水,柠檬汁,明矾液(0.4%),醋酸(0.2%),蛋清,椰子糖,薄荷油试纸,太纪糖,白脱,奶油巧克力,面包,油炸虾片,饼干。

四、实验步骤

(一)品尝时的冷热感(温度感)

(1) 用塑料勺取少量乙醇放入口中,接触舌头前部,体会冷热(温度感),用水漱口。

(2) 用塑料勺柄蘸少量桂皮粉放在舌头前(不要接触嘴唇),与步骤(1)中的感觉比较。用水漱口。

(3) 重复实验步骤(2),样品改为生姜粉。为了避免激烈刺激,应迅速吐去样品,注意有无烫的感觉,并含一块白脱,使其在舌上溶解,以减缓灼热感,并且用温水漱口。

(4)在舌上放少量薄荷脑,立即闭口,先用鼻子呼吸,体会感觉。再略微张口,吸气,比较与生姜粉有何不同。用温水漱口。

(5)用舌头接触蘸有薄荷油样品的试纸;重复实验步骤(4),实验后立即咀嚼椰子糖,减轻舌头过冷的刺痛感。

(二)品尝时的辛、酸、麻、辣、涩感

(1)喝少量碳酸化水,含于口中体会感觉。用水漱口。

(2)喝少量柠檬汁,含于口中体会感觉。用水漱口。

(3)喝少量明矾液含于口中,体会感觉。吐去后咀嚼一块奶油巧克力,减缓口中的涩感。用温水漱口。

(4)喝少量醋酸含于口中,留意气味和味道上的感觉。用水漱口。

(5)咀嚼少许洋葱片迅速吐出,吃块白脱(人造奶油),并作感觉描述。用水漱口。

(6)用塑料勺柄蘸少许胡椒粉放在舌上,描述感觉,实验后吃白脱。用水漱口。

(三)咀嚼时的粒度感

(1)取少量 $CaCO_3$ 浆放在舌上,舌头前后移动,留意颗粒大小和感觉,吐出并用水漱口。

(2)含一勺玉米咀嚼,体会感觉。并与 $CaCO_3$ 作粒度大小的比较。

(3)含一勺米饭,咀嚼后叙述粒度大小。

(四)咀嚼时的黏弹性

(1)吃一片面包,留意其软硬度和碎度。用水漱口。

(2)咀嚼少量干奶粉,留意其黏度。温水漱口。

(3)取少量蛋清于口中,咀嚼,留意其滑动性。吐出后用温水漱口。

(五)品尝时的颜色感

分别品尝两个不同颜色的饮料,根据风味并结合它们的颜色判别各是什么。

五、注意事项

在感官分析工作中,如不消除口中余味,则无法进行下一个品尝实验。下列数种消除刺激味感的"中和剂"供选择使用。

(1)一般异味——用冷水漱口。

(2)强烈的刺激味、灼热感——切忌用冷水漱口,可吃一些白脱或冰激凌(即人造奶油)或酸牛奶(鲜牛奶无效)。

(3)轻微的刺激辣味感——微热红茶(50℃)漱口,也可咀嚼一些生卷心菜叶,吃些热带水果(如香蕉)或罐头水果等。

(4)过冷的刺激(由薄荷油引起)——咀嚼奶糖(如太妃糖,利用咀嚼时的吸凉作用)。对于不太冷的刺激感,则用温水(50℃)漱口。

(5)涩味感——咀嚼奶糖,然后用温水漱口。

实验五　一种基本味觉的味阈实验

一、实验目的

学习测定一种基本味阈的方法。

二、实验原理

品尝一系列同一物质(基本味觉物)但不同浓度的水溶液,以确定该物质的味阈,即辨别出该物质味道的最低浓度。

察觉味阈:该浓度时味感只是和水稍有不同而已,但物质的味道尚不明显。

识别味阈:指能够明确辨别出该物质味道的最低浓度。

极限味阈:指超过此浓度,溶质再增加时味感也无变化。

以上三种阈值大小取决于鉴定者对样品味觉的敏感度。

三、实验内容

1.盘中放有排列成行的试液杯,并标有三位数码,品尝的顺序必须是从左到右,由上到下,每个试液只许品尝一次,并注意切勿吞下试液。

2.先用水漱口,然后喝入试液并含口中。做口腔运动使试液接触整个舌头和上颚,然后对试液的味道进行描述。吐去试液,用水漱口,继续品尝下一个试液。

3.描述试液味道时,可选用下列味觉强度。

0——无味感或者味道如水。

?——不同于水,但不能明确辨别出某种味觉。

1——开始有味感,但很弱。

2——比较弱。

3——有明显的味感。

4——比较强烈的味感。

5——很强烈的味感。

四、实验材料

配制100g/L NaCl溶液作为母液,按下表8—6稀释配制成500mL。

表8—6　NaCl溶液稀释配制表

溶液质量浓度/(g/L)	0	0.2	0.4	0.6	0.8	1.0	1.3	1.5	1.8	2.0
母液用量/mL	0	1.0	2.0	3.0	4.0	5.0	6.5	7.5	9.0	10.0

依照同样的方法测定甜、酸、苦味的阈值。

五、注意事项

1.实验中水质非常重要。蒸馏水、重蒸馏水或者去离子水都不令人满意。蒸馏水会引起苦味感觉,这将提高甜味的味阈值;去离子水对某些人会引起甜味感,且极易受细菌污染。一般的方法是煮沸新鲜水 10min(无盖锅),冷却后倾斜倒出即可。

2. 刚开始实验时,NaCl 和柠檬酸溶液会有甜味感,然后才出现咸味和酸味感觉。

3. 味觉判断从稀到浓逐步、连续进行,不允许重复。判断为水则在答卷上以"0"表示,对样品味觉不能辨别确定,但是与水有区别,则以"?"表示。

六、实验报告

1. 完成答卷,并加以分析。答卷形式见表8—7。

表8—7　味觉实验记录表

姓名:　　　　　　　　　　　　　　　　　　　　日期:

顺序	样品号	味觉	强度
1	635		
2	243		
3	304		
…	…	…	…

2. 测出你的察觉味阈和识别味阈。

3. 低浓度情况下容易引起味感变化的现象是什么,讨论其原因。

实验六　差别实验 I (二点实验法)

一、实验目的

练习分辨样品的味道,学会差别实验的方法,通过对差别大小的判别测试感官灵敏度。

二、实验原理

二点实验法是差别类实验中的一种,它以随机的顺序同时提供两个样品,然后对两个样品进行比较,以判定两种样品之间是否存在某方面的差别,差别方向如何[哪个更……(甜、酸、苦、咸)]。此实验方法适用于快速判别两样品间的差别,但由于它只是在两个未知样品之间比较评定,因此对品尝者来说,除能够正确地感觉出差别外,另有 50% 猜出准确的概率,因而此方法应用时对样品的要求较高,限制了实际运用的范围。

三、实验内容

1. 在每人面前成对放有几组配制好的试液,按顺序依次成对品尝试液。根据品尝时感官所感受到的情况,描述出成对样品间的差别。

2. 品尝样品前,先用清水漱口,然后含一口成对实验样品液中左边的样液并在口内做口腔运动(勿咽下),品尝后吐出,再含一口成对实验样品液中右边的样液并在口内做口腔运动。将所感受到的差别填入表8—8中。

3. 如果一次品尝感觉不到差别或差别不明显,可按上述步骤再次品尝,但在不同成对样品品尝之间应有一短暂间隙。

4. 整理实验结果,先根据给出的标准答案,判别自己所得结果正确与否,而后把所有实验者的结果综合,计算最终结果。

四、实验材料

1. 酒石酸母液:20g/L。

2. 蔗糖母液:500g/L。

3. 酒石酸试液 A:0.2g/L;酒石酸试液 B:0.22g/L;酒石酸试液 C:0.24g/L。以 A,B 和 A,C 配对组成两组。

4. 蔗糖试液 A:50g/L;蔗糖试液 B:52.5g/L;蔗糖试液 C:55g/L。以 A,B 和 A,C 配对组成两组。

表 8—8　试液配制表

试液	酒石酸试液 A	酒石酸试液 B	酒石酸试液 C	蔗糖试液 A	蔗糖试液 B	蔗糖试液 C
母液用量/mL	5	5	5	50	50	50
加水量/mL	495	450	410	450	426	405

五、注意事项

1. 将成对实验样品液的号码按左右分别填入相应位置,然后把你认为味道较强的试液的号码用笔圈上。

2. 在差别实验中,所谓差别阈是指被辨别出的最小浓度差。例如从分辨30%差别的样品开始(例如1%对1.3%的 NaCl 溶液),通过大量实验,最后确定10%作为差别阈值(例如1%对1.1%的 NaCl 溶液)。

3. 如果只是对味觉、嗅觉和风味进行分析,所提供的样品必须是有相同(或类似)的外表、形态、温度和数量等,否则会引起人们的偏爱。

六、实验报告

填写实验记录表并讨论实验结果。

表 8—9　二点实验法记录表

姓名:　　　　　　　　　　　　　　　　　日期:

组号	1		2		3		…	6	
样品号	102	446	558	321	158	479	…	667	384
味觉									
程度									

实验七　差别实验Ⅱ(二－三点实验法)

一、实验目的

练习分辨样品的味道,学会差别实验的方法。

二、实验原理

二－三点实验法也是差别实验中的一种方法。该方法是先提供给品尝者一个对照样品,接着提供两个被试样品,其中一个与对照样品相同,要求品尝者挑选出被试样品中与对照样品相同的试样。此法适用于辨别两个同类样品间是否存在感官上的差别,例如实际生产中的成品检验。

三、实验内容

1.在每位品尝者面前有一组样品液,其中一个有特殊标记的样液为对照样液,其余成对的为被试样液,依次成对品尝被试样液,挑选出与对照样液味道相同的样液。

2.品尝前先用清水漱口,先含一口对照样液在口中使其与舌头和上颚部充分接触,仔细品评其味道,然后吐出,间隔约10s后,再依次品评被试样液,品尝要求与对照样液相同。如第一次品评被试样液不能确定结果,可再次品评,但次数不能过多。在成对被试样液品评之间,可作短暂休息。

3.将所得结果记录于表8—10中。

表8—10　二－三点实验法记录表

姓名:_____　产品:_____　日期:_____

对照样	被试样品号

4.整理实验结果。实验结束后根据标准答案判别自己所得答案正确数,而后把所有实验者的结果综合,计算最终结果并讨论。

四、注意事项

将对照样的号码和成对被试样品的号码分别填入栏中,然后根据品评结果将被试样品与对照样品相同的样品号码用笔圈住。

实验八 差别实验 Ⅲ（三点实验法）

一、实验目的

练习分辨样品的味道,学会差别实验的方法。

二、实验原理

三点实验法是差别实验中最常用的方法。在感官评定中,三点实验法是一种专门的方法,可用于两种产品样品间的差异分析,也可用于挑选和培训品评员。同时提供 3 个编码样品,其中有两个样品是相同的,要求品评员挑选出其中不同于其他两样品的样品的实验方法就叫做三点实验法。具体来讲,就是首先需要进行三次配对比较:A 与 B,B 与 C,A 与 C,然后指出两个样品之间是否为同一种样品。

三、实验材料及器具

1. 啤酒品评杯:直径 50mm、杯高 100mm 的烧杯或 250mm 高型烧杯。

2. 试剂:蔗糖、α - 苦味酸。

四、实验内容

1. 样品制备:以 3 种方法考核啤酒品评员,从中择优挑选进一步培训。

(1)标准样品:12°啤酒(样品 A)。

(2)稀释比较样品。12°啤酒间隔用水作 10% 稀释的系列样品:90mL 除气啤酒添加 10mL 纯净水为 B_1,90mL B_1 加 10mL 纯净水为 B_2,其余类推。

(3)甜度比较样品:以蔗糖 4g/L 的量间隔加入啤酒中的系列样品,做法同上。

(4)以 α - 苦味酸 4mg/L 量间隔加入啤酒的系列产品,做法同上。

2. 样品编号:以随机数对样品编号,举例见表 8—11。

表 8—11 样品随机编号

标准样品（A）	304（A_1）	456（A_2）	489（A_3）
稀释样品（B）	290（B_1）	189（B_2）	837（B_3）
加糖样品（C）	712（C_1）	227（C_2）	638（C_3）
加苦样品（D）	673（D_1）	261（D_2）	129（D_3）

3. 供样顺序:提供 3 个样品,一次品评,并填写表 8—12,每人应评 10 次左右。

表 8—12 三点实验法记录表

样品:啤酒对比实验	实验方法:三点实验法
实验员:_____	实验日期:_____

请认真品评你面前的 3 个样品,其中有 2 个是相同的,请做好记录

相同的 2 个样品编号是:_____

不同的一个样品编号是:_____

五、结果处理

统计每个实验员的实验结果,查三点实验法检验表,判断该实验员的评定水平。

六、注意事项

实验用啤酒应作除气处理,处理方法如下。

1. 反复流注法

在室温 25℃ 以下时,取温度 10℃ ~ 15℃ 样品 500mL ~ 700mL 于清洁、干燥的 1000mL 搪瓷杯中,以细流注入同样体积的另一搪瓷杯中,注入时二烧杯杯口相距约 20cm ~ 30cm,反复注流 50 次,以充分除去酒液中的二氧化碳,注入具塞瓶中备用。

2. 过滤法

取约 300mL 样品,以快速滤纸过滤至具塞瓶中,加塞备用。

3. 摇瓶法

取约 300mL 样品,置于 500mL 碘量瓶中,用手堵住瓶口摇动约 30s,并不时松手排气几次。静置,加塞备用。

以上三种方法中,以反复流注法费时最多,且误差较大,酒精挥发较多。过滤法和摇瓶法操作简便易行,误差较小,特别是摇瓶法,国内外普遍采用。无论采用哪一种方法,同一次品尝实验中,必须采用同一种处理方法。

实验九　排序(列)实验

一、实验原理

比较数个样品,按指定特性的强度或程序排出一系列样品的方法称为排序(列)实验法。该实验法只排出样品的次序,不估计样品间差别的大小。

此实验方法可用于进行消费者可接受性检查及确定偏爱的顺序,选择产品,确定不同原料、加工、处理、包装和储藏等环节对产品感官特性的影响。

排序实验形式可以有以下几种。

(1)按某种特性(如甜度、咸味等)强度递增顺序。

(2)按质量顺序(如竞争食品的比较)。

(3)赫道尼克(Hedonic)顺序(如喜欢/不喜欢等)。

该法只排出样品的次序,不评价样品间差异的大小。

具体来讲,就是以均衡随机的顺序将样品呈送给品评员,要求品评员就指定指标将样品进行排序,计算序列和,然后利用 Friedman 法等对数据进行统计分析。

其优点在于可以同时比较两个以上的样品,但样品品种较多或样品之间差别很小时,则难以进行。所以通常在样品需要为下一步的实验预筛或预分类的时候,可应用此方法。

排序(列)实验中的判断情况取决于鉴定者的感官分辨能力和有关食品方面的性质。

二、样品及器具

1. 样品:五种不同品牌的橙汁饮料。

2.玻璃容器或一次性杯子、保鲜膜。

三、实验内容

1.实验分组:每 10 人为一组,如全班 30 人则分为三组,每组选出一个小组长。

2.样品编号和供样顺序:给每个样品编出三位数的代码。编码实例及供样顺序方案见表8—13。

表8—13　编码实例及供样顺序方案

检验员	供样顺序	号码顺序				
1	C A E D B	067	463	681	695	995
2	A C B E D	463	067	995	681	695
3	E A B D C	681	463	995	695	067
4	B A E D C	995	463	681	695	067
5	E D C A B	681	695	067	463	995
6	D E A C B	695	681	463	067	995
7	D C A B E	695	067	463	995	681
8	A B D E C	463	995	695	681	067
9	C D B A E	067	695	995	463	681
10	E B A C D	681	995	463	067	695

3.品评

根据样品的色泽、气味、滋味、组织状态、口味等感官指标给它们排序,填写表8—14。

表8—14　品评结果表

样品排序	1(最好)	2	3	4	5(最差)
样品编号					

四、结果分析

以组为单位,用 Friedman 检验法对五个样品之间是否有差异做出判定。

1.用表8—15计算样品的秩和。

表8—15　秩和计算表

评价员	样 品					秩和
	A	B	C	D	E	
1						15
2						15
3						15
4						15

续表

评价员	样品					秩和
	A	B	C	D	E	
5						15
6						15
7						15
8						15
9						15
10						15
秩和 R						150

2. 用下式求出统计量 F。

$$F = \frac{12}{jp(p+1)}(R_1^2 + R_2^2 + \cdots + R_p^2)$$

式中:　　　j——评价员数;

　　　　　p——样品(或产品)数;

$R_1, R_2, \cdots, R_p$——每种样品的秩和。

3. 查表判定。

查 Friedman 秩和检验近似临界值表,若计算出的 F 值大于或等于表中对应于 p、j、α 的临界值($p=10, j=9$ 或 10 时,临界值都为 13.28),则可以判定样品之间有显著性差异;若小于临界值,则可以判定样品之间没有显著差异。

五、注意事项

1. 在试验中,尽量同时提供样品,评价员同时收到以均衡、随机顺序排列的样品。

2. 如果对中间两个样品无法确定顺序时,可将它们排为 $(2+3)/2 = 2.5$。

实验十　评分实验

一、实验目的

学会用合适的分度值来表达初鉴定样品之间某一质量特性的差别。

二、实验原理

评分实验法和前述的排列实验法在原理上有所区别,它不单单以样品间的差别作为唯一依据,而是以样品品质特性并以数字标准形式来鉴评的一种检验方法。这不仅要求评价员能准确感受到样品间的差别,而且能将这些差别与所制定的相对数字标度值对应起来并正确表达出来,所使用标度为等距标度或比率标度。它不同于其他方法的是所谓绝对性判断,即根据评价员各自的鉴评基准进行判断。它的误差可通过增加评价员的人数来克服。

由于此方法可同时评价一种或多种产品的一个或多个指标及它们之间的差别,所以应用较为广泛,尤其用于鉴评新产品。

三、样品及器具

1. 白酒品评杯:无色透明郁金香型玻璃杯。
2. 白酒样品:5个以上(例如浓香型白酒)。
3. 漱口用纯净水。

四、实验步骤

1. 品评前由主持者统一白酒的感官指标和计分方法,使每个评价员掌握统一评分标准和计分方法,并讲解评酒要求,见表8—16。
2. 白酒样品以随机数编码,注入品酒杯中,分发给品评员,每次不超过5个样品。

表8—16　浓香型白酒感官指标要求

项目	感官指标要求
色泽	无色透明或微黄,无悬浮物,无沉淀
香气	窖香浓郁,具有以乙酸乙酯为主体纯正、谐调的酯类香气
口味	绵甜爽净,香味谐调,余味悠长
风格	具有本品固有的独特风格

2. 评价员独立品评并做好记录,见表8—17和表8—18。

表8—17　记分方法

项目	记　　分
色泽	1. 符合感官指标要求得10分 2. 凡浑浊、沉淀、带异味,有悬浮物等酌情扣1～4分 3. 有恶性沉淀或悬浮物者,不得分
香气	1. 符合感官指标要求得25分 2. 芳香不足,香气欠纯正,带有异香等,酌情扣1～6分 3. 香气不谐调,且邪杂气重,扣6分以上
口味	1. 符合感官指标要求得50分 2. 味欠绵软谐调,口味淡薄,后尾欠净,味苦涩,有辛辣感,有其他杂味等,酌情扣1～10分 3. 酒体不谐调,尾不净,且杂味重,扣10分以上
风格	1. 具有本品固有的独特风格得15分 2. 基本具有本品风格,但欠协调或风格不突出,酌情扣1～5分 3. 不具备本品风格要求的扣5分以上

注:浓香型白酒指以粮谷为原料,使用大曲或麸曲为糖化发酵剂,经传统工艺酿制而成,具有以乙酸乙酯为主体酯香类香味的蒸馏酒,以泸州老窖为典型代表。

表8—18 白酒品评记分

评价员：_____   评价日期：_____

项目 \ 样品 得分	×××	×××	×××	×××	×××
色泽					
香气					
口味					
风格					
合计					
评语					

五、数据处理

1.用方差分析法分析样品间差异。

2.用方差分析法分析品评员之间差异。

实验十一 描述分析实验

一、实验原理

描述分析是以量的尺度来描述食品感官评定的方法。

鉴定者先各自品尝食品，并以各自认为合适的文字进行描述。然后集中讨论，并共同确定一些恰如其分的描述食品特征的词语，最后要求每位鉴定者以强度(例如甜味强弱、硬度大小等)在强度标尺上表示品尝的结果。

若鉴定者对强度划分感到困难，则可利用所提供的标准品或者参比样品(例如弱甜度和强甜度的蔗糖溶液)来帮助确定强度尺度的弱强两端。

二、实验内容

1.每位鉴定者鉴定三种指定食品，用自己的语句描述食品的各种特性，并作记录。一次鉴定一种食品。

2.所有鉴定工作完成后，针对食品具有的几个明显特征，所有的鉴定者一起讨论，并且选定大家都同意的合适描述词句。

3.根据以上概括，每位鉴定者立即描述食品特性的强度。强度尺度线两端固定，间隔10等份，鉴定者以垂线在标尺上记录。

三、实验材料

1.三种不同特点的蛋糕，它们在色、香、味等方面应该有所不同。

2.两种不同浓度的蔗糖溶液作为甜度标尺(一个为弱甜味，一个为强甜味，蛋糕的甜味位于它们之间）。

3. 面包和饼干作为硬度标尺的两个终端。

4. 香兰素、植物油作为香味标尺的两个终端。所有作为标尺的标准食品选择取决于蛋糕的特性，由工作人员事先品尝确定。

5. 描述食品特性强度一般有气味（例如香味、奶油味）、味觉（例如甜味）和口感（例如硬度、弹性）等。

四、结果分析

1. 用方差分析法统计分析结果，判断各位鉴定者的评判结果是否一致（显著性水平设为5%）。

2. 如果食品的 F 值显著，那么应用查表法来确定哪些样品之间存在显著差别。

3. 讨论引起上述差异的原因。

实验十二　常见食品感官评定实验

一、实验目的

1. 对不同生产批次（厂家）的同种产品进行质量感官评定，检验不同批次产品的质量稳定性。

2. 掌握质量感官评定的方法。

3. 作为筛选品评员的一个依据。

二、实验原理

食品感官评定概念：根据人的感觉器官来检查或测定食品的特性（外形、色泽、味道、质感、稠度等），并对食品质量做出评价。

三、材料及仪器

样品：不同批次生产的同种产品（以蛋糕为例）。

仪器：盘子、小刀等。

四、实验步骤

1. 样品：必须编号，不同批次的样品分别用三位数进行编码。每组中一个成员对样品进行编号，代码不能让其他成员对样品的性质作出结论。

2. 评价

（1）根据产品属性尺度表，品评员对不同代码样品分别从色泽、外形、表皮、内部组织、口感等进行打分。各种特征评5次，超过50%（次数）以上的评定结果才能作为最后的评定。

产品的属性尺度如下：

色泽：标准的蛋糕表面应呈金黄色，内部为乳黄色（特种风味的除外），色泽要均匀一致，无斑点。

外形:蛋糕成品形态要规范,厚薄都一致,无塌陷和隆起,不歪斜。

表皮:柔软。

内部组织:组织细密,蜂窝均匀,无大气孔,无生粉、糖粒等疙瘩。

口感:入口绵软甜香,松软可口。

(2)请仔细观察和品尝各样品,并对样品的品质特性进行打分,由很差、差、适中、好到很好,分别以1,2,3,4,5分来表示。

五、结果计算

1.将每个品评员的打分表(表8—19)汇总到一起,制作出汇总统计表。

2.统计分析。利用方差分析对汇总统计表进行分析可以得出不同批次生产出来的同一产品(蛋糕)的制品级别和它们之间的差异程度。

3.得出不同批次产品是否具有质量稳定性。根据产品尺度表(表8—20)对不同批次(厂家)生产的同一产品(蛋糕)进行质量分级。

表8—19　各样品的感官评定结果表

品评员	色泽	外形	表皮	内部组织	口感
1					
2					
3					
4					
5					
6					
7					
8					
9					
10					
11					

表8—20　产品质量尺度

质量等级	分数
优	20～25
良	15～20
合格	10～15
差	<10

附录 1

食品感官评定常用术语[*]

1 范围

本标准规定了感官分析的术语及其定义。

本标准可用于所有使用感觉器官评价产品的行业。

本标准分为四部分：

a) 一般性术语；

b) 与感觉有关的术语；

c) 与感官特性有关的术语；

d) 与分析方法有关的术语。

2 一般性术语

2.1 感官分析 sensory analysis

用感觉器官检查产品的感官特性。

2.2 感官的 sensory

与使用感觉器官有关的。

2.3 感官(特性)的 organoleptic

与用感觉器官感知的产品特性有关的。

2.4 感觉 sensation

感官刺激引起的主观反应。

2.5 评价员 assessor

参加感官分析的人员。

注：准评价员(naive assessor)是尚不符合特定准则的人员,初级评价员(initiated assessor)是已参加过感官检验的人员。

2.6 优选评价员 selected assessor

挑选出的具有较高感官分析能力的评价员。

2.7 专家 expert

根据自己的知识或经验,在相关领域中有能力给出结论的评价员。在感官分析中,有两种类型的专家,即专家评价员和专业专家评价员。

2.7.1 专家评价员 expert assessor

具有高度的感官敏感性和丰富的感官分析方法经验,并能够对所涉及领域内的各种产品作出一致的、可重复的感官评价的优选评价员。

2.7.2 专业专家评价员 specialized expert assessor

具备产品生产和(或)加工、营销领域专业经验,能够对产品进行感官分析,并能评价或预

---

* 参考 GB/T 10221—1998《感官分析 术语》,格式参照原标准。

测原材料、配方、加工、贮藏、老熟等有关变化对产品影响的专家评价员。

2.8 评价小组 panel

参加感官分析的评价员组成的小组。

2.9 消费者 consumer

产品使用者。

2.10 品尝员 taster

主要用嘴评价食品感官特性的评价员、优选评价员或专家。

"品尝员"不是"评价员"的同义词。

2.11 品尝 tasting

在嘴中对食品进行的感官评价。

2.12 特性 attribute

可感知的特征。

2.13 可接受性 acceptability

根据产品的感官特性,特定的个人或群体对某种产品愿意接受的状况。

2.14 接受 acceptance

特定的个人或群体对符合期望的某产品表示满意的行为。

2.15 偏爱 preference

(使)评价员感到一种产品优于其他产品的情绪状态或反应。

2.16 厌恶 ayersion

由某种刺激引起的令人讨厌的感觉。

2.17 区别 discrimination

从两种或多种刺激中定性和(或)定量区分的行为。

2.18 食欲 appetine

对食用食物和/或饮料的欲望所表现的生理状态。

2.19 开胃的 appetming

描述产品能增进食欲。

2.20 可口性 palatability

令消费者喜爱食用的产品的综合特性。

2.21 快感的 hedonic

与喜欢或不喜欢有关的。

2.22 心理物理学 psychophysics

研究刺激和相应感官反应之间关系的学科。

2.23 嗅觉测量 olfactometry

评价员对嗅觉刺激反应的测量。

2.24 气味测量 odorimetry

对物质气味特性的测量。

2.25 嗅觉测量仪 olfactometer

在可再现条件下向评价员显示嗅觉刺激的仪器。

2.26 气味物质 odorante

能引起嗅觉的产品。

2.27　质量　quality

反映产品或服务满足明确和隐含需要的能力的特性总和。

2.28　质量要素　quality factor

为评价某产品整体质量所挑选的一个特性或特征。

2.29　产品　product

可通过感官分析进行评价的可食用或不可食用的物质。

例如:食品、化妆品、纺织品。

3　与感觉有关的术语

3.1　感受器　receptor

能对某种刺激产生反应的感觉器官的特定部分。

3.2　刺激　stimulus

能激发感受器的因素。

3.3　知觉　perception

单一或多种感官刺激效应所形成的意识。

3.4　味道　taste

1.在某可溶物质刺激时味觉器官感知到的感觉。

2.味觉的官能。

3.引起味道感觉的产品的特性。

注:该术语不用于以"风味"表示的味感、嗅感和三叉神经感的复合感觉。如果该术语被非正式地用于这种含义,它总是与某种修饰词连用。例如发霉的味道,覆盆子的味道,软木塞的味道等。

3.5　味觉的　gustatory

与味道感觉有关的。

3.6　味觉　gustation

味道感觉的官能。

3.7　嗅觉的　olfactory

与气味感觉有关的。

3.8　嗅　to smell

感受或试图感受某种气味。

3.9　触觉　touch

1.触觉的官能。

2.通过皮肤直接接触来识别产品特性形态。

3.10　视觉　vision

1.视觉的官能。

2.由进入眼睛的光线产生的感官印象来辨别外部世界的差异。

3.11　敏感性　sensitivity

用感觉器官感受、识别和(或)定性或定量区别一种或多种刺激的能力。

3.12　强度　intensity

1.感知到的感觉的大小。

2.引起这种感觉的刺激的大小。

3.13　动觉　kinaesthesis

由肌肉运动产生对样品的压力而引起的感觉(例如咬苹果,用手指检验奶酪等)。

3.14　感官适应　sensory adaptation

由于受连续的和(或)重复刺激而使感觉器官的敏感性暂时改变。

3.15　感官疲劳　sensory fatigue

敏感性降低的感官适应状况。

3.16　味觉缺失　ageusia

对味道刺激缺乏敏感性。

味觉缺失可能是全部的或部分的,永久的或暂时的。

3.17　嗅觉缺失　anosmia

对嗅觉刺激缺乏敏感性。

嗅觉缺失可能是全部的或部分的,永久的或暂时的。

3.18　嗅觉过敏　hyperosmia

对一种或几种嗅觉刺激的敏感性超常。

3.19　嗅觉减退　hyposmia

对一种或几种嗅觉刺激的敏感性降低。

3.20　色觉障碍　dyschromatopsia

与标准观察者比较有显著差异的颜色视觉缺陷。

3.21　假热效应　pseudothermal effects

不是由物质的温度引起的对该物质产生的热或冷的感觉。例如对辣椒产生热感觉,对薄荷产生冷感觉。

3.22　三叉神经感　trigeminal sensations

在嘴中或咽喉中所感知到的刺激感或侵入感。

3.23　拮抗效应　antagonism

两种或多种刺激的联合作用。它导致感觉水平低于预期的各自刺激效应的叠加。

3.24　协同效应　synergism

两种或多种刺激的联合作用。它导致感觉水平超过预期的各自刺激效应的叠加。

3.25　掩蔽　masking

由于两种刺激同时进行而降低了其中某种刺激的强度或改变了对该刺激的知觉。

3.26　对比效应　contrast effect

提高了对两个同时或连续刺激的差别的反应。

3.27　收敛效应　convergence effect

降低了对两个同时或连续刺激的差别的反应。

3.28　阈　threshold

阈总是与一个限定词连用。见定义3.29到3.34。

3.29　刺激阈;觉察阈　stimulus threshold;detection threshold

引起感觉所需要的感官刺激的最小值。这时不需要对感觉加以识别。

3.30 识别阈 recognition threshold

感知到的可以对感觉加以识别的感官刺激的最小值。

3.31 差别阈 difference threshold

可感知到的刺激强度差别的最小值。

3.32 极限阈 terminal threshold

一种强烈感官刺激的最小值,超过此值就不能感知刺激强度的差别。

3.33 阈下的 sub - threshold

低于所指阈的刺激。

3.34 阈上的 supra - threshold

超过所指阈的刺激。

4 与感官特性有关的术语

4.1 酸的 acid
描述由某些酸性物质(例如柠檬酸、酒石酸等)的稀水溶液产生的一种基本味道。

4.2 酸性 acidity
产生酸味的纯净物质或混合物质的感官特性。

4.3 微酸的 acidulous
描述带轻微酸味的产品。

4.4 酸味的 sour
描述一般由于有机酸的存在而产生的嗅觉和(或)味觉的复合感觉。

4.5 酸味 sourness
产生酸性感觉的纯净物质或混合物质的感官特性。

4.6 略带酸味的 sourish
描述一产品微酸或显示产酸发酵的迹象。

4.7 苦味的 bitter
描述由某些物质(例如奎宁、咖啡因等)的稀水溶液产生的一种基本味道。

4.8 苦味 bitterness
产生苦味的纯净物质或混合物质的感官特性。

4.9 咸味的 salty
描述由某些物质(例如氯化钠)的水溶液产生的一种基本味道。

4.10 咸味 saltiness
产生咸味的纯净物质或混合物质的感官特性。

4.11 甜味的 sweet
描述由某些物质(例如蔗糖)的水溶液产生的一种基本味道。

4.12 甜味 sweetness
产生甜味的纯净物质或混合物质的感官特性。

4.13 碱味的 alkaline
描述由某些基本物质的水溶液产生的一种基本味道。(例如苏打水)

4.14 碱味 alkalinity

产生碱味的纯净物质或混合物质的感官特性。

4.15 涩味的 astringent;harsh

描述由某些物质(例如柿单宁,黑刺李单宁)产生的使嘴中皮层或黏膜表面收缩、拉紧或起皱的一种复合感觉。

4.16 涩味 astringency

产生涩味的纯净物质或混合物质的感官特性。

4.17 风味 flavour

品尝过程中感知到的嗅感、味感和三叉神经感的复合感觉。它可能受触觉的、温度的、痛觉的和(或)动觉效应的影响。

4.18 异常风味 off‐flavour

通常与产品的腐败变质或转化作用有关的一种典型风味。

4.19 异常气味 off‐odour

通常与产品的腐败变质或转化作用有关的一种典型气味。

4.20 玷染 taint

与该产品无关的外来气味或味道。

4.21 味道 taste

见3.4。

4.22 基本味道 basic taste

七种独特味道的任何一种:酸味的、苦味的、咸味的、甜味的、碱味的、鲜味的、金属味的。

4.23 有滋味的 sapid

描述有味道的产品。

4.24 无味的;无风味的 tasteless;flavourless

描述没有风味的产品。

4.25 乏味的 insipid

描述一种风味远不及期望水平的产品。

4.26 平味的 bland

描述风味不浓且无特色的产品。

4.27 中味的 neutral

描述无任何明显特色的产品。

4.28 平淡的 flat

描述对产品的感觉低于所期望的感官水平。

4.29 风味增强剂 flavout enhancer

一种能使某种产品的风味增强而本身又不具有这种风味的物质。

4.30 口感 monthfem

在口中(包括舌头、牙齿与牙龈)感知到的触觉。

4.31 后味;余味 fter‐taste;residual taste

在产品消失后产生的嗅觉和(或)味觉。它有别于产品在嘴里时的感觉。

4.32 滞留度 peristence

类似于产品在口中所感知到的嗅觉和(或)味觉的持续时间。

4.33 芳香 aoma

一种带有愉快内涵的气味。

4.34 气味 odonr

嗅觉器官嗅某些挥发性物质所感受到的感官特性。

4.35 特征 note

可区别和可识别的气味或风味特色。

4.36 异常特征 off‐note

通常与产品的腐败变质或转化作用有关的一种典型特征。

4.37 外观 appearance

物质或物体的所有可见特性。

4.38 稠度 consistency

由机械的和触觉的感受器,特别是在口腔区域内受到的刺激而觉察到的流动特性。它随产品的质地不同而变化。

4.39 主体(风味) body

某种产品浓郁的风味或对其稠度的印象。

4.40 有光泽的 shiny

描述可反射亮光的光滑表面的特性。

4.41 颜色 colour

1.由不同波长的光线对视网膜的刺激而产生的感觉。

2.能引起颜色感觉的产品特性。

4.42 色泽 hue

与波长的变化相应的颜色特性。

4.43 章度(一种颜色的) saturation(of a colour)

一种颜色的纯度。

4.44 明度 luminance

与一种从最黑到最白的序列标度中的中灰色相比较的颜色的亮度或黑度。

4.45 透明的 transparent

描述可使光线通过并出现清晰映像的物体。

4.46 半透明的 translucent

描述可使光线通过但无法辨别出映像的物体。

4.47 不透明的 opaque

描述不能使光线通过的物体。

4.48 酒香 bouquet

用以刻划产品(葡萄酒、烈性酒等)的特殊嗅觉特征群。

4.49 炽热的 burning

描述一种在口腔内引起热感觉的产品(例如辣椒、胡椒等)。

4.50 刺激性的 pungent

描述一种能刺激口腔和鼻黏膜并引起强烈感觉的产品(如醋、芥末)。

4.51 质地 texture

由机械的、触觉的或在适当条件下,视觉及听觉感受器感知到的产品所有机械的、几何的和表面特性。

机械特性与对产品压迫产生的反应有关。它们分为五种基本特性:硬性、粘聚性、粘性、弹性、粘附性。

几何特性与产品大小、形状及产品中微粒的排列有关。

表面特性与水分和(或)脂肪含量引起的感觉有关。在嘴中它们还与这些成分释放的方式有关。

4.52 硬性 hardness

与使产品达到变形或穿透所需力有关的机械质地特性。

在口中,它是通过牙齿间(固体)或舌头与上腭间(半固体)对产品的压迫而感知到的。

与不同程度硬性相关的主要形容词有:

柔软的 soft(低度),例如奶油、奶酪。

结实的 firm(中度),例如橄榄。

硬的 hard(高度),例如硬糖块。

4.53 黏聚性 cohesiveness

与物质断裂前的变形程度有关的机械质地特性。

它包括碎裂性(4.54)、咀嚼性(4.55)和胶黏性(4.56)。

4.54 碎裂性 fracturability

与黏聚性和粉碎产品所需力量有关的机械质地特性。

可通过在门齿间(前门牙)或手指间的快速挤压来评价。

与不同程度碎裂性相关的主要形容词有:

易碎的 crumbly(低度),例如玉米脆皮松饼蛋糕。

易裂的 crunchy(中度),例如苹果、生胡萝卜。

脆的 brittle(高度),例如松脆花生薄片糖、带白兰地酒味的薄脆饼。

松脆的 crispy(高度),例如炸马铃薯片、玉米片。

有硬壳的 crusty(高度),例如新鲜法式面包的外皮。

4.55 咀嚼性 chewiness

与黏聚性和咀嚼固体产品至可被吞咽所需时间或咀嚼次数有关的机械质地特性。

与不同程度咀嚼性相关的主要形容词有:

嫩的 tender(低度),例如嫩豌豆。

有咬劲的 chewy(中度),例如果汁软糖(糖果类)。

坚韧的 tough(高度),例如老牛肉、腊肉皮。

4.56 胶黏性 gumminess

与柔软产品的黏聚性有关的机械质地特性。它与在嘴中将产品磨碎至易吞咽状态所需的力量有关。

与不同程度胶黏性相关的主要形容词有:

松脆的 short(低度),例如脆饼。

粉质的;粉状的 mealy;powdery(中度),例如某种马铃薯,炒干的扁豆。

糊状的 pasty(中度),例如栗子泥。

胶黏的　gummy(高度),如煮过火的燕麦片、食用明胶。

4.57　黏性　viscosity

与抗流动性有关的机械质地特性,它与将勺中液体吸到舌头上或将它展开所需力量有关。

与不同程度黏性相关的形容词主要有:

流动的　flui(低度),例如水。

稀薄的　thin(中度),例如酱油。

油滑的　unctuous(中度),例如二次分离的稀奶油。

黏的　viscous(高度),例如甜炼乳、蜂蜜。

4.58　弹性　springiness

1.与快速恢复变形有关的机械质地特性。

2.与解除形变压力后变形物质恢复原状的程度有关的机械质地特性。

与不同程度弹性相关的主要形容词有:

可塑的　plastic(无弹性),例如人造奶油。

韧性的　malinable(中度),例如(有韧性的)棉花糖。

弹性的　elastic;pring;ubbery(高度),例如鱿鱼、蛤肉。

4.59　黏附性　adhesiveness

与移动附着在嘴里或黏附于物质上的材料所需力量有关的机械质地特性。

与不同程度黏附性相关的主要形容词有:

黏性的　sticky(低度),例如棉花糖料食品装饰。

发黏的　tacky(中度),例如奶油太妃糖。

黏的;胶质的　gooey;gluey(高度),例如焦糖水果冰激淋的食品装饰料,煮熟的糯米、木薯淀粉布丁。

4.60　粒度　granularity

与感知到的产品中粒子的大小和形状有关的几何质地特性。

与不同程度粒度相关的主要形容词有:

平滑的　smooth(无粒度),例如糖粉。

细粒的　gritty(低度),例如某种梨。

颗粒的　grainy(中度),例如粗粒面粉。

粗粒的　coarse(高度),例如煮熟的燕麦粥。

4.61　构型　conformation

与感知到的产品中微粒子形状和排列有关的几何质地特性。

与不同程度构型相关的主要形容词有:

纤维状的　fibrous:沿同一方向排列的长粒子。例如芹菜。

蜂窝状的　cellular:呈球形或卵形的粒子。例如橘子。

结晶状的　crystalline:呈棱角形的粒子。例如砂糖。

4.62　水分　moisture

描述感知到的产品吸收或释放水分的表面质地特性。

与不同程度水分相关的主要形容词有:

干的　dry(不含水分),例如奶油硬饼干。

潮湿的　moist(低级),例如苹果。

湿的　wet(高级),例如荸荠、牡蛎。

含汁的　juicy(高级),例如生肉。

多汁的　succulent(高级),例如橘子。

多水的　watery(感觉水多的),例如西瓜。

4.63　脂肪含量　fatness

与感知到的产品脂肪数量或质量有关的表面质地特性。

与不同程度脂肪含量相关的主要形容词有:

油性的　oily:浸出和流动脂肪的感觉。例如法式调味色拉。

油腻的　greasy:渗出脂肪的感觉。例如腊肉、油炸马铃薯片。

多脂的　fatty:产品中肪脂含量高但没有渗出的感觉。例如猪油、牛脂。

5　与分析方法有关的术语

5.1　被检样品　test sample

被检验产品的一部分。

5.2　被检部分　test portion

直接提交评价员检验的那部分被检样品。

5.3　参照值　reference point

与被评价的样品对比的选择值(一个或几个特性值,或者某产品的值)

5.4　对照样　control

选择用作参照值的被检样品。所有其他样品都与其作比较。

5.5　参比样　reference

本身不是被检材料,而是用来定义一个特性或者一个给定特性的某一特定水平的物质。

5.6　差别检验　difference test

对样品进行比较的检验方法。

5.7　偏爱检验　preference test

对两种或多种样品评价更喜欢哪一种的检验方法。

5.8　成对比较检验　paired comparison test

为了在某些规定特性基础上进行比较,而成对地给出刺激的一种检验方法。

5.9　三点检验　triangular test

差别检验的一种方法。同时提供三个已编码的样品,其中有两个样品是相同的,要求评价员挑出其中的单个样品。

5.10　"二-三"点检验　duo-trio test

差别检验的一种方法,首先提供对照样品,接着提供两个样品,要求评价员识别其中哪一个与对照样品相同。

5.11　"五中取二"检验　"two out of five"test

差别检验的一种方法。五个已编码的样品,其中有两个是一种类型,其余三个是另一种类型,要求评价员将这些样品按类型分成两组。

5.12　"A"-"非A"检验　"A"or"not A"test

差别检验的一种方法。当评价员学会识别样品"A"以后,将一系列可能是"A"或"非A"的样品提供给他们,要求评价员指出每一个样品是"A"还是"非A"。

5.13 分等 grading

用以指明 5.14 至 5.17 中所述方法的常用基本术语。

5.14 排序 ranking

按规定指标的强度或程度排列一系列样品的分类方法。这种方法只将样品排定次序而不估计样品之间差别的大小。

5.15 分类 classification

将样品划归到预先规定的命名类别的方法。

5.16 评价 rating

按照类别分类的方法,将每种类别按顺序标度排列。

5.17 评分 scoring

用数字打分来评价产品或产品特性的方法。

5.18 稀释法 dilution method

制备逐渐降低浓度的样品,并顺序检验的方法。

5.19 筛选 screening

初步的选择过程。

5.20 匹配 matching

将相同或相关的刺激配对的过程,通常用于确定对照样品和未知样品之间或两个未知样品之间的相似程度。

5.21 客观方法 objective method

受个人意见影响最小的方法。

5.22 主观方法 subjective method

考虑到个人意见的方法。

5.23 量值估计 magnitude estimation

对特性强度定值的过程,所定数值的比率和评价员的感觉是相同的。

5.24 独立评价 independent assessment

在没有直接比较的情况下,评价一种或多种刺激。

5.25 比较评价 comparative assessment

对同时出现的刺激的比较。

5.26 描述定量分析;剖面 descriptive quantitative analysis;profile

用描述词评价样品的感官特性以及每种特性的强度。

5.27 标度 scale

由连续值组成,用于报告产品特征水平的闭联集。

这些值可以是图形的、描述的或数字的。

5.28 快感标度 hedonic scale

表达喜欢或不喜欢程度的一种标度。

5.29 双极标度 bipolar scale

在两端有相反刻度的一种标度。(例如从硬的到软的这样一种质地标度)。

5.30 单极标度 unipolar scale

只有一端带有一种描述词的标度。

5.31 顺序标度 ordinal scale

以预先确定的单位或以连续级数排列的一种标度。

5.32 等距标度 interval scale

以相同数字间隔代表相同感官知觉差别的一种标度。

5.33 比率标度 ratio scale

以相同的数字比率代表相同的感官知觉比率的一种标度。

5.34 （评价的）误差 error(of assessment)

观察值(或评价值)与真值之间的差别。

5.35 随机误差 random error

不可预测的误差,其平均值趋向于零。

5.36 偏差 bias

正负系统误差。

5.37 预期偏差 expectation bias

由于评价员的先入之见造成的偏差。

5.38 真值 true value

想要估计的某特定值。

5.39 标准光照度 standard illuminants

国际照明委员会(CIE)定义的自然光或人造光范围内的有色光照度。

附录2

食品感官评定分析方法相关参数表

附表1 χ^2 分布表

f	α											
	0.995	0.99	0.975	0.95	0.90	0.75	0.25	0.10	0.05	0.025	0.01	0.005
1	—	—	0.001	0.004	0.016	0.102	1.323	2.706	3.841	5.024	6.635	7.879
2	0.010	0.020	0.051	0.103	0.211	0.575	2.773	4.605	5.991	7.378	9.210	10.579
3	0.072	0.115	0.216	0.352	0.584	1.213	4.108	6.251	7.815	9.348	11.345	12.838
4	0.207	0.297	0.484	0.711	1.064	1.923	5.385	7.779	9.488	11.143	13.277	14.860
5	0.412	0.554	0.831	1.145	1.610	2.675	6.626	9.236	11.071	12.833	15.086	16.750
6	0.676	0.872	1.237	1.635	2.204	3.455	7.779	10.645	12.592	14.449	16.812	18.548
7	0.989	1.239	1.690	2.167	2.833	4.255	9.037	12.017	14.067	16.013	18.475	20.278
8	1.344	1.646	2.180	2.733	3.490	5.071	10.219	13.362	15.507	17.535	20.090	21.955
9	0.735	2.088	2.700	3.325	4.168	5.899	11.389	14.684	16.919	19.023	21.666	23.589
10	2.156	2.588	3.247	3.940	4.856	6.737	12.549	15.987	18.307	20.483	23.209	25.188
11	2.603	3.053	3.816	4.575	5.578	7.584	13.701	17.275	19.675	21.920	24.725	26.757
12	3.074	3.571	4.404	5.226	6.304	8.438	14.845	18.549	21.026	23.337	26.217	28.299
13	3.565	4.107	5.009	5.892	7.042	9.233	15.984	19.812	22.362	24.736	27.688	29.819
14	4.075	4.660	5.629	6.571	7.790	10.165	17.117	21.064	23.685	26.119	29.141	31.319
15	4.601	5.229	6.262	7.231	8.547	11.037	18.245	22.307	24.996	27.488	30.578	32.801
16	5.142	5.812	6.908	7.962	9.312	12.212	19.369	23.542	26.296	28.845	32.000	34.267
17	5.679	6.408	7.564	8.672	10.085	12.792	20.489	24.769	27.587	30.191	33.409	35.718
18	6.256	7.015	8.231	9.390	10.865	13.675	21.605	25.989	28.869	31.526	34.805	37.156
19	6.844	7.633	8.907	10.117	11.651	14.562	22.718	27.204	30.114	32.852	36.191	38.582
20	7.434	8.260	9.591	10.851	12.443	15.452	23.828	28.412	31.410	34.170	37.566	39.997
21	8.034	8.897	10.283	11.591	13.240	16.344	24.935	29.615	32.671	35.479	38.932	41.401
22	8.634	9.542	10.982	12.338	14.848	17.240	26.039	30.813	33.924	36.781	40.289	42.796
23	9.260	10.193	11.689	13.091	15.659	18.137	27.141	32.007	35.172	38.076	41.638	44.181
24	9.885	10.593	12.401	13.848	16.473	19.037	28.241	33.196	36.415	39.364	42.980	45.559
25	10.520	11.524	13.120	14.611	17.292	19.939	29.339	34.382	37.652	40.646	44.314	46.928
26	11.160	12.198	13.844	15.379	18.114	20.843	30.435	35.365	38.885	41.923	45.642	48.290
27	11.808	12.879	14.573	16.151	18.114	21.749	31.528	36.741	40.113	43.194	46.963	49.645

续表

f	α											
	0.995	0.99	0.975	0.95	0.90	0.75	0.25	0.10	0.05	0.025	0.01	0.005
28	12.461	13.555	15.308	16.928	18.939	22.657	32.602	37.916	41.337	44.461	48.278	50.933
29	13.121	14.257	16.047	17.708	19.768	23.567	33.711	39.081	42.557	45.722	49.588	52.336
30	13.787	14.954	16.791	18.493	20.599	24.478	34.800	40.256	43.773	46.979	50.892	53.672
31	14.458	15.655	17.539	19.281	21.434	25.890	35.887	41.422	44.985	48.232	52.191	55.003
32	15.134	16.362	18.291	20.072	22.271	26.304	36.973	42.585	46.194	49.480	53.486	56.328
33	15.815	17.047	19.047	20.867	23.110	27.219	38.058	43.745	47.400	50.725	54.776	57.648
34	16.501	17.789	19.806	21.664	23.952	28.136	39.141	44.903	48.602	51.966	56.061	58.964
35	17.682	18.509	20.569	22.465	24.797	29.054	40.223	46.059	49.802	53.203	57.342	60.275
36	17.887	19.233	21.336	23.269	25.643	29.973	41.304	47.212	50.998	54.437	58.619	61.581
37	18.586	19.950	22.106	24.075	25.492	30.893	42.383	48.363	52.192	55.668	59.892	62.883
38	19.289	20.691	22.878	24.884	27.343	31.815	43.462	49.513	53.384	56.896	61.162	64.181
39	19.996	21.426	23.654	25.695	28.196	32.737	44.539	50.660	54.572	58.120	62.428	65.476
40	20.707	22.164	24.433	26.509	29.051	33.660	45.616	51.805	55.758	59.342	63.691	66.766
41	21.421	22.906	25.215	27.326	29.907	34.585	46.692	52.949	56.942	60.561	64.950	68.053
42	22.138	23.650	25.999	28.144	30.765	35.510	47.766	54.090	58.124	61.777	66.206	69.336
43	22.859	24.398	26.785	28.965	31.625	36.436	48.840	55.230	59.304	62.990	67.459	70.615
44	23.584	25.148	27.575	29.787	32.487	37.363	49.913	56.369	60.481	64.201	68.710	71.893
45	24.311	25.901	28.366	31.612	33.350	38.291	50.985	57.505	61.656	65.410	69.957	73.166
46	25.041	26.557	29.160	31.439	34.215	3.220	52.056	58.641	62.830	66.617	71.201	74.437
47	25.775	27.416	29.956	32.268	35.081	40.149	53.127	59.774	64.001	67.821	72.443	75.704
48	26.511	28.177	30.755	33.098	35.949	41.079	54.196	60.907	65.171	69.023	73.683	76.969
49	27.249	28.941	31.555	33.930	36.818	42.010	55.265	62.038	66.339	70.222	74.919	78.231
50	27.991	29.707	32.357	34.764	37.689	42.942	56.334	63.167	67.505	71.420	76.154	79.490
51	28.735	30.475	33.162	35.600	38.560	43.874	57.401	64.295	68.669	72.616	77.386	80.747
52	29.481	31.246	33.968	36.437	39.433	44.808	58.468	65.422	69.832	73.810	78.616	82.001
53	30.230	32.018	34.776	37.276	40.303	45.741	59.534	66.548	70.993	75.002	79.843	83.253
54	30.981	32.793	35.586	38.166	41.183	46.676	60.600	67.673	72.153	76.192	81.069	84.502
55	31.735	33.570	36.398	38.958	42.060	47.610	61.665	68.769	73.311	77.380	82.292	85.749
56	32.490	34.350	37.212	39.801	42.937	48.546	62.729	69.919	74.468	78.567	83.513	86.994
57	33.248	35.131	38.027	40.646	43.816	49.482	63.793	71.040	75.624	79.752	84.733	88.236
58	34.008	35.913	38.844	41.492	44.696	50.419	64.857	72.160	76.778	80.936	85.950	89.477

f	α											
	0.995	0.99	0.975	0.95	0.90	0.75	0.25	0.10	0.05	0.025	0.01	0.005
59	34.770	36.698	39.662	42.339	45.577	51.356	65.919	73.279	77.931	82.117	87.166	90.715
60	35.534	37.485	40.482	43.188	46.459	52.294	66.981	74.397	79.082	83.298	88.379	91.952
61	36.300	38.273	41.303	44.038	47.342	53.232	68.043	75.514	80.232	84.476	89.591	93.186
62	37.058	39.063	42.126	44.889	48.226	54.171	69.104	76.630	81.381	85.654	90.802	94.419
63	37.838	39.855	42.950	45.741	49.111	55.110	70.165	77.754	83.529	86.830	92.010	95.649
64	38.610	40.649	43.776	46.595	49.996	56.050	71.225	78.860	83.675	88.004	93.217	96.878
65	39.383	41.444	44.603	47.450	50.883	56.990	72.285	79.973	84.821	89.117	94.422	98.105
66	40.158	42.240	45.431	48.305	51.770	57.931	73.344	81.085	85.965	90.349	95.626	99.330
67	40.935	43.038	46.261	49.162	52.659	58.872	74.403	82.197	87.108	91.519	96.828	100.554
68	41.713	43.838	47.092	50.020	53.543	59.814	75.461	83.308	88.250	92.689	98.028	101.776
69	42.494	44.639	47.924	50.879	54.483	60.756	76.519	84.418	89.391	93.856	99.228	102.996
70	43.275	45.442	48.758	51.739	55.329	61.698	77.577	85.527	90.531	95.023	100.425	104.215
71	44.058	46.246	49.592	52.600	56.221	62.641	78.634	86.635	91.670	96.189	101.621	105.432
72	44.843	47.051	50.428	53.462	57.113	63.585	79.690	87.743	92.808	97.353	102.816	106.648
73	45.629	47.858	51.265	54.325	58.006	64.528	80.747	88.850	93.945	98.516	104.010	107.862
74	46.417	48.666	52.103	55.189	58.900	65.472	81.803	89.956	95.081	99.678	105.202	109.074
75	47.206	49.475	52.945	56.054	59.795	66.417	82.858	91.061	96.217	100.839	106.393	110.286
76	47.977	50.286	53.782	56.920	60.690	67.362	83.913	92.166	97.351	101.999	107.583	111.495
77	48.788	51.097	54.623	57.786	61.585	68.307	84.968	93.270	98.484	103.158	108.771	112.704
78	49.582	51.910	55.466	58.654	62.483	69.252	86.022	94.374	99.617	104.316	109.958	113.911
79	50.376	52.725	56.309	59.522	63.380	70.198	87.077	95.476	100.749	105.473	111.144	115.117
80	51.172	53.540	57.153	60.391	64.278	71.145	88.130	96.578	101.879	106.627	112.329	116.321
81	51.969	54.357	57.998	61.261	65.176	72.091	89.184	97.680	103.010	107.783	113.512	117.524
82	52.767	55.174	58.845	62.132	66.075	73.038	90.237	98.780	104.139	108.937	114.695	118.726
83	53.567	55.993	59.692	63.044	66.976	73.985	91.289	99.880	105.267	110.090	115.876	119.927
84	54.368	56.813	60.540	63.876	67.875	74.933	92.342	100.980	106.395	111.242	117.057	121.126
85	55.170	57.634	61.389	64.749	68.777	75.881	93.394	102.079	107.522	112.393	118.236	122.325
86	55.973	58.456	62.239	65.623	69.679	76.829	94.446	103.177	108.648	113.544	119.414	123.522
87	56.777	59.279	63.089	66.498	70.581	77.777	95.497	104.275	109.773	114.693	120.591	124.718
88	57.582	60.103	63.941	67.373	71.484	78.726	96.548	105.372	110.898	115.841	121.767	125.913
89	58.389	60.928	64.793	68.249	72.387	79.675	97.599	106.469	112.022	116.980	122.942	127.406
90	59.192	61.754	65.647	69.126	73.291	80.625	98.650	107.365	113.145	118.136	124.116	128.299

附表 2   *t* 分布表

自由度	α								
	0.500	0.400	0.200	0.100	0.050	0.025	0.010	0.005	0.001
1	1.000	1.376	3.078	6.314	12.706	25.425	63.657	—	—
2	0.815	1.061	1.886	2.920	4.303	6.205	9.925	14.089	31.598
3	0.785	0.978	1.638	2.363	3.182	4.176	5.841	7.453	12.941
4	0.777	0.941	1.533	2.132	2.776	3.495	4.604	5.598	8.610
5	0.727	0.920	1.476	2.015	2.571	3.163	4.032	4.773	6.859
6	0.718	0.906	1.440	1.943	2.417	2.989	3.707	4.317	5.959
7	0.711	0.896	1.415	1.895	2.385	2.841	3.489	4.029	5.405
8	0.706	0.889	1.397	1.860	2.306	2.752	3.335	3.832	5.041
9	0.703	0.883	1.383	1.833	2.262	2.685	3.250	3.630	4.781
10	0.700	0.879	1.372	1.812	2.226	2.634	3.169	3.581	4.587
11	0.697	0.876	1.363	1.795	2.201	2.593	3.106	3.497	4.437
12	0.695	0.873	1.356	1.782	2.179	2.590	3.055	3.428	4.318
13	0.694	0.870	1.350	1.771	2.160	2.533	3.012	3.372	4.221
14	0.692	0.868	1.345	1.761	2.145	2.510	2.977	3.326	4.140
15	0.691	0.866	1.341	1.753	2.131	2.490	2.947	3.286	4.073
16	0.690	0.865	1.337	1.746	2.120	2.473	2.921	3.252	4.015
17	0.689	0.863	1.333	1.740	2.110	2.459	2.898	3.222	3.965
18	0.688	0.862	1.330	1.734	2.101	2.445	2.878	3.197	3.922
19	0.688	0.861	1.328	1.728	2.093	2.433	2.861	3.174	3.883
20	0.687	0.860	1.325	1.725	2.086	2.423	2.845	3.153	3.850
21	0.686	0.859	1.323	1.717	2.080	2.414	2.831	3.135	3.789
22	0.686	0.858	1.321	1.717	2.074	2.406	2.819	3.119	3.782
23	0.685	0.858	1.319	1.714	2.069	2.393	2.807	3.104	3.767
24	0.685	0.857	1.313	1.711	2.064	2.391	2.799	3.090	3.745
25	0.684	0.856	1.315	1.706	2.060	2.385	2.787	3.078	3.725
26	0.684	0.856	1.315	1.706	2.055	2.379	2.779	3.067	3.707
27	0.684	0.855	1.314	1.703	2.052	2.373	2.771	3.056	3.690
28	0.683	0.855	1.313	1.701	2.048	2.368	2.763	3.047	3.674
29	0.683	0.854	1.311	1.696	2.045	2.364	2.756	3.038	3.659
30	0.683	0.854	1.310	1.691	2.042	2.360	2.750	3.030	3.646
35	0.682	0.852	1.306	1.690	2.030	2.342	2.724	2.996	3.591
40	0.681	0.851	1.303	1.684	2.201	2.329	2.704	2.971	3.551
45	0.680	0.850	1.301	1.680	2.014	2.319	2.690	2.952	3.520

自由度	α								
	0.500	0.400	0.200	0.100	0.050	0.025	0.010	0.005	0.001
50	0.680	0.849	1.299	1.676	2.008	2.310	2.678	2.937	3.496
55	0.679	0.849	1.297	1.673	2.004	2.304	2.669	2.925	3.476
60	0.679	0.849	1.296	1.671	2.000	2.229	2.660	2.915	3.460
70	0.678	0.847	1.294	1.667	1.994	2.290	2.648	2.899	3.435
80	0.678	0.847	1.293	1.665	1.989	2.284	2.638	2.887	3.416
90	0.678	0.846	1.291	1.662	1.986	2.278	2.631	2.878	3.402
100	0.677	0.846	1.290	1.661	1.982	2.276	2.625	2.871	3.390
120	0.677	0.845	1.289	1.658	1.980	2.270	2.617	2.860	3.373
∞	0.6745	0.8418	1.2816	1.6448	1.9800	2.2414	2.5758	2.8070	3.2905

附表 3 F 分布表

$$p(F > F_\alpha) = \alpha$$

$\alpha = 0.005$

f_2 \ f_1	1	2	3	4	5	6	8	12	24	∞
1	16 211	20 000	21 615	22 500	23 056	23 437	23 925	24 426	24 940	25 465
2	198.5	199.0	199.2	199.2	199.3	199.3	199.4	199.4	199.5	199.5
3	55.55	49.80	47.47	46.19	45.39	44.84	44.13	43.39	42.62	41.83
4	31.33	26.28	24.26	23.15	22.46	21.97	21.35	20.70	20.03	19.32
5	22.78	18.31	16.53	15.56	14.94	14.51	13.96	13.38	12.78	12.14
6	18.63	14.45	12.92	12.03	11.46	11.07	10.57	10.03	9.47	8.88
7	16.24	12.40	10.88	10.05	9.52	9.16	8.68	8.18	7.65	7.08
8	14.69	11.04	9.60	8.81	8.30	7.95	7.50	7.01	6.50	5.95
9	13.61	10.11	8.72	7.96	7.47	7.13	6.69	6.23	5.73	5.19
10	12.83	9.43	8.08	7.34	6.87	6.54	6.12	5.66	5.17	4.64
11	12.23	8.91	7.60	6.88	6.42	6.10	5.68	5.24	4.76	4.23
12	11.75	8.51	7.23	6.52	6.07	5.76	5.35	4.91	4.43	3.90
13	11.37	8.19	6.93	6.23	5.79	5.48	5.08	4.64	4.17	3.65
14	11.06	7.92	6.68	6.00	5.56	5.26	4.86	4.43	3.96	3.44
15	10.08	7.70	6.48	5.80	5.37	5.07	4.67	4.25	3.79	3.26
16	10.58	7.51	6.30	5.64	5.21	4.91	4.52	4.10	3.64	3.11
17	10.38	7.35	6.16	5.50	5.07	4.78	4.39	3.97	3.51	2.98
18	10.22	7.21	6.03	5.37	4.96	4.66	4.28	3.86	3.40	2.87
19	10.07	7.09	5.92	5.27	4.85	4.56	4.18	3.76	3.31	2.78

"十二五"高职高专院校规划教材(食品类)

续表

f_2 \ f_1	1	2	3	4	5	6	8	12	24	∞
20	9.94	6.99	5.82	5.17	4.76	4.47	4.09	3.68	3.22	2.69
21	9.83	6.89	5.73	5.09	4.68	4.39	4.01	3.60	3.15	2.61
22	9.73	6.81	5.65	5.02	4.61	4.32	3.94	3.54	3.08	2.55
23	9.63	6.73	5.58	4.95	4.54	4.26	3.88	3.47	3.02	2.48
24	9.55	6.66	5.52	4.89	4.49	4.20	3.83	3.42	2.97	2.43
25	9.48	6.60	5.46	4.84	4.43	4.15	3.78	3.37	2.92	2.38
26	9.41	6.54	5.41	4.79	4.38	4.10	3.73	3.33	2.87	2.33
27	9.34	6.49	5.36	4.74	4.34	4.06	3.69	3.28	2.83	2.29
28	9.28	6.44	5.32	4.70	4.30	4.02	3.65	3.25	2.79	2.25
29	9.23	6.40	5.28	4.66	4.26	3.98	3.61	3.21	2.76	2.21
30	9.18	6.35	5.24	4.62	4.23	3.95	3.58	3.18	2.73	2.18
40	8.83	6.07	4.98	4.37	3.99	3.71	3.35	2.95	2.50	1.93
60	8.49	5.79	4.73	4.14	3.76	3.49	3.13	2.74	2.29	1.69
120	8.18	5.54	4.50	3.92	3.55	3.28	2.93	2.54	2.09	1.43
∞	7.88	5.30	4.28	3.72	3.35	3.09	2.74	2.36	1.90	1.00

$\alpha = 0.01$

f_2 \ f_1	1	2	3	4	5	6	8	12	24	∞
1	4052	4999	5403	5625	5764	5859	59.81	6106	6234	6366
2	98.49	99.01	99.17	99.25	99.30	99.33	99.36	99.42	99.46	99.50
3	34.12	30.81	29.46	28.71	28.24	27.91	27.49	27.05	26.60	26.12
4	21.20	18.00	16.69	15.98	15.52	15.21	14.80	14.37	13.93	13.46
5	16.26	13.27	12.06	11.39	10.97	10.67	10.29	9.89	9.47	9.02
6	13.74	10.92	9.78	9.15	8.75	8.47	8.10	7.72	7.31	6.88
7	12.25	9.55	8.45	7.85	7.46	7.19	6.84	6.47	6.07	5.65
8	11.26	8.65	7.59	7.01	6.63	6.37	6.03	5.67	5.28	4.86
9	10.56	8.02	6.99	6.42	6.06	5.80	5.47	5.11	4.73	4.31
10	10.04	7.56	6.55	5.99	5.64	5.39	6.06	4.71	4.33	3.91
11	9.65	7.20	6.22	5.67	5.32	5.07	4.74	4.40	4.02	3.60
12	9.33	6.93	5.95	5.41	5.06	4.82	4.50	416	3.78	3.36
13	9.07	6.70	5.74	5.20	4.86	4.62	4.30	3.96	3.59	3.16
14	8.86	6.51	5.56	5.03	4.69	4.46	4.14	3.80	3.43	3.00
15	8.68	6.36	5.42	4.89	4.56	4.32	4.00	3.67	3.29	2.87
16	8.53	6.23	5.29	4.77	4.44	4.20	3.89	3.55	3.18	2.75

f_2 \\ f_1	1	2	3	4	5	6	8	12	24	∞
17	8.40	6.11	5.18	4.67	4.34	4.10	3.79	3.45	3.08	2.65
18	8.28	6.01	5.09	4.58	4.25	4.01	3.71	3.37	3.00	2.57
19	8.18	5.93	5.01	4.50	4.17	3.94	3.63	3.30	2.92	2.49
20	8.10	5.85	4.94	4.43	4.10	3.87	3.56	3.23	2.86	2.42
21	8.02	5.78	4.87	4.37	4.04	3.81	3.51	3.17	2.80	2.36
22	7.94	5.72	4.82	4.31	3.99	3.76	3.45	4.12	2.75	2.31
23	7.88	5.66	4.76	4.26	3.94	3.71	3.41	3.07	2.70	2.26
24	7.82	5.61	4.72	4.22	3.90	3.67	3.36	3.03	2.66	2.21
25	7.77	5.57	4.68	4.18	3.85	3.63	3.32	2.99	2.62	2.17
26	7.72	5.53	4.64	4.14	3.82	3.59	3.29	2.96	2.58	2.13
27	7.68	5.49	4.60	4.11	3.78	3.56	3.26	2.93	2.55	2.10
28	7.64	5.45	4.57	4.07	3.75	3.53	3.23	2.90	2.52	2.06
29	7.60	5.42	4.54	4.04	3.73	3.50	3.20	2.87	2.49	2.03
30	7.56	5.39	4.51	4.02	3.70	3.47	3.17	2.84	2.47	2.01
40	7.31	5.18	4.31	3.83	3.51	3.29	2.99	2.66	2.29	1.80
60	7.08	4.98	4.13	3.65	3.34	3.12	2.82	2.50	2.12	1.60
120	6.85	4.79	3.95	3.48	3.17	2.96	2.66	2.34	1.95	1.38
∞	6.64	4.60	3.78	3.32	3.02	2.80	2.51	2.18	1.79	1.00

$\alpha = 0.025$

f_2 \\ f_1	1	2	3	4	5	6	8	12	24	∞
1	647.8	799.5	864.2	899.6	921.8	937.1	956.7	976.7	997.2	1018
2	38.51	39.00	39.17	39.25	39.30	39.33	39.37	39.41	39.46	39.50
3	17.44	16.04	15.44	15.10	14.88	14.73	14.54	14.34	14.12	13.90
4	12.22	10.65	9.98	9.60	9.36	9.20	8.98	8.75	8.51	8.26
5	10.01	8.43	7.76	7.39	7.15	6.98	6.76	6.52	6.28	6.02
6	8.81	7.26	6.60	6.23	5.99	5.82	5.60	5.37	5.12	4.85
7	8.07	6.54	5.89	5.52	5.29	5.12	4.90	4.67	4.42	4.14
8	7.57	6.06	5.42	5.05	4.82	4.65	4.43	4.20	3.95	3.67
9	7.21	5.71	5.08	4.72	4.48	4.32	4.10	3.87	3.61	3.33
10	6.94	5.46	4.83	4.47	4.24	4.07	3.85	3.62	3.37	3.08
11	6.72	5.26	4.63	4.28	4.04	3.88	3.66	3.43	3.17	2.88
12	6.55	5.10	4.47	4.12	3.89	3.73	3.51	3.28	3.02	2.72
13	6.41	4.97	4.35	4.00	3.77	3.60	3.39	3.15	2.89	2.60

续表

f_2 \ f_1	1	2	3	4	5	6	8	12	24	∞
14	6.30	4.86	4.24	3.89	3.66	3.50	3.29	3.05	2.79	2.49
15	6.20	4.77	4.15	3.80	3.58	3.41	3.20	2.96	2.70	2.40
16	6.12	4.69	4.08	3.73	3.50	3.34	3.12	2.89	2.63	2.32
17	6.04	4.62	4.01	3.66	3.44	3.28	3.06	2.82	2.56	2.25
18	5.98	4.56	3.95	3.61	3.38	3.22	3.01	2.77	2.50	2.19
19	5.92	4.51	3.90	3.56	3.33	3.17	2.96	2.72	2.45	2.13
20	5.87	4.46	3.86	3.51	3.29	3.13	2.91	2.68	2.41	2.09
21	5.83	4.42	3.82	3.48	3.25	3.09	2.87	2.64	2.37	2.04
22	5.79	4.38	3.78	3.44	3.22	3.05	2.84	2.60	2.33	2.00
23	5.75	4.35	3.75	3.41	3.18	3.02	2.81	2.57	2.30	1.97
24	5.72	4.32	3.72	3.38	3.15	2.99	2.78	2.54	2.27	1.94
25	5.69	4.29	3.69	3.35	3.13	2.97	2.75	2.51	2.24	1.91
26	5.66	4.27	3.67	3.33	3.10	2.94	2.73	2.49	2.22	1.88
27	5.63	4.24	3.65	3.31	3.08	2.92	2.71	2.47	2.19	1.85
28	5.61	4.22	3.63	3.29	3.06	2.90	2.69	2.45	2.17	1.83
29	5.59	4.20	3.61	3.27	3.04	2.88	2.67	2.43	2.15	1.81
30	5.57	4.18	3.59	3.25	3.03	2.87	2.65	2.41	2.14	1.79
40	5.42	4.05	3.46	3.13	2.90	2.74	2.53	2.29	2.01	1.64
60	5.29	3.93	3.34	3.01	2.79	2.63	2.41	2.17	1.88	1.48
120	5.15	3.80	3.23	2.89	2.67	2.62	2.30	2.05	1.76	1.31
∞	5.02	3.69	3.12	2.79	2.57	2.41	2.19	1.94	1.64	1.00

$\alpha = 0.05$

f_2 \ f_1	1	2	3	4	5	6	8	12	24	∞
1	161.4	199.5	215.7	224.6	230.2	234.0	238.9	243.9	249.0	254.3
2	18.51	19.00	19.16	19.25	19.30	19.33	19.37	19.41	19.45	19.50
3	10.13	9.55	9.28	9.12	9.01	8.94	8.84	8.74	8.64	8.53
4	7.71	6.94	6.59	6.39	6.26	6.16	6.04	5.91	5.77	5.63
5	6.61	5.79	5.41	5.19	5.05	4.95	4.82	4.68	4.53	4.36
6	5.99	5.14	4.76	4.53	4.39	4.28	4.15	4.00	3.84	3.67
7	5.59	4.74	4.35	4.12	3.97	3.87	3.73	3.57	3.41	3.23
8	5.32	4.46	4.07	3.84	3.69	3.58	3.44	3.28	3.12	2.93
9	5.12	4.26	3.86	3.63	3.48	3.37	3.23	3.07	2.90	2.71
10	4.96	4.10	3.71	3.48	3.33	3.22	3.07	2.91	2.74	2.54

f_2 \ f_1	1	2	3	4	5	6	8	12	24	∞
11	4.84	3.98	3.59	3.36	3.20	3.09	2.95	2.79	2.61	2.40
12	4.75	3.88	3.49	3.26	3.11	3.00	2.85	2.69	2.50	2.30
13	4.67	3.80	3.41	3.18	3.02	2.92	2.77	2.60	2.42	2.21
14	4.60	3.74	3.34	3.11	2.96	2.85	2.70	2.53	2.35	2.13
15	4.54	3.68	3.29	3.06	2.90	2.79	2.64	2.48	2.29	2.07
16	4.49	3.63	3.24	3.01	2.85	2.74	2.59	2.42	2.24	2.01
17	4.45	3.59	3.20	2.96	2.81	2.70	2.55	2.38	2.19	1.96
18	4.41	3.55	3.16	2.93	2.77	2.66	2.51	2.34	2.15	1.92
19	4.38	3.52	3.13	2.90	2.74	2.63	2.48	2.31	2.11	1.88
20	4.35	3.49	3.10	2.87	2.71	2.60	2.45	2.28	2.08	1.84
21	4.32	3.47	3.07	2.84	2.68	2.57	2.42	2.25	2.05	1.81
22	4.30	3.44	3.05	2.82	2.66	2.55	2.40	2.23	2.03	1.78
23	4.28	3.42	3.03	2.80	2.64	2.53	2.38	2.20	2.00	1.76
24	4.26	3.40	3.01	2.78	2.62	2.51	2.36	2.18	1.98	1.73
25	4.24	3.38	2.99	2.76	2.60	2.49	2.34	2.16	1.96	1.71
26	4.22	3.37	2.98	2.74	2.59	2.47	2.32	2.15	1.95	1.69
27	4.21	3.35	2.96	2.73	2.57	2.46	2.30	2.13	1.93	1.67
28	4.20	3.34	2.95	2.71	2.56	2.44	2.29	2.12	1.91	1.65
29	4.18	3.33	2.93	2.70	2.54	2.43	2.28	2.10	1.90	1.64
30	4.17	3.32	2.92	2.69	2.53	2.42	2.27	2.09	1.89	1.62
40	4.08	3.23	2.84	2.61	2.45	2.34	2.18	2.00	1.79	1.51
60	4.00	3.15	2.76	2.52	2.37	2.25	2.10	1.92	1.70	1.39
120	3.92	3.07	2.68	2.45	2.29	2.17	2.02	1.83	1.61	1.25
∞	3.84	2.99	2.60	2.37	2.21	2.09	1.94	1.75	1.52	1.00

$\alpha = 0.10$

f_2 \ f_1	1	2	3	4	5	6	8	12	24	∞
1	39.86	49.50	53.59	55.83	57.24	58.20	59.44	60.71	62.00	63.33
2	8.53	9.00	9.16	9.24	9.29	9.33	9.37	9.41	9.45	9.49
3	5.54	5.46	5.36	5.32	5.31	5.28	5.25	5.22	5.18	5.13
4	4.54	4.32	4.19	4.11	4.05	4.01	3.95	3.90	3.83	3.76
5	4.06	3.78	3.62	3.52	3.45	3.40	3.34	3.27	3.19	3.10
6	3.78	3.46	3.29	3.18	3.11	3.05	2.98	2.90	2.82	2.72
7	3.59	3.26	3.07	2.96	2.88	2.83	2.75	2.67	2.58	2.47

f_2 \ f_1	1	2	3	4	5	6	8	12	24	∞
8	3.46	3.11	2.92	2.81	2.73	2.67	2.59	2.50	2.40	2.29
9	3.36	3.01	2.81	2.69	2.61	2.55	2.47	2.38	2.28	2.16
10	3.29	2.92	2.73	2.61	2.52	2.46	2.38	2.28	2.18	2.06
11	3.23	2.86	2.66	2.54	2.45	2.39	2.30	2.21	2.10	1.97
12	3.18	2.81	2.61	2.48	2.39	2.33	2.24	2.15	2.04	1.90
13	3.14	2.76	2.56	2.43	2.35	2.28	2.20	2.10	1.98	1.85
14	3.10	2.73	2.52	2.39	2.31	2.24	2.15	2.05	1.94	1.80
15	3.07	2.70	2.49	2.36	2.27	2.21	2.12	2.02	1.90	1.76
16	3.05	2.67	2.46	2.33	2.24	2.18	2.09	1.99	1.87	1.72
17	3.03	2.64	2.44	2.31	2.22	2.15	2.06	1.96	1.84	1.69
18	3.01	2.62	2.42	2.29	2.20	2.13	2.04	1.93	1.81	1.66
19	2.99	2.61	2.40	2.27	2.18	2.11	2.02	1.91	1.79	1.63
20	2.97	2.59	2.38	2.25	2.16	2.09	2.00	1.89	1.77	1.61
21	2.96	2.57	2.36	2.23	2.14	2.08	1.98	1.87	1.75	1.59
22	2.95	2.56	2.35	2.22	2.13	2.06	1.97	1.86	1.73	1.57
23	2.94	2.55	2.34	2.21	2.11	2.05	1.95	1.84	1.72	1.55
24	2.93	2.54	2.33	2.19	2.10	2.04	1.94	1.83	1.70	1.53
25	2.92	2.53	2.32	2.18	2.09	2.02	1.93	1.82	1.69	1.52
26	2.91	2.52	2.31	2.17	2.08	2.01	1.92	1.81	1.68	1.50
27	2.90	2.51	2.30	2.17	2.07	2.00	1.91	1.80	1.67	1.49
28	2.89	2.50	2.29	2.16	2.06	2.00	1.90	1.79	1.66	1.48
29	2.89	2.50	2.28	2.15	2.06	1.99	1.89	1.78	1.65	1.47
30	2.88	2.49	2.28	2.14	2.05	1.98	1.88	1.77	1.64	1.46
40	2.84	2.44	2.23	2.09	2.00	1.93	1.83	1.71	1.57	1.38
60	2.79	2.39	2.18	2.04	1.95	1.87	1.77	1.66	1.51	1.29
120	2.75	2.35	2.13	1.99	1.90	1.82	1.72	1.60	1.45	1.19
∞	2.71	2.30	2.08	1.94	1.85	1.17	1.67	1.55	1.38	1.00

参考文献

[1]傅德成,刘明堂.食品感官评定手册[M].北京:中国轻工业出版社,1991.

[2]张水华,孙军社,薛毅.食品感官评定[M].第2版.广州:华南理工大学出版社,2005.

[3]赵晋府.食品技术原理[M].北京:中国轻工业出版社,2002.

[4]Erich Ziegler and Herta Ziegler. Flavourings. Weinheim[M],New York,WILEYVCH 1998.

[5]Harry T. Lawless and Hildegarde. Heymann Sensory Evaluation of Food:Principles and Practices[M]. Aspen Publishers,Inc,1998.

[6]李衡等.食品感官评定的方法及实践[M].上海:上海科技出版社,1992.

[7]吴谋成.食品分析与感官分析评定[M].北京:中国农业出版社,2002.

[8]韩北忠,董华荣.食品感官评定[M].北京:中国林业出版社,2009.

[9][美]H.斯通 J. H. 西特.感官评定实践[M].陈中,陈志敏译.北京:化学工业出版社,2008.

[10]徐树来,王永华.食品感官分析与实验[M].第2版.北京:化学工业出版社,2010.

[11]张晓鸣.食品感官评定[M].北京:中国轻工业出版社,2006.

[12]罗阳,王锡昌,邓德文.近红外光谱技术及其在食品感官分析中的应用[J].食品科学,2009,30(07):273-276.

[13]汪浩明.食品检验技术(感官评定部分)[M].北京:中国轻工业出版社,2007.

[14]朱俊平等.乳及乳制品质量检验[M].北京:中国计量出版社,2006.

[15]生庆海等.乳与乳制品感官品评[M].北京:中国轻工业出版社,2009.

[16]关军锋等.果品品质研究[M].石家庄:河北科学技术出版社,2001.

[17]郭宝林.果品营销[M].北京:中国林业出版社,2000.

[18]王秀山等.中国食品大典(开篇卷:民以食为天)[M].北京:中国城市出版社,2002.

[19]吕晓华.调味品的安全性评价[J].中国调味品,2010,3(35):22-27.

[20]彭亚锋,张文珠,薛峰.调味品中掺假检验技术研究进展[J].中国调味品,2009,(34)12:30-32.

[21]周家春.食品感官分析基础[M].北京:中国计量出版社,2006.

[22]金明琴.食品分析[M].北京:化学工业出版社,2008.

[23]祝美云.食品感官评定[M].北京:化学工业出版社,2007.

[24]朱红,黄一贞.食品感官分析入门[M].北京:中国轻工出版社,1990.

[25]马永强,韩春然,刘静波.食品感官检验[M].北京:化学工业出版社,2005.